中等职业学校规划教材

分析化学实验

FENXI HUAXUE SHIYAN

李楚芝 王桂芝 主编

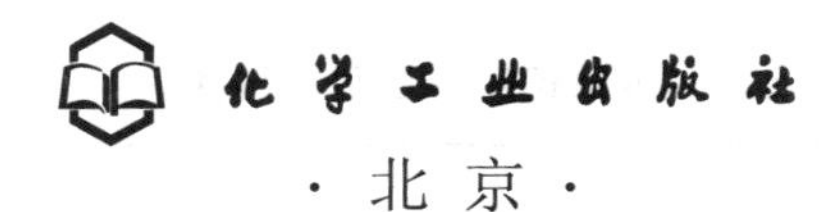

·北京·

《分析化学实验》（第四版）是《分析化学》（第四版，姜洪文主编，化学工业出版社出版）的配套教材。全书共12章，58个实验。主要内容包括分析化学实验室基础知识，分析天平的使用，滴定分析仪器的使用，酸碱滴定法，配位滴定法，沉淀滴定法，氧化还原滴定法，称量分析法，分析化学中常用的分离方法，电化学分析法，紫外-可见分光光度法，气相色谱法。书末附有滴定分析常用指示剂和缓冲溶液配制方法等知识以及原子量、常见化合物的摩尔质量等常用数据表。

本次修订，努力贯彻最新国家标准，保证教材内容的科学性和先进性；力求保持内容上的完整性；选择可靠成熟的分析方法；加强定量分析基本操作技能训练。

本教材可作为中等专业学校工业分析与检验专业和相关专业（如环境监测与治理技术专业）教材，也可作为从事分析检验技术工作人员以及中、高级分析检验技能培训的参考书。

图书在版编目(CIP)数据

分析化学实验／李楚芝，王桂芝主编．—4版．—北京：化学工业出版社，2018.8

中等职业学校规划教材

ISBN 978-7-122-32394-1

Ⅰ.①分… Ⅱ.①李… ②王… Ⅲ.①分析化学-化学试验-中等专业学校-教材 Ⅳ.①O652.1

中国版本图书馆CIP数据核字（2018）第127738号

责任编辑：旷英姿 林 媛 装帧设计：王晓宇

责任校对：王素芹

出版发行：化学工业出版社（北京市东城区青年湖南街13号 邮政编码100011）

印 刷：三河市航远印刷有限公司

装 订：三河市宇新装订厂

787mm×1092mm 1/16 印张15¾ 字数393千字 2018年9月北京第4版第1次印刷

购书咨询：010-64518888（传真：010-64519686） 售后服务：010-64518899

网 址：http://www.cip.com.cn

凡购买本书，如有缺损质量问题，本社销售中心负责调换。

定 价：39.00元

前言

《分析化学实验》出版于 1994 年，一直作为中等职业学校工业分析与检验专业以及化工类相关专业教材，并分别于 2006 年、2012 年两次修订再版。自出版以来，本书以其简明、实用等特点而得到了职业院校广大师生和企业分析检验工作人员的认可和欢迎。为了满足中等职业教育发展的需要和企业分析检验岗位工作任务的需求，在化学工业出版社和用书单位反馈意见的基础上，对本教材进行再次修订。

本次在保持第三版的体例基本结构和编写特色基础上，主要从以下几个方面进行修订。

1. 努力贯彻最新国家标准，以最新国家标准为依据，对部分教材内容进行全面更新和调整，保证教材内容的科学性和先进性。其中，对偏离现行标准较大的“第三章滴定分析仪器的使用 第三节滴定分析仪器的校准”内容，根据 JJG 196—2006《中华人民共和国国家计量检定规程　常用玻璃量器》检定规程的要求，做了系统性的修改。

2. 根据企业分析检验岗位工作任务所需技能的要求，定性分析已经逐渐淡化，本次修订将“第二章定性分析”内容全部删除。

3. 为保证学生应用的原子量和化合物式量权威可靠，在所有的计算公式中，原子量或基本单元摩尔质量根据国家标准提供的数据直接给出。

4. 在第一章中，修改了滴定分析实验报告书写示例，增加了体积校准和温度校准，与企业接轨，与全国职业学生分析检验大赛保持一致。

5. 在“酸碱滴定法”一章中，增加了非水溶液酸碱滴定相关内容，增加实验“醋酸钠含量的测定”。

6. 仪器分析部分在原有实验基础上，大幅增加了行业企业应用较多的电化学分析、紫外-可见分光光度分析和气相色谱分析实验。

本次修订工作由吉林工业职业技术学院王桂芝、白立军完成，王桂芝修订了基础知识和化学分析部分，白立军修订了仪器分析部分，全书由王桂芝统稿。在修订过程中，吉林工业职业技术学院长白山技能名师丁玉英提出了宝贵意见，修订工作也得到了化学工业出版社的大力支持，在此一并表示衷心感谢！

书中不妥之处，欢迎广大师生和读者批评指正，不胜感谢！

编　者

2018 年 4 月

第一版前言

分析化学实验是化工中等专业学校工业分析专业的专业技术基础课。它既是一门独立的课程，又是分析化学课的重要组成部分，既要与《分析化学》教材配套使用，同时还要兼顾教学实习的需要，故本书具有以下特点。

1. 编写中一方面注意到与分析化学的相互配合，另一方面又力求保持分析化学实验的完整性和独立性。

2. 为加强基本训练，提高实验教学质量，本书所提供的实验大都是经过多年实践、比较成熟的分析方法及 GB（国家标准）规定的定量方法。注意了新试剂和新分析方法的应用。全书采用法定计量单位，并以“等物质的量规则”作为滴定分析计算的依据。

3. 本书中增加了分析化学实验室基础知识、定性分析实验要求、标准溶液制备、定量分析方法应用示例等，既有利于学生理论联系实际，又能培养他们熟练掌握分析化学实验的基本操作技能。

4. 为培养学生分析问题与解决问题的能力，适当增加了实际试样分析和自行设计分析方法等实验内容，各个实验还附有思考题。

本书包括定性分析、定量分析、化学分离法三部分共九章、六十一个实验。其中分析天平、滴定分析仪器及基本操作、称量分析仪器及基本操作等可作为教学实习内容。

本书第一章至第四章由河北化工学校辛述元编写，第五章至第九章由吉林化工学校李楚芝编写。由工业分析专业教材编审委员会组织集体审稿，参加审稿的有天津化工学校贾定本、上海市化工学校李品芳、山东化工学校何云华、陕西化工学校刘阜英、扬州化工学校张文英。他们对初稿提出了宝贵意见，特此一并致谢。

本书由李楚芝统一修改定稿，贾定本主审。

由于编者水平有限，书中不妥之处，恳请读者批评指正。

编　者

1994 年 1 月

第二版前言

本书是全国化工中等职业学校工业分析专业的统编教材，也可作为其他相关行业从事分析工作技术人员的参考书。第一版于 1995 年出版后，得到了广大教师和学生的认可和好评。随着职业教育的深入发展以及分析领域知识的不断更新与发展，同时为适应新时期的中职分析化学教学，我们对第一版《分析化学实验》进行了修订。本次改版在保留第一版大部分特色的基础上，在形式和内容上都作了更新，主要变动如下。

1. 对实验章节的总体编排作了适当调整，由第一版中的九章调整为十二章。考虑到第一版中第七章“滴定分析法”内容较多，篇幅较大，故将常用的四种滴定分析法各自列为一章，以便在形式上与其他章节相协调。

2. 本书第二版更加重视国家法定计量单位的相关规定。

3. 全书努力贯彻最新国家标准中提出的方法。在概念、原理、结果表示等方面尽量采用国家标准中提出的表示方法。

4. 加强基本操作及其规范性训练，在“分析天平”和“滴定分析仪器基本操作”两章各增加了一个考核实验，细化考核标准，使学生明确标准并能自我对照和检查。

5. 实验内容选择具有典型性、实践性和应用性，并增加了一些与生产、生活联系紧密的新的实验题目，如“食盐中含碘量的测定”、“过氧乙酸的分析”等。

6. 减少或删去在生产实际中应用较少的内容和方法。如定性分析中减少了未知离子混合物分析，定量分析中删去了非水滴定法理论知识及相关实验，化学分离中删除了纸上层析法。

7. 将定量分析各实验基本原理分别放在每个实验中，使实验项目更齐全，原理更直观。在每个实验中，增加了“注意事项”，以利于学生更好地掌握实验。

8. 在习题方面有所加强，使学生的选择空间大，促进其积极思考，提高学生分析问题和解决问题的能力。

9. 增加了“实验室一般事故的紧急处理”，增强学生应对实验紧急事故的能力；增加了“分析化学实验要求”，希望对学生有一定的指导作用。

10. 在“分析天平”一章中，增加了在工厂、企业使用较多的电子天平的介绍篇幅，使学生对其性能、特点、使用方法有更好的了解和掌握。

第二版修订工作由李楚芝、王桂芝负责。在修订过程中，得到了化学工业出版社和吉林工业职业技术学院领导及同行们的大力支持和帮助，在此，特表示诚挚的谢意。

由于编者水平有限，书中难免存在疏漏，恳请读者批评指正。

编　者

2006 年 3 月

第三版前言

《分析化学实验》为中等职业学校工业分析与检验专业以及化工类相关专业教材。自出版以来，以其简明、实用而得到职业院校师生和企业分析检验工作技术人员的认可与欢迎。

本次修订在继续保持第二版编写特色的基础上，主要从以下几方面进行了修改和充实。

1. 根据实际、实践、实用的原则，对各章节的内容结构进行了优化。

2. 补充了目前在仪器分析中常用的三类分析方法的实验：电位分析法实验、紫外-可见分光光度法实验、气相色谱法实验。目的是与《分析化学》第三版完美衔接，为学生安插“化学分析”和“仪器分析”的“双翼”，有利于学生参与“全国化工技能大赛”及“化学检验工”的考核，使其内容更符合职教教学的实际和学生就业的需要。

3. 修改了定性分析实验报告范例，增加了定量分析实验报告范例，引导学生正确、规范、创造性地完成好实验报告。

本次教材的修订由李楚芝、王桂芝负责。王桂芝编写了第一至第十章、第十二、十三章，白立军编写了第十一章，全书由王桂芝统稿。

姜洪文老师对本教材的修订提出了宝贵意见和建议。同时本教材的出版得到了化学工业出版社和吉林工业职业技术学院工业分析与检验专业同仁的大力支持，在此一并表示衷心感谢！书中可能存在的不妥之处，欢迎广大师生和读者给予批评和指正。

编　者

2012 年 1 月

目录

第一章
分析化学实验室基础知识

分析化学实验既是一门独立的课程，又是分析化学课程的重要组成部分。分析化学是以实验为基础，以分析化学理论和实践相结合而逐步发展的。

中等职业技术学校工业分析专业培养的是掌握一定的专业理论知识和熟练的实践技能，具有一定实验室管理知识的高技能应用型人才。因此分析化学实验知识和基本技能是中职分析专业及其他相关专业必备的知识和能力素质之一。

通过分析化学实验，使学生加深理解和掌握分析化学基础理论知识，正确、熟练掌握分析化学实验的基本操作技能，养成良好的实验习惯和理论联系实际、实事求是的科学态度，训练学生科学的思维方式，提高学生提出问题、分析问题和解决问题的能力。

实验室安全知识

一、实验室安全守则

分析化学实验需要接触各类化学试剂、玻璃仪器和水电设备，而很多试剂都具有腐蚀性或毒性，还有一些试剂易燃、易爆，为保证人身安全，实验人员应严格遵守以下规则。

（1）实验室内禁止一切饮食，禁止吸烟，不能用实验器皿盛装或处理食物，离开实验室前应用肥皂洗手。

（2）进入实验室应穿工作服，长发要扎起。

（3）所有试剂、试样均应有标签，并保证标签与内容物相符。

（4）实验室里不得大声喧哗，保持安静的实验环境。废纸、废屑和碎玻璃片、火柴杆等废弃物应投入垃圾箱内，废酸和废碱或其他废液应小心倒入废液桶，以免腐蚀下水道。洒落在实验台上的试剂要随时清理干净。实验后将仪器洗净，实验台面布置好，将实验室清理干净，认真检查水、电、煤气及门、窗是否已关好。

（5）操作挥发性浓酸、浓碱（如浓盐酸、浓硝酸、浓硫酸、浓高氯酸、氢氟酸、浓氨水等）和有毒、有害及有腐蚀性气体（如硫化氢、氯气、溴、二氧化氮、氯化氢、氟化氢、氰化氢、二氧化硫、氨）时，应在通风橱中进行。

（6）对于使用挥发性和易燃物质的实验，应远离火源，并尽可能在通风橱中进行。易燃溶剂加热应采用水浴或砂浴，并避免用明火。灼热的物品不得直接放置在实验台上，各种电加热器及其他温度较高的加热器都应放在石棉板上。

（7）在使用强酸、强碱、强氧化剂、溴、磷、钠、钾、冰醋酸等时应注意保护，防止腐蚀皮肤，尤其防止进入眼内。

（8）稀释浓硫酸时，必须在烧杯等耐热容器中进行，且只能将浓硫酸在不断搅拌下缓缓注入水中，温度过高时应冷却降温后再继续加入。配制氢氧化钠、氢氧化钾等浓溶液时，也必须在耐热容器中溶解。如需将浓酸、浓碱中和，应各自先进行稀释再中和。

（9）不许任意混合化学药品，以免发生事故。使用有毒试剂（如重铬酸钾、氰化物、砷化物、汞盐、镉盐和铅盐等）时，必须特别小心并采用适当的防护措施，其废液应采取适当的方法处理，不能随便排放到下水道中。装过有毒、强腐蚀性、易燃、易爆物质的器皿，应由操作者亲自洗净。

（10）使用分析天平、分光光度计、酸度计等精密仪器，应严格遵守操作规程。

（11）将玻璃棒、玻璃管、温度计插入或拔出胶塞、胶管时应垫有垫布，且不可强行插入或拔出。

（12）试剂瓶的磨口塞粘固打不开时，可将瓶塞在实验台边缘轻轻磕碰，使其松动；或用电吹风稍许加热瓶颈部分使外层受热膨胀而与内层脱离；也可在粘固的缝隙间滴加几滴渗透力强的液体（如乙酸乙酯、石油醚、煤油、渗透剂 OT 以及水、稀盐酸）使内外层相互脱离。严禁用重物敲击，以免破损。

（13）实验室应备有急救药品、防护用品和灭火器材。

二、实验室一般事故的紧急处理

1. 安全用电防护

（1）操作电器时，手必须干燥。如遇有人触电，应立即断开电源，再进行抢救，必要时进行人工呼吸或送医院抢救。

（2）由电火花引起火灾，在报火警的同时，先立即切断电源，再进行灭火，若无法切断电源，应使用实验室配备的干粉灭火器灭火。

2. 化学药品灼伤处理

腐蚀性化学试剂包括：强酸类，特别是氢氟酸及其盐；强碱类，如碱金属的氢氧化物、浓氨水等；氧化剂，如浓的过氧化氢、过硫酸盐等；某些单质，如溴、钾、钠等。使用这些腐蚀性化学药品应戴防护眼镜和橡胶手套，以防药品溅入眼内或触及皮肤造成灼伤。如不慎灼伤，立即用大量水冲洗，再作以下处理。

酸灼伤，用弱碱性稀溶液如 2% 的 $NaHCO_3$ 溶液或稀氨水冲洗；碱灼伤，用弱酸稀溶液如 1%硼酸或柠檬酸溶液冲洗；溴液灼伤，用石油醚洗后再用 2%硫代硫酸钠溶液洗。最后都应使用大量水冲洗。

3. 烫伤和冻伤的处理

高温烫伤或低温冻伤时，先用稀高锰酸钾或苦味酸溶液冲洗，再在伤口处抹上黄色的苦味酸溶液、烫伤膏或万花油，切勿用水冲洗。

4. 吸入刺激性、有毒气体的处理

如不慎吸入氯气、溴蒸气或氯化氢，可用碳酸氢钠溶液漱口，然后吸入少量酒精蒸气使溶解，立即到室外空气流通处呼吸新鲜空气。

5. 预防汞中毒

汞熔点约为−39℃，极易挥发，其蒸气极毒，在人体内有累积性，经常接触少量汞蒸气会引起慢性中毒，严重危害人体健康。

洒落在实验台面、地面上的汞应及时、彻底清理。颗粒直径大于1mm的汞可用普通滴管吸取收集在容器中，该容器中和洒落汞的地面处撒上多硫化钙、硫黄、漂白粉等任一物质的粉末，使汞转化为不挥发的毒性小的难溶盐。

第二节 分析化学实验用水的制备方法和质量检验

分析化学实验需用大量的水，如洗涤仪器、溶解样品、配制溶液等都离不开水。自来水中常含有多种杂质如Ca^{2+}、Mg^{2+}、Na^{+}、Fe^{3+}、Al^{3+}、Cl^{-}、SO_4^{2-}、HCO_3^{-}等，如作为分析用水会影响分析结果的准确度。因此，自来水只能在仪器的初步洗涤或降温冷却时使用。分析用水为纯水，必须先经一定的方法净化达到国家规定。根据分析任务和要求的不同，采用不同规格实验室用水。

我国国家标准GB/T 6682—2008《分析实验室用水规格和试验方法》中规定了实验室用水规格、等级、技术指标、制备方法及检验方法。这一标准的制定，对规范我国分析实验室的分析用水，提高分析方法的准确度起到了重要的作用。

一、分析用纯水的级别、用途及主要指标

国家标准规定实验室用水分为以下三级。

(1)一级水　基本上不含有溶解或胶态离子杂质及有机物。用于有严格要求的分析实验，包括对颗粒有要求的实验，如高效液相色谱分析用水。

(2)二级水　可含有微量的无机、有机或胶态杂质。用于无机痕量分析等实验，如原子吸收光谱分析用水。

(3)三级水　是最普遍使用的纯水，适用于一般实验室实验工作，过去多采用蒸馏方法制备，故通常称为蒸馏水。

表1-1列出了实验室用一、二、三级水的主要指标。

表1-1　实验室用水的级别及主要指标

指标名称		一级水	二级水	三级水
pH范围(25℃)		—	—	5.0～7.5
电导率(25℃)/(μS/cm)	≤	0.1	1.0	5.0
吸光度(254nm,1cm光程)	≤	0.001	0.01	—

续表

指标名称		一级水	二级水	三级水
可氧化物质含量(以 O 计)/(mg/L)	≤	—	0.08	0.4
蒸发残渣[(105±2)℃]/(mg/L)	≤	—	1.0	2.0
可溶性硅(以 SiO_2 计)/(mg/L)	≤	0.01	0.02	—

注：1. 由于在一级水、二级水的纯度下，难于测定其真实的 pH，因此，对一级水、二级水的 pH 范围不作规定。

2. 一级水、二级水的电导率需用新制备的水“在线”测定。

3. 由于在一级水的纯度下，难于测定可氧化物和蒸发残渣，因此对其限量不作规定，可用其他条件和制备方法来保证一级水的质量。

二、一般纯水的制备

制备实验室用纯水的原始用水，应当是饮用水或比较纯净的水。如有污染，则必须进行预处理。纯水的制备方法很多，常用以下三种方法。

1. 蒸馏法

蒸馏法制备纯水是根据水与杂质的沸点不同，将自来水（或其他天然水）用蒸馏器蒸馏而得到的。用这种方法制备纯水操作简单，成本低廉，能除去水中非蒸发性杂质，但不能除去易溶于水的气体。由于蒸馏一次所得蒸馏水（一次蒸馏水）仍含有微量杂质，只能用于定性分析或一般工业分析。洗涤洁净度高的仪器和进行精确的定量分析实验工作，则必须采用多次蒸馏而得到的二次、三次甚至更多次的高纯蒸馏水。

目前使用的蒸馏器一般是由玻璃或金属材料制成的。由于蒸馏器的材质不同，带入蒸馏水中的杂质也不同。用玻璃蒸馏器制得的蒸馏水会有 Na^{+}、SiO_3^{2-} 等离子。用铜蒸馏器制得的蒸馏水通常含有 Cu^{2+}，蒸馏水中通常还含有一些其他杂质。蒸馏法制备纯水产量低，一般纯度也不够高。制备高纯蒸馏水时，需采用特殊材料如石英、银、铂、聚四氟乙烯等制作的蒸馏器皿。

必须指出，以生产中的废汽冷凝制得的“蒸馏水”，因含杂质较多，是不能直接用于分析化验的。

2. 离子交换法

离子交换法制备纯水是采用离子交换树脂来分离出水中的杂质离子，这种方法制得的水通常称为“去离子水”。这种方法具有出水纯度高、操作技术易掌握、产量大、成本低等优点，很适合于各种规模的化验室采用。该方法的缺点是设备较复杂，制备的水含有微生物和某些有机物，要获得既无电解质又无微生物的纯水，还需将离子交换水再进行蒸馏。

3. 电渗析法

这是在离子交换技术基础上发展起来的一种方法。它是在外电场的作用下，利用阴、阳离子交换膜对溶液中离子的选择性透过而使杂质离子自水中分离出来，从而制得纯水的方法。其特点是设备可以自动化，常用于海水淡化或与离子交换法联用制备较好的化验用纯水。

三、特殊纯水的制备

1. 无二氧化碳纯水

（1）煮沸法 将蒸馏水或去离子水置于烧瓶中，煮沸 10min，贮存于一个附有碱石灰管的橡皮塞盖严的瓶中，放置冷却后即得无二氧化碳纯水。

（2）曝气法 将惰性气体通入蒸馏水或去离子水至饱和即得无二氧化碳纯水。

2. 无氧纯水

将蒸馏水或去离子水置于烧瓶中，煮沸 1h，立即用装有玻璃导管（导管与盛有 100g/L 焦性没食子酸碱性溶液的洗瓶连接）的胶塞塞紧瓶口，放置冷却后即得无氧纯水。

3. 无氯纯水

将蒸馏水或去离子水中加入亚硫酸钠等还原剂，将余氯还原为氯离子，以 *N*,*N*-二乙基对苯二胺（DPD）检查不显色。再用附有缓冲球的全玻蒸馏器蒸馏即得无氯纯水。

四、纯水的质量检验

为保证纯水的质量符合分析工作的要求，对于所制备的每一批纯水，都必须进行质量检验。

1. pH 的测定

普通纯水 pH 应在 5.0～7.5 之间(25℃)，可用精密 pH 试纸或酸碱指示剂检验(对甲基红不显红色，对溴百里酚蓝不显蓝色)。用酸度计精确测定纯水的 pH 时，先用 pH 为 5.0～8.0 的标准缓冲溶液校正 pH 计，再将 100mL 三级水注入烧杯中，插入玻璃电极和甘汞电极，测定 pH。

2. 电导率的测定

纯水是微弱导体，水中溶解了电解质，其电导率将相应增加。测定电导率应选用适于测定高纯水的电导率仪。一、二级水电导率极低，通常只测定三级水。测量三级水电导率时，将 300mL 三级水注入烧杯中，插入光亮铂电极，用电导率仪测定其电导率。测得的电导率不大于 5.0μS/cm(25℃)时即为合格。

3. 吸光度的测定

将水样分别注入 1cm 和 2cm 的石英比色皿中，用紫外可见分光光度计于波长 254nm 处，以 1cm 比色皿中水为参比，测定 2cm 比色皿中水的吸光度。一级水的吸光度应≤0.001；二级水的吸光度应≤0.01；三级水可不测水样的吸光度。

4. 可溶性硅的限量试验

一级、二级水中的 SiO_2 可按 GB/T 6682—2008 方法中的规定测定。通常使用的三级水可测定水中的硅酸盐。方法如下：取 30mL 水于一小烧杯中，加入 5mL 4mol/L HNO_3、5mL 5%$(NH_4)_2MoO_4$ 溶液，室温下放置 5min 后，加入 5mL 10% Na_2SO_4 溶液，观察是否出现蓝色。如呈现蓝色，则不合格。

5. 可氧化物质限量试验

将 1000mL 二级水放入烧杯，加入 5.0mL 20% H_2SO_4 溶液，混匀。

将 200mL 三级水放入烧杯，加入 1.0mL 20% H_2SO_4 溶液，混匀。

在上述已酸化的试液中，分别加入 1.0mL $c\left(\frac{1}{5}KMnO_4\right)=0.01mol/L$ 的 $KMnO_4$ 溶液，混匀，盖上表面皿，将其煮沸并保持 5min，此时溶液的淡粉色如未完全褪尽，则符合可氧化物质限量要求。

6. Ca^{2+}、Mg^{2+}、Zn^{2+}、Cu^{2+}、Pb^{2+}、Fe^{3+} 的定性检验

取水样 10mL，加 $NH_3 \cdot H_2O-NH_4Cl$ 缓冲溶液（pH≈10）2mL、5g/L 铬黑 T 指示剂 2 滴，摇匀，溶液不显红色为合格。

7. Cl^- 的定性检验

取水样 10mL，用 4mol/L 的 HNO_3 酸化，加 2 滴 1% $AgNO_3$ 溶液，摇匀后无浑浊现象为合格。

五、分析用纯水的贮存

分析用水的贮存影响到分析用水的质量。各级分析用水均应使用密闭的专用聚乙烯容器。三级水也可使用密闭的专用玻璃容器。高纯水不能贮存在玻璃容器中，而应贮于有机玻璃、聚乙烯塑料或石英容器中。新容器在使用前需要在盐酸溶液（20%）中浸泡2～3d，再用待测水反复冲洗，并注满待测水浸泡 6h 以上。

分析用水在贮存期间，其污染主要来源于聚乙烯容器中可溶成分的溶解、空气中的 CO_2 和其他杂质。所以，一级水不可贮存，使用前制备。二级水、三级水可适量制备，分别贮存于预先经同级水清洗过的相应容器中。各级水在运输过程中应避免污染。

第三节 化学试剂

化学试剂是分析工作的物质基础。能否正确选择、使用化学试剂，将直接影响到分析实验的成败、准确度的高低及实验成本。不同的分析工作对试剂纯度的要求也不同。对于分析工作者，了解试剂的性质、分类、规格及使用常识是非常必要的。

一、化学试剂的分级和规格

化学试剂的种类很多，但世界各国对其分类和分级的标准尚未统一。国际标准化组织（ISO）已制定了多种化学试剂的国际标准，国际纯粹与应用化学联合会（IUPAC）对化学标准物质的分级也有了规定。我国化学试剂产品有国家标准（GB）、原化学工业部标准（HG）及企业标准（QB）三级，其中部分化学试剂的国家标准不同程度地采用了国际标准和外国某些先进标准。在各类各级标准中，均明确规定了化学试剂的质量指标和标准分析方法。

根据化学试剂质量标准及用途的不同，大体分为标准试剂、普通试剂、高纯试剂和专用试剂四大类。

1. 标准试剂

标准试剂是用于衡量其他物质化学量的标准物质，一般由大型试剂厂生产，并严格按国家标准进行检验。标准试剂不是高纯试剂，标准试剂的特点是主体含量高而且准确可靠。主要国产标准试剂的分类与用途列于表 1-2 中。

表 1-2 主要国产标准试剂的分类与用途

类 别	主 要 用 途
滴定分析第一基准试剂(C 级) 滴定分析工作基准试剂(D 级)	工作基准试剂的定值 滴定分析标准溶液的定值
杂质分析标准溶液	仪器及化学分析中作为微量杂质分析的标准
滴定分析标准溶液 一级 pH 基准试剂	滴定分析法测定物质的含量 pH 基准试剂的定值和高精密度 pH 计的校准
pH 基准试剂	pH 计的校准(定位)
热值分析试剂 色谱分析标准	热值分析仪的标定 气相色谱法进行定性和定量分析的标准
临床分析标准溶液	临床化验
农药分析标准 有机元素分析标准	农药分析 有机元素分析

滴定分析用标准试剂习惯称为基准试剂，分为第一基准试剂（C 级）和工作基准试剂（D 级）两个级别，主体成分含量分别为 99.98%～100.02%和 99.95%～100.05%。D 级基准试剂是滴定分析中的标准物质，常用的 D 级基准试剂列于表 1-3 中。

表 1-3 常用的 D 级基准试剂

名 称	国家标准代号	主 要 用 途
无水碳酸钠	GB 1255—2007	标定 HCl、H_2SO_4 溶液
邻苯二甲酸氢钾	GB 1257—2007	标定 $NaOH$、$HClO_4$ 溶液
氧化锌	GB 1260—2008	标定 EDTA 溶液
碳酸钙	GB 12596—2008	标定 EDTA 溶液
乙二胺四乙酸二钠	GB 12593—2007	标定金属离子溶液
氯化钠	GB 1253—2007	标定 $AgNO_3$ 溶液
硝酸银	GB 12595—2008	标定卤化物及硫氰酸盐溶液
草酸钠	GB 1254—2007	标定 $KMnO_4$ 溶液
三氧化二砷	GB 1256—2008	标定 I_2 溶液
碘酸钾	GB 1258—2008	标定 $Na_2S_2O_3$ 溶液
重铬酸钾	GB 1259—2007	标定 $Na_2S_2O_3$、$FeSO_4$ 溶液
溴酸钾	GB 12594—2008	标定 $Na_2S_2O_3$ 溶液

基准试剂规定采用浅绿色标签。

2. 普通试剂

普通试剂是实验室最普遍使用的试剂，按质量分为四级及生化试剂。表 1-4 列出了普通试剂的分级。

表 1-4 普通试剂的分级

级 别	习惯等级与代号	标签颜色	适 用 范 围
一级	保证试剂 优级纯(G. R.)	绿色	纯度很高，适用于精确分析和科学研究工作，有的可作为基准试剂
二级	分析试剂 分析纯(A. R.)	红色	纯度较高，适用于一般分析和科学研究工作
三级	化学试剂 化学纯(C. P.)	蓝色	适用于工业分析和一般化学实验
四级	实验试剂(L. R.)	棕色或其他颜色	适用于一般化学实验辅助试剂
生化试剂	生化试剂(B. R.)	咖啡色	适用于生物化学及医用化学实验

3. 高纯试剂

高纯试剂的主体成分含量与优级纯试剂相当，但杂质含量低于优级纯或基准试剂，而且规定检验的杂质项目比优级纯或基准试剂多 1～2 倍。高纯试剂多属于通用试剂，如 HCl、$HClO_4$、$NH_3 \cdot H_2O$、Na_2CO_3、H_3BO_3，主要用于微量分析中试样的分解及试液的制备。

4. 专用试剂

专用试剂是指具有特殊用途的试剂。其特点是不仅主体含量较高，而且杂质含量很低。它与高纯试剂的区别是：在特定的用途（如发射光谱分析）中干扰杂质成分只需控制在不致产生明显干扰的限度以下。

专用试剂种类很多，如紫外及红外光谱纯试剂、色谱分析标准试剂、气相色谱载体及固定液、液相色谱填料、薄层色谱试剂、核磁共振分析用试剂等。

二、化学试剂的选用与使用注意事项

1. 化学试剂的选用

化学试剂的纯度越高，级别越高，则由于其生产或提纯过程越复杂而价格越高，如基准试剂和高纯试剂的价格要比普通试剂高数倍乃至数十倍。化学试剂的选用应以分析要求，包括分析任务、分析方法、分析对象的含量及对分析结果准确度的要求等为依据，合理地选用相应级别的试剂。既不超级别造成浪费，又不随意降低试剂级别而影响分析结果。

例如，一般滴定分析中常用间接法配制标准溶液，应选择分析纯试剂配制，再用 D 级基准试剂标定。在某些情况下，如对分析结果要求不是很高的实验，也可用优级纯或分析纯代替 D 级基准试剂。滴定分析中所用的其他试剂一般为分析纯试剂。

在仲裁分析中，一般选择优级纯和分析纯试剂。仪器分析实验中一般选用优级纯或专用试剂。在进行痕量分析时，应选用高纯或优级纯试剂以降低空白值和避免杂质干扰。一般车间控制分析，选用分析纯、化学纯试剂。某些制备实验、冷却浴或加热浴用试剂，可选用工业品。

试剂的级别高，分析用水的纯度及容器的洁净程度要求也高，例如在精密分析实验中常使用优级纯试剂，需要以二次蒸馏水或去离子水以及硬质硅硼玻璃器皿或聚乙烯器皿与之配合，只有这样才能发挥化学试剂的纯度作用，达到要求的实验精度。

2. 化学试剂使用注意事项

为保证试剂不受污染，从试剂瓶中取试剂应当用洁净的牛角勺或不锈钢勺，绝不可用手抓取。若试剂结块，可用洁净的玻璃棒或瓷药铲将其捣碎后取出。液体试剂用干净的量筒倒取，不可用滴管伸入原瓶试剂中吸取。从试剂瓶中取出而没有用完的试剂，不可倒回原瓶。打开易挥发的试剂瓶塞时，不可把瓶口对准自己或他人。

三、化学试剂的保存和管理

化学试剂如保管不善则会发生变质。变质试剂不仅会导致分析误差，严重的还会使分析工作失败，甚至引起事故。因此，应根据试剂的毒性、易燃性、腐蚀性和潮解性等不同的特点，以不同的方式妥善保管化学试剂。

1. 一般化学试剂的贮存

一般化学试剂分类存放于阴凉通风、干净和干燥的房间，要远离火源，并注意防止水分、灰尘和其他物质污染。

固体试剂应保存在广口瓶中；液体试剂应盛放在细口瓶或滴瓶中；见光易分解的试剂，如 $AgNO_3$、$KMnO_4$、双氧水、草酸等，应盛放在棕色瓶中并置于暗处，容易侵蚀玻璃而影响试剂纯度的，如氢氟酸、氟化钠、氟化钾、氟化铵、氢氧化钾等，应保存在塑料瓶中或涂有石蜡的玻璃瓶中。盛碱的瓶子要用橡胶塞，不能用磨口塞，以防瓶口被碱溶结。吸水性强的试剂，如无水碳酸钠、苛性碱、过氧化钠等，应严格用蜡密封。

2. 易燃类试剂的贮存

通常把闪点低于 25℃的液体列入易燃类试剂。这类试剂极易挥发，遇明火即燃烧。例如闪点低于 −4℃的有石油醚、氯乙烷、乙醚、汽油、苯、丙酮、乙酸乙酯等，闪点低于25℃的有丁酮、甲苯、二甲苯、甲醇、乙醇等。这些试剂应单独存放于阴凉通风处，存放温度不得超过 30℃，并远离火源。

3. 强腐蚀类试剂的贮存

强腐蚀类试剂对人体皮肤、黏膜、眼、呼吸道和物品等有极强腐蚀性。如发烟硫酸、硫酸、发烟硝酸、盐酸、氢氟酸、氢溴酸、一氯乙酸、甲酸、乙酸酐、五氧化二磷、溴、氢氧化钠、氢氧化钾、硫化钠、苯酚等。这些试剂应与其他药品隔离放置，存放在抗腐蚀材料台架上或靠墙地面处以保证安全。

4. 燃爆类试剂的贮存

燃爆类试剂遇水反应十分剧烈并发生燃烧爆炸，如钾、钠、锂、钙、氢化锂铝、电石等。钾和钠应保存在煤油中；白磷易自燃，要浸在水中保存。试剂本身就是炸药的有硝酸纤维、苦味酸、三硝基甲苯、三硝基苯、叠氮或重氮化合物，要轻拿轻放。此类试剂应与易燃物、氧化剂隔离存放，存放温度不得超过30℃。

5. 强氧化剂类试剂的贮存

强氧化剂类试剂有过氧化物、含氧酸及其盐，如过氧化钠、过氧化钾、硝酸钾、高锰酸钾、重铬酸钾、过硫酸铵等。应存放于阴凉通风处，特别注意与酸类以及木屑、炭粉、硫化物、糖类或其他有机物等易燃物、可燃物或易被氧化物质隔离存放。

6. 剧毒试剂的贮存和管理

剧毒试剂如氰化物、砒霜、氢氟酸、二氯化汞等，应专柜存放在固定地方，由双人双锁保管。使用剧毒药品需经负责人同意后，由领用人和保管人共同称重复核发放，并按规定记录备查，注明用途。无使用价值的剧毒药品必须由负责人批准并经必要的处理，确保无毒或低毒后方可弃去，并做好销毁记录。常用的三氧化二砷采用滴加碘试液使之转化为低毒的砷酸盐后弃去；汞盐类采取添加硫化钠试液使之生成硫化汞沉淀后，再弃去。

第四节 常用器皿

分析实验常用的器皿有：玻璃仪器、石英制品、玛瑙器皿、瓷器皿、石墨器皿、塑料器皿和金属器皿。熟悉这些常用器皿的规格、性能、正确使用方法和保管方法，对于规范操作、准确地报出分析结果、延长器皿的使用寿命和防止意外事故的发生，都是十分必要的。

一、玻璃仪器

玻璃是多种硅酸盐、铝硅酸盐、硼酸盐和二氧化硅等物质的复杂混熔体，具有多种良好性质，如相当好的化学稳定性（对氢氟酸除外）、较强的耐热性、良好的透明度、一定的机械强度、价格低廉、加工方便、适用面广等一系列性质和实用价值。因此，玻璃仪器在分析实验中被大量地经常地使用。常用玻璃仪器的主要规格、主要用途及使用注意事项见表1-5。

表1-5 常用玻璃仪器

名称	主要规格	主要用途	使用注意事项
烧杯	容量(mL)：10、15、25、50、100、200、250、400、500、600、800、1000、2000	配制溶液；溶样；进行反应；加热；蒸发；滴定等	不可干烧；加热时应受热均匀；液量一般不超过容积的三分之二
锥形瓶	容量(mL)：5、10、25、50、100、150、200、250、300、500、1000、2000	加热；处理试样；滴定	磨口瓶加热时要打开瓶塞，其余同烧杯使用注意事项
碘量瓶	容量(mL)：50、100、250、500、1000	碘量法及其他生成挥发性物质的定量分析	为防止内容物挥发，瓶口用水封，其余同锥形瓶使用注意事项
圆底、平底烧瓶	容量(mL)：50、100、250、500、1000	加热或蒸馏液体	一般避免直接火焰加热

续表

名　　称	主要规格	主要用途	使用注意事项
蒸馏烧瓶	容量(mL):50、100、250、500、1000、2000	蒸馏	避免直接火焰加热
凯氏烧瓶	容量(mL):50、100、250、300、500、800、1000	消化分解有机物	使用时瓶口勿冲人,避免直接火焰加热,可用于减压蒸馏
量筒、量杯	容量(mL):5、10、25、50、100、250、500、1000、2000 量出式	粗略量取一定体积的溶液	不可加热,不可盛热溶液;不可在其中配制溶液;加入或倾出溶液应沿其内壁
容量瓶	容量(mL):5、10、25、50、100、200、250、500、1000、2000 量入式 A级、B级 无色、棕色	准确配制一定体积的溶液	瓶塞密合;不可烘烤、直接加热,可水浴加热;不可长期贮存溶液;长期不用时应在瓶塞与瓶口间夹上纸条
滴定管	容量(mL):10、25、50、100 量出式 A级、A_2级、B级 无色、棕色,酸式、碱式	滴定	不能漏水、不能加热、不能长期存放碱液;碱式管不能盛氧化性物质溶液;酸式管、碱式管不能混用
微量滴定管	容量(mL):1、2、3、4、5、10 量出式,座式 A级、A_2级、B级(无碱式)	微量或半微量滴定	只有活塞式,其余同滴定管使用注意事项
自动滴定管	容量(mL):10、25、50 量出式 A级、A_2级、B级 三路阀、侧边阀、侧边三路阀	自动滴定	成套保管使用,其余同滴定管使用注意事项
单标线吸量管	容量(mL):1、2、5、10、15、20、25、50、100 量出式 A级、B级	准确移取一定体积的溶液	不可加热,不可磕破管尖及上口
分度吸量管	容量(mL):0.1、0.2、0.5、1、2、5、10、20、25、50、100 完全流出式、吹出式、不完全流出式	准确移取各种不同体积的溶液	
称量瓶	高型 容量/mL　外径/mm　瓶高/mm 10　25　40 20　30　50 25　30　60 40　35　70 60　40　70	高型用于称量试样、基准物	磨口应配套;不可盖紧塞烘烤;称量时不可直接用手拿取,应戴手套或用洁净纸条夹取

续表

名　称	主要规格	主要用途	使用注意事项
称量瓶	低型 容量/mL　外径/mm　瓶高/mm 5　25　25 10　35　25 15　40　25 30　50　30 45　60　30 80　70　35	低型用于在烘箱中干燥试样、基准物	同高型注意事项
细口瓶、广口瓶、下口瓶	容量(mL)：125、250、500、1000、2000、3000、10000、20000 无色、棕色	细口瓶、下口瓶用于存放液体试剂；广口瓶用于存放固体试剂	不可加热；不可在瓶内配制热效应大的溶液；磨口塞应配套；存放碱液瓶应用胶塞
滴瓶	容量(mL)：30、60、125、250、500、1000、2000 无色、棕色	存放需滴加的试剂	
漏斗	长颈(mm)：上口直径30、60、75，管长150 短颈(mm)：上口直径50、60，管长90、120 直渠、弯渠	过滤沉淀；作加液器	不可直接火焰烘烤；根据沉淀量选择漏斗大小
分液漏斗	容量(mL)：50、100、250、500、1000、2000 球形、锥形、筒形，无刻度、具刻度	两相液体分离；萃取富集；作制备反应中的加液器	不可加热；不能漏水；磨口塞应配套，长期不用时磨口处夹上纸条
试管	容量(mL)：5、10、15、20、25、50、100 无刻度、具刻度，无支管、具支管	少量试剂的反应容器；具支管试管可用于少量液体的蒸馏	所盛溶液一般不超过试管容积的1/3；硬质玻璃试管可直接用火焰加热，加热时管口勿冲人
离心试管	容量(mL)：5、10、15、20、25、50 无刻度、具刻度	定性鉴定；离心分离	不可直接火焰加热
比色管	容量(mL)：10、25、50、100 具塞、不具塞，带刻度、不带刻度	比色分析	不可直接火焰加热；管塞应密合；不能用去污粉刷洗
干燥管	球形 有效长度(mm)：100、150、200 U形 高度(mm)：100、150、200 U形带阀及支管	气体干燥；除去混合气体中的某些气体	干燥剂或吸收剂必须有效
干燥塔	干燥剂容量(mL)：250、500	动态气体的干燥与吸收	

续表

名称	主要规格	主要用途	使用注意事项
冷凝器	外套管有效冷凝长度(mm)：200、300、400、500、600、800 直形、球形、蛇形，蛇形逆流、直形回流、空气冷凝器	将蒸气冷凝为液体	不可骤冷骤热；直形、球形、蛇形冷凝器要在下口进水，上口出水
抽气管	伽氏、艾氏、孟氏、改良氏	装在水龙头上，抽滤时作真空泵	用厚胶管接在水龙头上并拴牢；除改良式外，使用时应接安全瓶，停止抽气时，先开启安全瓶阀
抽滤瓶	容量(mL)：50、100、250、500、1000、2000	抽滤时承接滤液	属于厚壁容器，能耐负压；不可加热；选配合适的抽滤垫；抽滤时漏斗管尖远离抽气嘴
表面皿	直径(mm)：45、65、70、90、100、125、150	可作烧杯和漏斗盖；称量、鉴定器皿	不可直接火焰加热
研钵	直径(mm)：70、90、105	研磨固体物质	不能撞击、烘烤；不能研磨与玻璃有作用的物质
干燥器	上口直径(mm)：160、210、240、300 无色、棕色 常压、抽真空	保持物质的干燥状态	磨口部分涂适量凡士林；干燥剂应有效；不可放入红热物体，放入热物体后要不时开盖，以放走热空气
砂芯滤器	坩埚容量(mL)：10、20、30、60、100、250、500、1000 微孔平均直径(μm)：P_{40} 为 16～40，P_{16} 为 10～16，P_{10} 为 4～10，P_4 为 1.6～4	过滤	必须抽滤；不能骤冷骤热；不可过滤氢氟酸、碱液等；用毕及时洗净

二、其他非金属器皿

1. 瓷器皿

瓷器皿是上釉的陶器，可耐高温灼烧，如瓷坩埚可加热至 1200℃，灼烧后其质量变化很小，易于恒重，故常用于灼烧沉淀与称量。瓷器皿的机械性能和对酸、碱的稳定性均优于玻璃器皿，而且价格低廉，故应用很广泛。瓷器皿和玻璃器皿相似，主要成分仍然是硅酸盐，所以不能用氢氟酸在瓷器皿中分解处理样品；瓷器皿不耐氢氧化物、碳酸盐、过氧化物及焦硫酸盐等腐蚀，因此不适于在其中进行熔融分解。表 1-6 列出了常用瓷器皿的规格与用途。

2. 玛瑙器皿

玛瑙属贵重矿物，是石英的一种隐晶质集合体，主要成分是二氧化硅，另外，还含有少量铝、铁、钙、镁、锰等的氧化物。玛瑙硬度大，性质稳定，与大多数试剂不发生作用，一般很少带入杂质，用玛瑙制作的研钵是研磨各种高纯物质的极好器皿。

玛瑙研钵不能受热，不能在烘箱中烘烤，不能用力敲击，也不能与氢氟酸接触。玛瑙研钵价格昂贵，使用时要特别小心，如遇到大块物料或结晶体，应先轻轻压碎后再进行研磨，硬度过高、粒度过大的物料也不宜在玛瑙研钵中研磨，以免损坏其表面。

玛瑙研钵用毕要用水洗净，必要时可用稀盐酸洗涤或放入少许氯化钠研磨，然后用水冲净后自然干燥，也可用脱脂棉蘸无水乙醇擦净。

表 1-6 常用瓷器皿的规格与用途

名 称	规 格	主要用途
坩埚(有盖)	容量(mL)：高型 15、20、30、60；中型 2、5、10、15、20、30、50、100；低型 15、25、30、45、50	灼烧沉淀；高温处理样品
蒸发皿	容量(mL)：有柄 30、50、80、100、150、200、300、500、1000；无柄 35、60、100、150、200、300、500、1000	蒸发与浓缩溶液；500℃以下灼烧物料
瓷管(燃烧管)	内径(mm)：5～90 长(mm)：400～600、600～1000	高温管式炉中，燃烧法测定 C、H、S 等元素
瓷舟(燃烧舟)	长方形[长(mm)×宽(mm)×高(mm)]：60×30×15、90×60×17、120×60×18 船形[长度(mm)]：72、77、85、95	燃烧法测定 C、H、S 时盛装样品
布氏漏斗	外径(mm)：51、67、85、106、127、142、171、213、269	用于减压过滤，与抽滤瓶配套使用
研钵	直径(mm)：普通型 60、80、100、150、190；深型 100、120、150、180、205	研磨固体试剂和试样

3. 石墨器皿

石墨器皿质地致密，透气性小；极耐高温，即使在 2500℃时也不熔化，而且在高温下其强度不减；同时，具有较强的耐腐蚀性，在常温下不与各种酸（高氯酸除外）、碱起作用；有良好的导电性和耐骤冷骤热性。石墨器皿的主要缺点是耐氧化性差，且随温度升高氧化速度加快。

常用的石墨器皿有石墨坩埚与石墨电极。石墨坩埚可代替一些贵金属坩埚进行熔融操作，使用时最好外罩上一个瓷坩埚。石墨坩埚在使用前，应先在王水中浸泡 10h 后，用纯水冲净，再于 105℃的烘箱中干燥 10h。使用后在 10%的盐酸溶液中煮沸浸泡 10min，然后洗净烘干。

4. 塑料器皿

塑料是高分子材料的一类，具有绝缘、耐化学腐蚀、不易传热、强度较好、耐撞击等特点。在实验室中可作为金属、木材、玻璃等的代用品。实验室常见的塑料器皿是聚乙烯器皿，此外有聚丙烯和聚四氟乙烯器皿。

聚乙烯是热塑性塑料，短时间内可使用到 100℃。耐一般酸、碱腐蚀，但能被氧化性酸

（HNO_3 或浓 H_2SO_4）慢慢侵蚀；室温下不溶于一般有机溶剂，但与脂肪烃、芳香烃、卤代烃等长时间接触会溶胀。低密度（相对密度 0.92）聚乙烯熔点为 108℃，最高使用温度约 70℃；中密度聚乙烯熔点为 127～130℃；高密度（相对密度 0.95）聚乙烯熔点为 135℃，最高使用温度约 100℃。

聚丙烯熔点约 170℃，最高使用温度约 130℃；在大多数介质中稳定，但受浓硫酸、浓硝酸、溴水及其他强氧化剂慢慢侵蚀，可吸附硫化氢和氨。

实验室常用的聚乙烯和聚丙烯器皿有很多，如取样袋，代替橡胶球胆取气体试样；聚乙烯和聚丙烯桶可用于装蒸馏水，小桶用于取水样；烧杯、漏斗用于含氢氟酸的实验中；细口瓶代替玻璃瓶，装碱标准溶液、强碱溶液、碱金属盐的溶液及氢氟酸，自身不受腐蚀；细口瓶还可制成洗瓶，使用方便。

聚四氟乙烯是热塑性塑料，色泽白，耐热性好，最高工作温度达 250℃。除熔融态钠和液态氟外，能耐浓酸、浓碱、强氧化剂、王水的腐蚀，并且电绝缘性能好。但在 415℃以上急剧分解放出有毒的全氟异丁烯气体。实验室常用的聚四氟乙烯器皿有烧杯、蒸发皿、分液漏斗的活塞、搅拌器及表面皿等。

三、金属器皿

1. 铂器皿

铂又称白金，是一种比黄金还要贵重的软质金属。熔点高达 1774℃，可耐 1200℃的高温。铂的化学性质稳定，在空气中灼烧不发生化学变化，也不吸收水分，大多数化学试剂对铂器皿无侵蚀，如铂器皿耐氢氟酸及熔融碱金属碳酸盐的侵蚀。实验室中常见的铂器皿有铂坩埚、铂蒸发皿、铂舟、铂丝、铂电极及铂铑热电偶等。如铂坩埚可用于灼烧及称量沉淀，用于碳酸钠、焦硫酸钾、碳酸钾及硼砂等熔融分解样品（不可用于碳酸锂熔融），还可用于氢氟酸处理；铂丝圈用于有机分析灼烧样品；铂丝、铂片常用于电化学分析中的电极。

使用铂器皿应遵守以下规则。

(1) 铂器皿质地柔软，易变形。因此不能用力夹取，不能用玻璃棒或其他硬物刮剥铂器皿内附着物，以防划伤内壁。

(2) 铂器皿只能在高温炉或煤气灯的氧化焰中加热或灼烧，不能在含有碳粒和碳氢化合物的还原焰中灼烧。带有沉淀的滤纸或有机质含量大的试样灼烧前，必须先在通风良好的情况下灰化完全，再进行灼烧。红热的铂器皿不可骤然浸入冷水中，以免产生裂纹。

(3) 铂在高温下易与其他金属生成合金，所以铂器皿在加热时不能与任何其他金属接触，应放在铂三脚架上或陶瓷、黏土、石英等材料的支架上灼烧，也可放在垫有石棉板的电热板或电炉上加热，不可直接接触铁板或电炉丝。使用包有铂头的坩埚钳夹取灼热的铂坩埚。

(4) 铂在高温下易受下列物质侵蚀，因此铂器皿不可接触这些物质。

① 易被还原的金属、非金属及其化合物，如银、汞、铅、铋、铜、锡和锑的盐类在高温下易被还原成金属，与铂形成合金。

② 碱金属及钡的氧化物、氢氧化物、硝酸盐、亚硝酸盐和氰化物在加热或熔融时对铂

有强腐蚀性。

③ 卤素及可能产生卤素的混合溶液，如王水、盐酸与氧化剂的混合物对铂有侵蚀作用。

④ 含碳的硅酸盐，磷、砷、硫及其化合物在高温下与铂形成脆性碳化物、磷化物或硫化物。

(5) 成分和性质不明的物质不能在铂器皿中加热或处理。

(6) 铂器皿应保持清洁光亮，以防止有害物质继续与铂作用。经多次灼烧后铂器皿表面可能变得黯然无光，如不及时清洗，天长日久杂质逐渐渗入内部使其变脆而易裂。

(7) 铂器皿如沾上污迹，可先用盐酸或硝酸单独处理。无效时，可将焦硫酸钾置于铂器皿中，在较低的温度下熔融 5～10min，将熔融物弃去后，再用盐酸浸煮洗涤，若仍无效，可再试用碳酸钠熔融处理。

2. 银坩埚

银坩埚不受 NaOH、KOH 及 Na_2O_2 等物质的侵蚀，可用于碱熔法分解样品。银的熔点为 960℃，银坩埚使用温度通常不超过 700℃，因此不可将其置于煤气灯上直接灼烧，只能在电炉或高温炉中使用。在空气中加热时，银表面极易形成一层黑色氧化银薄膜，使其质量发生变化，所以银坩埚不适于在称量分析中灼烧和称量沉淀；银易与硫生成硫化银，因而不能熔融、分解或灼烧含硫物质；银能被酸侵蚀或溶解，因此不能用酸浸取银坩埚中的熔融物，特别注意不能接触浓硫酸、浓硝酸；此外，铅、锌、锡、汞等金属盐及硼砂均不可在银坩埚中灼烧和熔融，防止银坩埚变脆。

银的价格比铂低得多，实验室中常用。用过的银坩埚，要及时清洗。可用 NaOH 熔融清洗，或用 1+3 的 HCl 溶液短时间浸泡，再用滑石粉擦拭，最后用纯水洗涤并干燥。

3. 镍坩埚

镍可抵抗碱性物质侵蚀，因此在镍坩埚中可用 NaOH、KOH、Na_2O_2、Na_2CO_3、$NaHCO_3$ 等碱性熔剂熔融分解样品。

镍的熔点为 1455℃，一般使用温度为 700℃，不能超过 900℃。由于镍在空气中易被氧化，生成氧化膜会增重，所以镍坩埚不能用于称量分析中灼烧和称量沉淀。根据镍的性质，硫酸氢钠、硫酸氢钾、焦硫酸钠、焦硫酸钾、硼砂、碱性硫化物及铝、锌、锡、铅、钒、银、汞等金属盐，不能用镍坩埚来熔融或灼烧。浸取镍坩埚中的熔融物时，不能用酸，必要时只能以数滴稀酸（1+20）迅速清洗一下。

新的镍坩埚使用前，应先于 700℃下灼烧 2～3min，以除去油污，并使其表面形成氧化膜（处理后应呈暗绿色或灰墨色）而延长使用寿命。以后，每次使用前用水煮沸洗涤，必要时可滴加少量盐酸稍煮片刻，最后用纯水洗净并干燥。

第五节 常用洗涤剂

仪器是否洁净会直接影响到分析结果的可靠性与准确性，因此对实验中所用的各种仪器必须洗涤干净。洗涤仪器是分析工作者的必修课，需要掌握洗涤的一般步骤，洗净标准，洗涤剂种类、配制及选择。

一、常用洗涤剂的种类、选用及配制方法

1. 常用洗涤剂及其选用

常用洗涤剂种类很多，应根据实验的要求、污物的性质和污染的程度来选用。仪器上黏附的污物常有可溶性物质、不溶性物质、尘土、油污和有机物质，应针对不同的情况选用不同的洗涤剂。对于水溶性污物，一般可以直接用自来水冲洗干净后，再用蒸馏水洗3次即可。当沾有的污物用水洗不掉时，要根据污物的性质选择合适的洗涤剂并用正确的洗涤方法洗涤。

（1）肥皂、皂液、去污粉和合成洗涤剂　可用于毛刷直接刷洗的仪器，如烧杯、锥形瓶、试剂瓶等形状简单、毛刷可以刷到的粗量器。需根据要洗涤仪器的形状选择合适的毛刷，如试管刷、烧杯刷、瓶刷和滴定管刷等。

合成洗涤剂是洗涤玻璃器皿的首选。合成洗涤剂中，洗衣粉是以十二烷基苯磺酸钠为主要成分的阴离子表面活性剂，高效、低毒，用于洗涤油污及有机物沾污的仪器，对玻璃器皿的腐蚀性小，不会损坏玻璃，洗衣粉可配成较浓的溶液使用或用毛刷直接蘸取使用。洗洁精、餐具洗涤剂是以非离子表面活性剂为主要成分的中性洗涤剂，可配成1%～2%的溶液使用。

（2）洗液（酸性或碱性）　多用于不使用毛刷或不能用毛刷洗刷的仪器，如滴定管、移液管、容量瓶、比色管、比色皿等和计量有关的仪器。如油污可用无铬洗液、铬酸洗液、碱性高锰酸钾洗液、丙酮、乙醇等有机溶剂洗涤。碱性物质及大多数无机盐类可用稀 HCl 洗液（1+1）洗涤。

（3）有机溶剂　针对污物的类型不同，可选用不同的有机溶剂洗涤，如甲苯、二甲苯、氯仿、乙酸乙酯、汽油等。如果要除去洗净仪器上带的水分可以用乙醇、丙酮，最后再用乙醚。

2. 常用洗液的配制及使用注意事项

（1）铬酸洗液　取20g研细的工业 $K_2Cr_2O_7$ 溶于40mL热水中，冷却后在搅拌下缓慢加入360mL工业浓硫酸，冷却，贮存于磨口试剂瓶中。

新配制的铬酸洗液呈暗红色油状液，具有极强氧化性，去除有机物和油污的能力强，其腐蚀性极强，易灼伤皮肤及损坏衣物，使用时一定要注意安全！由于 $K_2Cr_2O_7$ 是致癌物，因此应尽量少用、少排放铬酸洗液。当洗液呈黄绿色时，表明已经失效，应回收后统一处理，不得任意排放。

（2）碱性高锰酸钾洗液　取4g $KMnO_4$ 溶于50mL水中，加入10g KOH，稀释至100mL。高锰酸钾洗液有很强的氧化性，可清洗油污及有机物，析出的 MnO_2 可用草酸、浓盐酸、盐酸羟胺等还原剂除去。

（3）碱性乙醇洗液　取6g NaOH 溶于6mL水中，再加入50mL 95%乙醇，贮存于胶塞玻璃瓶中，主要用于洗涤油脂、焦油、树脂沾污的仪器。

（4）盐酸-乙醇洗液　盐酸和乙醇按1+1体积比混合而成，是还原性强酸洗液，适用于洗涤多种金属离子沾污的仪器。比色皿常用此洗液洗涤。

（5）硝酸-乙醇洗液　适用于洗涤一般方法难于洗净的油污、有机物及残炭沾污的仪器。

可先在容器中加入 2mL 乙醇，再加 10mL 浓 HNO_3，在通风橱中静置片刻，待激烈反应放出大量 NO_2 后，用水冲洗。注意用时混合，并注意安全操作。

(6) 纯酸洗液　用盐酸（1+1）、硫酸（1+1）、硝酸（1+1）或浓硝酸与浓硫酸等体积混合配制，用于清洗碱性物质或无机物沾污的仪器。

(7) 草酸洗液　取 5～10g 草酸溶于 100mL 水中，再加入少量浓盐酸。草酸洗液用于洗涤器壁上的 MnO_2，如除去高锰酸钾洗涤后分解产生的 MnO_2。

(8) 碘-碘化钾洗液　1g 碘和 2g 碘化钾溶于水中，用水稀释至 100mL，用于洗涤 $AgNO_3$ 沾污的器皿和白瓷水槽。

(9) 有机溶剂　如丙酮、苯、乙醚、二氯乙烷、氯仿等，可洗去油污及可溶于该溶剂的有机物。使用这类溶剂时，注意其毒性及可燃性。有机溶剂价格较高，毒性较大。较大的器皿沾有大量有机物时，可先用废纸擦净，尽量采用碱性洗液或合成洗涤剂洗涤。只有无法使用毛刷洗刷的小型或特殊的器皿才用有机溶剂洗涤，如活塞内孔和滴定管夹头等。

二、玻璃仪器的洗涤方法

1. 常规玻璃仪器的洗涤方法

首先用自来水冲洗仪器以除去可溶性污垢，根据沾污的程度、性质分别采用相应的洗涤剂洗涤或浸泡，用自来水冲洗 3～5 次冲去洗液，倒置仪器，内壁均匀地被水润湿而不挂水珠表明已洗涤干净，再用蒸馏水淋洗 3 次，洗去自来水。

2. 成套特殊玻璃仪器的洗涤方法

(1) 微量凯氏定氮仪　除洗净每个部件外，用前应将整个装置用热蒸汽处理 5min，以除去仪器中的空气。

(2) 索氏脂肪提取器　用乙烷、乙醚分别回流提取 3～4h。

3. 特殊玻璃仪器的洗涤方法

(1) 砂芯玻璃滤器　新滤器使用前需用热的盐酸（1+1）浸煮除去砂芯孔隙间的颗粒物，再用自来水、蒸馏水抽洗干净。使用后，针对抽滤沉淀性质的不同，选用不同洗液浸泡、抽洗，再用蒸馏水抽洗干净，于 110℃烘干，保存在有盖的容器中。

(2) 痕量分析用玻璃仪器　要求洗去极微量的杂质离子。将玻璃仪器用优级纯的 HCl (1+1)或 HNO_3（1+1）浸泡 24h，再用去离子水洗干净。

第六节　分析化学实验要求

通过分析化学实验，学生不仅可以加强对理论知识的深入理解，更重要的是能够培养正确规范的分析基本操作技能和技巧，培养专业意识，将分析基础理论灵活运用到实际问题中，达到“学以致用”，为今后从事分析行业的工作打下良好的基础。实验前做好预习，实验中正确规范操作、细致入微地观察和记录，实验后做好清理、写好实验报告，这样才能在有限的实验课时间内，高效率地完成实验任务，得到更大的收获。

一、实验预习方法和要求

实验前必须进行充分的预习。首先，根据本实验内容，仔细地阅读理论课教材和实验课教材相关内容，如有问题，及时解决。明确实验目的、实验方法、基本原理，清楚如何进行每一步操作及使用的试剂和仪器，了解实验操作注意事项，从宏观上对实验内容有总体理解，从微观上对每一个实验步骤应出现的正确现象有把握。

其次，在预习过程中，要积极动脑思考。如本实验使用这种方法，还有哪些其他测定方法，这些方法各自有何特点；加入每一种试剂的作用及加入顺序对测定有哪些影响等。此外，还应对操作中可能遇到的问题有充分的估计。根据实验要求，做好必要的计算（如试剂用量的计算）。有些数据还需要查阅相关手册和资料，这些都应在预习时完成。

在阅读教材和认真思考的基础上，写好预习报告。每个学生应准备专用的实验预习报告本，预习报告不同于实验报告，主要特点是简明扼要。内容一般要包括：实验题目、实验目的、实验原理、实验操作步骤、实验数据表格设计和预习思考题。其中，操作步骤应将实验教材上的步骤进行提炼、再加工，使其条理化、框图化、表格化，以便实验时应用。

二、正确规范地进行实验操作

在实验过程中，严格按照正确规范的操作方法进行操作，不能随意简化实验步骤。注意力集中，认真操作，不做任何与实验无关的事。仔细观察、如实记录，数据或现象应随时记录在原始记录本上，不得记录在纸片上或其他地方，不得实验前写记录或全部实验结束后再回忆写记录，操作中不得离开岗位。实验台面也要保持整洁有序，试纸、废弃滤纸等杂物不能随意扔到水槽或下水管道。

尤其需要说明的是，很多定性反应非常灵敏，因此必须细心观察，必要时需做空白试验或对照试验。为防止过度检出或仪器、试剂等被污染，实验人员的双手和使用的一切器皿必须洗净，并在整个实验过程中要保持整洁。

三、书写实验报告

实验报告是实验过程和实验成果的最终文字体现，也是将感性认识上升到理性认识的一个过程。实验完成后应认真总结写好实验报告。完成报告时，要求文字表达清楚、书写整洁，数字记录用仿宋体，并与正文字号和谐；数据记录规范、科学合理；有效数字位数正确；项目齐全、格式统一；有定性或定量结论。

如准确称量试样质量，读至小数点后第四位，准确测量溶液的体积，需读至小数点后第二位；常量分析中的测定结果，一般保留四位有效数字；标定溶液的浓度，偏差用相对极差表示，测定试样中组分的含量，偏差用相对平均偏差表示，偏差均保留两位有效数字。

附：分析实验报告书写格式示例。

以下举例说明定量化学分析实验报告书写方法。

定量分析报告内容包括实验题目、实验日期、指导教师、同组人以及正文部分。正文部分有实验目的、实验原理、试剂和仪器、实验操作步骤、实验数据记录及结果计算、思考题。在数据记录中要有一份试样的计算示例。以“实验十七　自来水硬度的测定”为例说明。

实验题目：实验十七　自来水硬度的测定

实验日期		学生姓名、学号	
专业班级		同组者	
指导教师		实验成绩	

（以下为正文）

一、实验目的

1. 掌握用配位滴定法测定水中硬度的原理、操作技能和计算；
2. 掌握水中硬度的表示方法；
3. 掌握铬黑 T、钙指示剂的应用条件和终点颜色判断。

二、实验原理

总硬度测定，用 NH_3-NH_4Cl 缓冲溶液控制 pH＝10，以铬黑 T 为指示剂，用三乙醇胺掩蔽 Fe^{2+}、Al^{3+} 等可能共存的离子，用 Na_2S 消除 Cu^{2+}、Pb^{2+} 等可能共存离子的影响，用 EDTA 标准溶液直接滴定 Ca^{2+} 和 Mg^{2+}，终点时溶液由红色变为纯蓝色。

$$Mg^{2+} + HIn^{2-} \longrightarrow \underset{(\text{红色})}{MgIn^{-}} + H^{+}$$

$$Ca^{2+} + H_2Y^{2-} \rightleftharpoons CaY^{2-} + 2H^{+}$$

$$Mg^{2+} + H_2Y^{2-} \longrightarrow MgY^{2-} + 2H^{+}$$

$$\underset{(\text{红色})}{MgIn^{-}} + H_2Y^{2-} \longrightarrow MgY^{2-} + \underset{(\text{纯蓝色})}{HIn^{2-}} + H^{+}$$

钙硬度的测定，用 NaOH 溶液调节水样使 pH＝12，Mg^{2+} 形成 $Mg(OH)_2$ 沉淀，以钙指示剂指示终点，用 EDTA 标准溶液滴定，终点时溶液由红色变为蓝色。

$$Ca^{2+} + HIn^{2-} \longrightarrow CaIn^{-} + H^{+}$$

$$Ca^{2+} + H_2Y^{2-} \longrightarrow CaY^{2-} + 2H^{+}$$

$$\underset{(\text{红色})}{CaIn^{-}} + H_2Y^{2-} \longrightarrow CaY^{2-} + \underset{(\text{蓝色})}{HIn^{2-}} + H^{+}$$

三、试剂

1. 水试样（自来水或天然水如大井水）；
2. c(EDTA)＝0.02mol/L EDTA 标准溶液；
3. NH_3-NH_4Cl 缓冲溶液（pH＝10）；
4. 铬黑 T；
5. 刚果红试纸；
6. 钙指示剂；
7. c(NaOH)＝4mol/L NaOH 溶液；
8. 盐酸（1＋1）；
9. ρ＝200g/L 三乙醇胺溶液；
10. ρ＝20g/L Na_2S 溶液。

四、实验步骤

1. 总硬度的测定

用 50mL 移液管移取水试样 50.00mL 于 250mL 锥形瓶中，加 1～2 滴 HCl 酸化（用刚果红试纸检验变蓝紫色），煮沸 2～3min 赶除 CO_2。冷却，加入 3mL 三乙醇胺溶液、5mL NH_3-NH_4Cl 缓冲溶液及 1mL Na_2S 溶液。加 3 滴铬黑 T 指示剂，立即用 $c(EDTA)=0.02mol/L$ 的 EDTA 标准溶液滴定至溶液由酒红色变为纯蓝色即为终点。记录消耗 EDTA 溶液的体积 V_1。

2. 钙硬度的测定

用移液管移取水试样 100.00mL 于 250mL 锥形瓶中，加入刚果红试纸（pH3～5，颜色由蓝变红）一小块。加入 1～2 滴 HCl 酸化，至试纸变蓝紫色为止。煮沸 2～3min，冷却至 40～50℃，加入 $c(NaOH)=4mol/L$ NaOH 溶液 4mL，再加少量钙指示剂，以 $c(EDTA)=0.02mol/L$ 的 EDTA 标准溶液滴定至溶液由红色变为蓝色即为终点。记录消耗 EDTA 溶液的体积 V_2。

总硬度平均值减去钙硬度平均值为镁硬度。

五、数据记录与计算

1. 总硬度

$$\rho_{总}(CaCO_3)=\frac{c(EDTA)V_1M(CaCO_3)}{V}\times10^3$$

2. 钙硬度

$$\rho_{钙}(CaCO_3)=\frac{c(EDTA)V_2M(CaCO_3)}{V}\times10^3$$

式中 $\rho_{总}(CaCO_3)$——水样的总硬度，mg/L；

$\rho_{钙}(CaCO_3)$——水样的钙硬度，mg/L；

$c(EDTA)$——EDTA 标准溶液的浓度，mol/L；

V_1——测定总硬度时消耗 EDTA 标准溶液的体积，mL；

V_2——测定钙硬度时消耗 EDTA 标准溶液的体积，mL；

V——水样的体积，mL；

$M(CaCO_3)$——$CaCO_3$ 摩尔质量，100.09g/mol。

数据记录于表 1-7 中。

表 1-7 自来水硬度测定数据记录

项　　目	1	2	3	4
测定总硬度水样的体积/mL	50.00	50.00	50.00	50.00
$c(EDTA)/(mol/L)$	0.02072			
测定总硬度时 V_1/mL	4.99	4.97	4.99	4.99
体积校准/mL	0.01	0.01	0.01	0.01
溶液温度/℃	17.8	17.8	17.8	17.8
1000mL 溶液温度补正值	+0.34	+0.34	+0.34	+0.34
温度校准/mL	0.00	0.00	0.00	0.00

续表

项　目	1	2	3	4
校准后体积 V_1(校准后)/mL	5.00	4.98	5.00	5.00
总硬度$\rho_{总}(CaCO_3)$/(mg/L)	207.39	206.56	207.39	207.39
平均值$\bar{\rho}_{总}(CaCO_3)$/(mg/L)	207.2			
相对平均偏差/%	0.15			
测定钙硬度水样的体积/mL	100.00	100.00	100.00	100.00
测定钙硬度时 V_2/mL	7.69	7.69	7.70	7.69
体积校准/mL	0.01	0.01	0.01	0.01
溶液温度/℃	17.8	17.8	17.8	17.8
1000mL 溶液温度补正值	+0.34	+0.34	+0.34	+0.34
温度校准/mL	0.00	0.00	0.00	0.00
校准后体积 V_2(校准后)/mL	7.70	7.70	7.71	7.70
钙硬度$\rho_{钙}(CaCO_3)$/(mg/L)	159.69	159.69	159.89	159.69
平均值$\bar{\rho}_{钙}(CaCO_3)$/(mg/L)	159.7			
相对平均偏差/%	0.034			
镁硬度$\rho_{镁}(CaCO_3)$/(mg/L)	47.5			

计算示例：

温度校准＝0.34×4.99/1000＝0.00mL

校准后 V_1＝滴定体积＋体积校准＋温度校准＝4.99＋0.01＋0.00＝5.00（mL）

$$总硬度\rho_{总}(CaCO_3)=\frac{0.02072\times5.00\times100.09\times10^3}{50.00}=207.39\ (mg/L)$$

$$相对平均偏差=\frac{\frac{0.19+0.64+0.19+0.19}{4}}{207.2}\times100\%=0.15\%$$

温度校准＝0.34×7.69/1000＝0.00（mL）

校准后 V_2＝7.69＋0.01＋0.00＝7.70（mL）

$$钙硬度\rho_{钙}(CaCO_3)=\frac{0.02072\times7.70\times100.09\times10^3}{10.00}=159.69\ (mg/L)$$

$$相对平均偏差=\frac{\frac{0.01+0.01+0.19+0.01}{4}}{159.7}\times100\%=0.034\%$$

镁硬度$\rho_{镁}(CaCO_3)$ ＝ 207.2－159.7＝47.5（mg/L）

六、注意事项

1. 滴定速度不能过快，接近终点时要慢，以免滴定过量。
2. 数据记录中，以总硬度平均值减去钙硬度平均值计算镁硬度。

七、思考题

1. 本实验使用的 EDTA 标准溶液，最好使用哪种指示剂标定？恰当的基准物是什么？

为什么？

答：选择铬黑 T 指示剂，用 $CaCO_3$ 标定。测定条件与标定条件一致，以抵消系统误差。

2. 测定钙硬度时为什么加盐酸？加盐酸时应注意什么？

答：加盐酸是为了除去 HCO_3^-，$HCO_3^- + H^+ \longrightarrow CO_2\uparrow + H_2O$

第二章 分析天平的使用

第一节 分析天平的种类和构造原理

分析工作中常要准确地称量物质的质量，称量的准确度直接影响测定结果的准确度。分析天平是定量分析中最常用的准确称量质量的仪器。正确熟练地使用分析天平是分析人员需具备的基本技能素质之一，也是做好分析工作的根本保证。因此，分析工作者必须了解分析天平的种类、构造和计量性能，熟练掌握分析天平的使用方法。

一、分析天平的种类和分级

根据天平的平衡原理，可分为杠杆式天平、弹性力式天平、电磁力式天平和液体静力平衡式天平四大类。根据使用目的，又可分为通用天平和专用天平两大类。根据量值传递范畴，又可分为标准天平和工作用天平两大类，凡直接用于检定传递砝码质量量值的天平均称为标准天平，其他天平一律称为工作用天平。工作用天平又可分为分析天平和其他专用天平。

常用的分析天平有阻尼天平、半自动电光天平、全自动电光天平、单盘电光天平、微量天平和电子天平等。国内部分天平的型号与规格见表 2-1。

表 2-1 国内部分天平的型号与规格

分析天平名称		型号	规格和主要技术指标		生产厂
			最大载荷 m_{max}/g	分度值 D /mg	
双盘天平	空气阻尼天平	TG-528B	200	0.4	武汉天平仪器厂
	全自动电光天平(全机械加码电光天平)	TG-328A	200	0.1	上海、武汉、宁波、温州等地天平厂
	半自动电光天平(部分机械加码电光天平)	TG-328B	200	0.1	
	微量天平	TG-332	20	0.01	上海天平仪器厂

续表

分析天平名称		型号	规格和主要技术指标		生产厂
			最大载荷 m_{max}/g	分度值 D /mg	
单盘天平	单盘电光天平	TG-729B	100	0.1	上海天平仪器厂
	单盘精密天平	DT-100A	100	0.1	北京光学仪器厂
	单盘微量天平	DWT-1	20	0.01	上海天平仪器厂
电子天平	上皿式电子天平	MD100-1	100	1	上海天平仪器厂
	上皿式电子天平	MD200-3	200	3	瑞士梅特勒公司
	电子分析天平	FA 系列	100～200	0.1	上海天平仪器厂
	电子分析天平	AEL-200	200	0.1	湖南仪器仪表总厂

天平还可按精度分级。我国将天平分为四级：Ⅰ——特种准确度（精细天平）；Ⅱ——高准确度（精密天平）；Ⅲ——中等准确度（商用天平）；Ⅳ——普通准确度（粗糙天平）。对于机械杠杆式的Ⅰ级和Ⅱ级天平，按其最大载荷与分度值之比（m_{max}/D，以 n 表示）的大小，在Ⅰ级中又细分为七个小级，在Ⅱ级中又分为三个小级，见表 2-2，1～10 级准确度依次降低。对于电子天平，目前我国暂不细分天平的级别，只要求指明分度值 D 和最大载荷 m_{max}。

表 2-2　Ⅰ级和Ⅱ级机械杠杆式天平级别的细分

准确度级别		最大载荷与分度值之比(n)
Ⅰ级	1	$1\times10^7\leqslant n<2\times10^7$
	2	$4\times10^6\leqslant n<1\times10^7$
	3	$2\times10^6\leqslant n<4\times10^6$
	4	$1\times10^6\leqslant n<2\times10^6$
	5	$4\times10^5\leqslant n<1\times10^6$
	6	$2\times10^5\leqslant n<4\times10^5$
	7	$1\times10^5\leqslant n<2\times10^5$
Ⅱ级	8	$4\times10^4\leqslant n<1\times10^5$
	9	$2\times10^4\leqslant n<4\times10^4$
	10	$1\times10^4\leqslant n<2\times10^4$

注：表中数据引自国家标准 GB/T 4168—1992。

例： 最大载荷为 200g、分度值为 0.0001g 的天平，$n=\frac{200}{0.0001}=2\times10^6$，由表 2-2 查得准确度级别为 3 级。

二、杠杆式机械天平的构造原理

杠杆式天平是根据杠杆原理制成的一种精密衡量仪器，它是用已知质量的砝码来衡量被称物的质量。如图 2-1 所示杠杆 ABC，其支点为 B，力点分别在两端的 A 和 C 上。被称物重力为 P，砝码的重力为 Q，支点两端的臂长分别为 L_1 和 L_2，根据力学原理，当杠杆处于水平平衡状态时，支点两边的力矩相等。即

$$QL_1 = PL_2$$

对等臂天平而言，两臂长度相等，即 $L_1 = L_2$，所以 $Q = P$。又因重力加速度相等，因此两端的质量也相同。因此等臂天平作用原理是：当等臂天平处于平衡状态时，被称物体的质量等于砝码的质量。

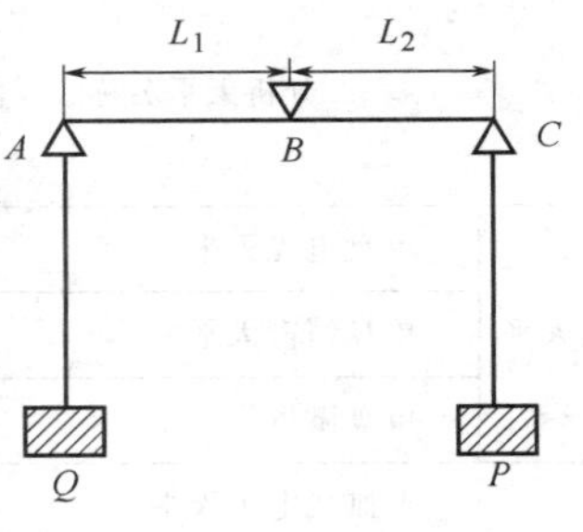

图 2-1　等臂天平平衡原理

第二节　常用几种分析天平的构造

一、双盘部分机械加码电光分析天平（半自动电光分析天平）

分析天平有很多类型，但其基本构造和使用方法相似，现以常见的 TG-328B 型双盘部分机械加码电光分析天平为例加以介绍，如图 2-2 所示。

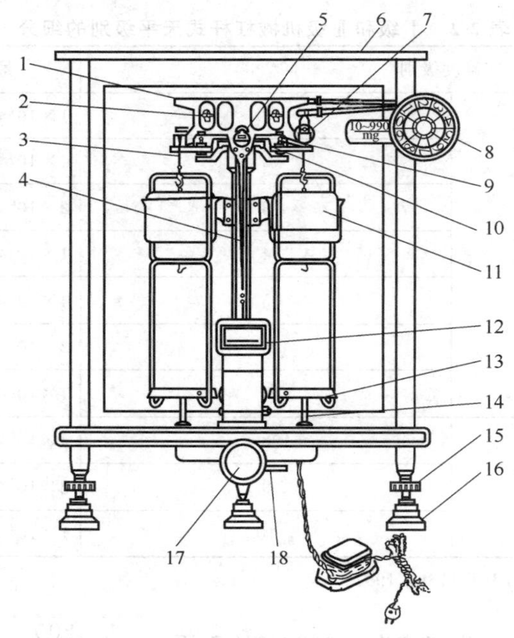

图 2-2　TG-328B 型分析天平

1—横梁；2—平衡调节螺丝；3—吊耳；4—指针；5—支点刀；6—框罩；7—圈码；8—指数盘；9—支力销；10—托翼；11—阻尼器内筒；12—投影屏；13—秤盘；14—盘托；15—螺旋脚；16—垫脚；17—升降枢旋钮；18—调屏拉杆

1. 天平横梁

天平横梁是天平的主要部件，一般由质轻坚固、膨胀系数小的铝铜合金制成，起平衡和

承载物体的作用。等臂分析天平的横梁上等距离安装有三个三棱柱形的玛瑙刀，中间为支点刀（中刀），刀口向下，由固定在立柱上的玛瑙平板刀承支承，两边各有一个承重刀作为力点（边刀），刀口向上，在刀口上方各悬有一个嵌有玛瑙平板刀承的吊耳。这三个刀口的棱边必须互相平行且位于同一水平面上，同时两臂长相等，如图 2-3 所示。

刀口的锋利程度对天平的灵敏度有很大影响，刀口越锋利，和刀口相接触的刀承越平滑，它们之间的摩擦越小，天平的灵敏度越高。使用时要特别注意保护玛瑙刀口，尽量减少磨损。

梁的两端对称孔内装有平衡调节螺丝（平衡砣），用来调节天平空载时的平衡位置（即零点）。支点刀的后上方装有感量调节螺丝（重心砣），用以调整天平的灵敏度和稳定性。梁的中间装有垂直向下的指针，指针下端装有缩微标尺，经光学系统放大后成像于投影屏上，用以指示平衡位置。

2. 立柱

垂直固定在天平底板上。柱的上方嵌有一块玛瑙平板，与支点刀口相接触。柱的上部装有能升降的托梁架（托翼），关闭天平时它托住横梁，与刀口脱离接触，以减少磨损。柱的中部装有空气阻尼器的外筒。

3. 悬挂系统

（1）吊耳　如图 2-4 所示，它的平板下面嵌有光面玛瑙，与力点刀口相接触，使吊钩及秤盘、阻尼器内筒能自由摆动。

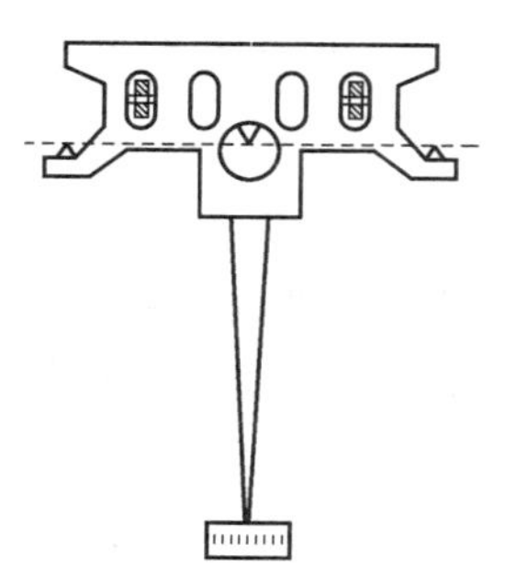

图 2-3　等臂天平的横梁

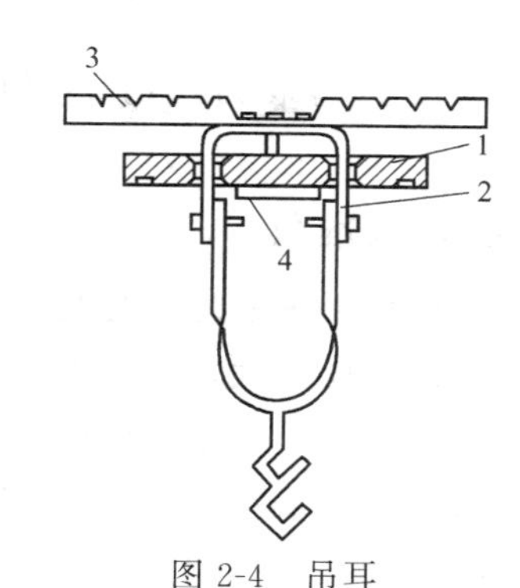

图 2-4　吊耳

1—承重板；2—十字头；3—加码承重片；4—刀承（边刀垫）

（2）空气阻尼器　由两个特制的铝合金圆筒构成，外筒固定在立柱上，内筒挂在吊耳上。两筒间隙均匀，没有摩擦，开启天平后，内筒能自由上下运动，由于筒内空气阻力的作用，使天平横梁很快达到平衡状态，停止摆动，便于读数。

（3）秤盘　两个秤盘分别挂在吊耳上，左盘放被称物，右盘放砝码。盘托位于天平盘的下面，装在天平底板上，停止称量时，盘托上升，托住秤盘。

注意：吊耳、阻尼器内筒、秤盘和盘托等部件上分别标有左“1”、右“2”的字样，安装时要注意区分。

4. 光学读数系统

指针下端装有缩微标尺，光源通过光学系统将缩微标尺上的分度线放大，再反射到光屏上，如图 2-5 所示。从光屏上可看到标尺的投影，中间为零，左负右正。光屏中央有一条固定垂直刻线，标尺投影与该线重合处即天平的平衡位置。当天平空载时，刻线与缩微标尺上的“0”位置应当恰好重合，即调整好零点。缩微标尺上 1 大格相当于 1mg，每 1 大格又分为 10 小格，1 小格为 0.1mg。通过缩微标尺在光屏上的投影，可以直接读取 10mg 以下的质量。天平箱下的调屏拉杆可将光屏在小范围内左右移动，用于细调天平的零点。

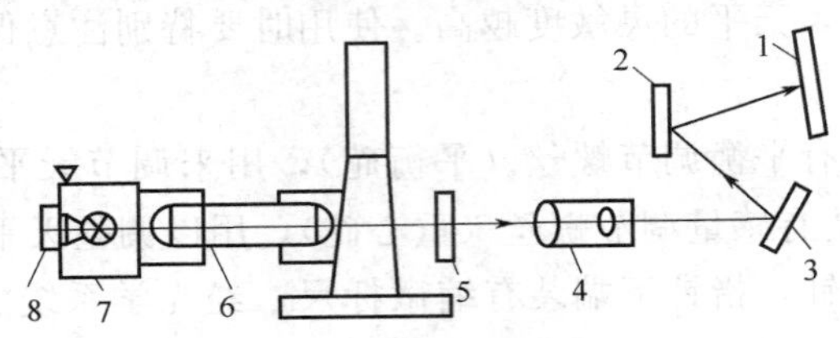

图 2-5 光学读数装置

1—投影屏；2—大反射镜；3—小反射镜；4—物镜筒；5—指针；
6—聚光镜；7—照明筒；8—灯座

5. 天平升降枢旋钮

位于天平底板正中，它连接托翼、盘托和光源开关。开启天平时，顺时针旋转升降枢旋钮，托翼微微下降，梁上的三个刀口与相应的玛瑙平板接触，使吊钩及秤盘自由摆动，同时接通了光源，屏幕上显出了标尺的投影，天平已进入工作状态。停止称量时，逆时针旋转升降枢旋钮，则横梁、吊耳及秤盘被托住，刀口与玛瑙平板脱离，光源切断，天平进入休止状态。

注意：为保护玛瑙刀，切不可触动未休止的天平。启动和关闭天平操作均应轻、缓、匀。

6. 框罩和水准仪

框罩用以保护天平使之不受灰尘、热源、湿气、气流等外界条件的影响。框罩是木制框架，镶有玻璃。底座为大理石或玻璃板，用以固定立柱、天平脚、升降枢旋钮等。天平框罩安装有三个门，前面是一个可以向上开启的门，供装配、调整和维修天平用，称量时不准打开，两侧各有一个玻璃推门，左门用于取放称量物品，右门用于取放砝码，在读取天平零点、平衡点时，天平门必须关好。

天平框罩下装有三个脚，前边的两只脚带有旋钮，可使天平底板升降，用以调节天平的水平位置。后边的一只不可调。天平立柱的后上方装有气泡水准仪，气泡位于中心表示天平处于水平位置。

7. 砝码和机械加码装置

（1）砝码　每台天平都附有一盒配套的砝码，砝码大小有一定的组合规律，如 5、2、2、1 系统组合或 5、2、1、1 系统组合。前者砝码组有 100g、50g、20g、20g、10g、5g、2g、2g、1g 共 9 个砝码。标称值相同的两个砝码，其实际质量可能有微小的差别，所以规定其中的一个用“·”或“*”作标记以示区别。为减小称量系统误差，平行测定中的几次称量，应尽可能采用同一砝码。砝码必须使用骨质或塑料尖镊子夹取，用完及时放回盒内并盖严。

（2）机械加码装置　1g 以下的砝码做成环状，称环码或圈码，有 10mg、10mg、20mg、

50mg、100mg、100mg、200mg、500mg，可组合成 10～990mg 的任意数值。转动圈码指数盘（如图 2-6 所示），可使天平梁右端吊耳上加 10～990mg 圈形砝码（如图 2-7 所示）。指数盘上印有圈码的质量值，内层为 10～90mg 组，外层为 100～900mg 组。

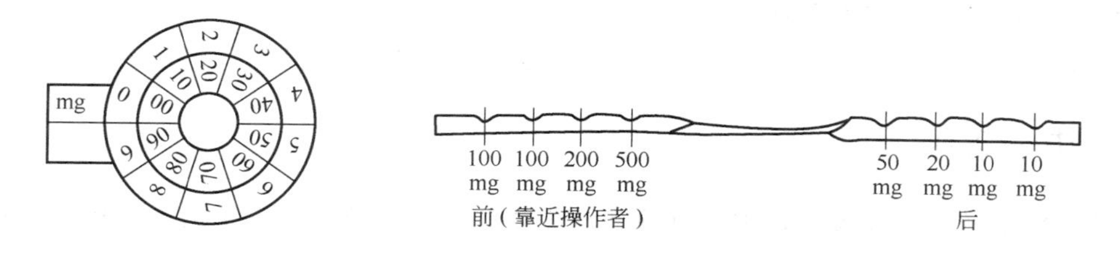

图 2-6　圈码指数盘

图 2-7　环码

半自动电光天平 1g 以下的砝码用机械加码装置加减，1g 以上的砝码装在砝码盒中，用镊子夹取。全自动电光天平全部砝码均由天平左侧的机械加码装置加减。

二、单盘电光天平

单盘天平仅有一个秤盘，它支挂在天平梁的一个臂上，另一个臂上装有固定的配重砣和阻尼器，起杠杆平衡作用。

单盘天平分等臂和不等臂两种类型，为减小天平的外观尺寸，承重臂设计的长度一般短于配重力臂，因此单盘天平多为不等臂天平。图 2-8 为单盘减码式电光天平结构示意图。

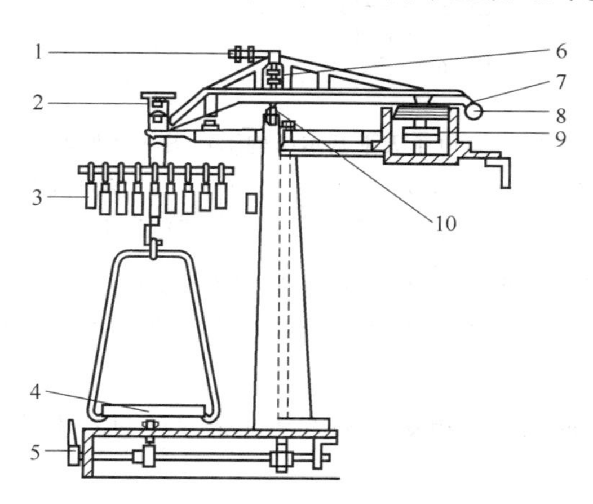

图 2-8　单盘减码式电光天平结构示意图

1—平衡调节螺丝；2—补偿挂钩；3—砝码；4—天平盘；5—升降枢旋钮；6—调重心螺丝；7—空气阻尼片；8—缩微标尺；9—配重砣；10—支点刀及刀承

天平空载时，砝码都挂在悬挂系统中的砝码架上，开启天平后，合适的配重砣使天平横梁处于水平平衡状态，当被称物放在秤盘上后，悬挂系统由于增加质量而下沉，横梁失去原有的平衡，为了使天平保持平衡，必须减去与被称物质量相当的砝码，减去砝码的质量即为称量物的质量。

单盘天平的性能优于双盘天平，主要有以下特点：

（1）感量（或灵敏度）恒定　杠杆式等臂天平的感量，空载时和重载时往往不完全一样，即随着横梁负载的改变而略有变化。单盘天平使用时只是盘上的负载变化，而横梁的负载是不变的，因此，感量也是不变的。

(2) 没有不等臂性误差　双盘天平的两臂长度不一定完全相等，因此，往往存在一定的不等臂性误差。而单盘天平的砝码和被称物同在一个悬挂系统中，承重刀与支点刀之间的距离是一定的，所以不存在不等臂性误差。

(3) 称量迅速　全部机械加码装置及光学读数系统使操作更简便、称量更迅速。

三、电子天平

电子天平是最新一代天平，主要有顶部承载式和底部承载式。电子天平的控制方式和电路结构有多种形式，但其称量依据都是电磁力平衡原理。

1. 基本结构及称量原理

电子天平基本结构如图 2-9 所示。

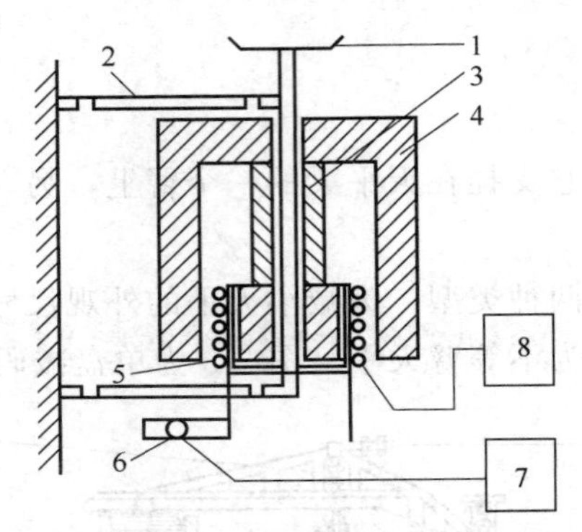

图 2-9　电子天平基本结构示意图（上皿式）

1—秤盘；2—簧片；3—磁钢；4—磁回路体；5—线圈及线圈架；6—位移传感器；7—放大器；8—电流控制电路

根据电磁基本理论，通电的导线在磁场中将产生电磁力或安培力。力的方向、磁场方向、电流方向三者互相垂直。当磁场强度不变时，产生电磁力的大小与流过线圈的电流强度成正比。

如果使重物的重力方向向下，电磁力的方向向上，并与之相平衡，则通过导线的电流与被称物体的质量成正比。

秤盘通过支架与线圈相连，线圈置于磁场中，且与磁力线垂直。秤盘与被称物体的重力通过连杆支架作用于线圈上，方向向下。线圈内有电流通过，产生一个向上作用的电磁力，与秤盘重力方向相反，大小相等。若以适当的电流流过线圈，使产生的电磁力大小正好与重力大小相等，方向相反，处于平衡状态，位移传感器处于预定的中心位置，当秤盘上的物体质量发生变化时，位移传感器检出位移信号，经调节器和放大器改变线圈的电流直至线圈回到中心位置为止。通过线圈的电流与被称物的质量成正比，可以用数字显示出物体质量。

2. 性能特点

(1) 电子天平支承点采用弹簧片，没有机械天平的宝石或玛瑙刀，取消了升降框装置，采用数字显示方式代替指针刻度式显示。使用寿命长，性能稳定，灵敏度高，体积小，操作方便。

（2）电子天平采用电磁力平衡原理，称量时全量程不用砝码，放上物体后，在几秒钟内即达到平衡，显示读数，称量速度快、精度高。

（3）电子天平具有内部自动校准、累计称量、超载显示、故障报警、自动去皮重等功能。

（4）电子天平具有质量电信号输出，这是机械天平无法做到的。可以与打印机、计算机联用，实现称量、记录、打印和计算等自动化。

由于电子天平具有以上特点，现已在教学、科研、生产上得到广泛应用。

第三节　分析天平的计量性能与质量检验

分析天平作为精密的衡量仪器，主要有四大计量性能，即灵敏性、稳定性、示值变动性和正确性。

一、天平的灵敏性

1. 天平灵敏性的表示方法

天平的灵敏性是指天平能觉察出放在秤盘上物体质量改变的能力，用灵敏度或感量来表示。

天平的灵敏度通常有四种表示方式：角灵敏度 E_α、线灵敏度 E_l、分度灵敏度 E_n、分度值 D（或称感量）。常用的灵敏度表示方式是 E_n 和 D。下面只介绍这两种灵敏度的概念。

（1）分度灵敏度 E_n　一般规定为载荷改变 1mg 引起的指针在缩微标尺上偏移的格数 n（分度数）。因此，E_n 为标尺移动的分度数 n 与在秤盘上所添加的小砝码的质量 m 之比，即 $E_n=\frac{n}{m}$。E_n 越大，天平越灵敏。

（2）分度值 D　也称感量，是分度灵敏度的倒数，是指针在缩微标尺上偏移一格或一个分度需要增加的质量（mg），单位为 mg/格。

如 TG-328B 型半自动电光分析天平分度值为 0.1mg/格，则分度灵敏度为：

$$E_n=\frac{1}{D}=\frac{1}{0.1}=10\ （格/mg）$$

表示 1mg 砝码使投影屏上有 10 小格的偏移。由于采用光学放大读数装置，提高了读数的精确度，可直接准确读出 0.1mg，因此，这类天平也被称为“万分之一”分析天平。

影响天平灵敏度的因素如下。

① 天平本身的结构。它是主要决定因素。天平的灵敏度与天平梁的质量及重心至支点的距离成反比，与天平臂长成正比。一架天平梁的质量和臂长是一定的，通常只能改变重心至支点的距离，感量调节螺丝（重心砣）上移，可以提高天平的灵敏度，反之，灵敏度下降。

② 玛瑙刀口接触点的质量。天平的灵敏度在很大程度上取决于 3 个玛瑙刀口接触点的质量。刀口棱边越锋利，玛瑙刀承表面越光滑，两者接触时摩擦越小，则灵敏度高。如刀口已损伤，无论如何调节重心砣，也不能显著改变天平的灵敏度。

③ 载荷。一般在载荷时天平臂微下垂，以致天平臂的实际长度减小，使梁的重心下移，故载荷后天平灵敏度会减小。

天平灵敏度应该适当，并不是越高越好。因为梁的重心位置与天平的稳定性有关，重心过高，虽然灵敏度高，但天平指针摆动幅度过大，不易停止，从而降低天平的稳定性。灵敏度过高，微小的湿度差、灰尘、温度差、气流等都会使天平休止点变动很大，天平也不会很快静止。灵敏度太低时称量误差大，达不到称准 0.1mg 的目的。

2. 灵敏度的测定

（1）零点的测定　天平在使用前，应先测定和调节零点。电光天平的零点是指天平空载时，缩微标尺的“0”刻度与投影屏上的标线相重合的平衡位置。接通电源，开启天平升降枢旋钮后，天平的缩微标尺即印在投影屏上。标尺停稳后，标尺的“0”刻度应与投影屏上的标线相重合，若不重合但偏离不大，可拨动旋钮下面的拨杆，挪动一下投影屏的位置，使其重合；若偏离较大，应调节天平梁上的平衡调节螺丝直至标尺“0”刻度与标线重合。

（2）灵敏度的测定　以 TG-328B 型双盘天平为例，其分度值为 0.1mg/格。调节零点后休止天平，在天平左盘上放一个 10mg 标准砝码（环码），再开启天平，如果平衡位置在99～101 分度内，其空载时的分度值误差就在国家规定的允差之内。若超出这个范围，就应通过调节感量调节螺丝来调节灵敏度，使达到要求。注意每次调节灵敏度后都要重新调节零点。

当载荷时，天平臂略有变形，灵敏度有微小的变化。必要时可制作灵敏度校正曲线，即分别测定 0g、10g、20g、30g、40g、50g 时相应的灵敏度，将天平在不同载荷时测得的灵敏度作为纵坐标，以载荷为横坐标绘制成灵敏度曲线。

二、天平的稳定性

天平的稳定性是指天平在空载或载荷时平衡状态受到扰动后，能自动回到初始平衡位置的能力。天平的重心越低越稳定，不稳定的天平无法进行称量。天平的灵敏性和稳定性是相互矛盾的两种性质，称量时不仅要求有一定的灵敏性，还要有相当的稳定性，因此两者必须兼顾。

三、天平的示值变动性

天平的示值变动性是指天平在载荷平衡的情况下，多次开关天平称量同一物体，恢复原平衡位置的性能。也是天平计量性能的一个重要指标，表示天平衡量结果的可靠程度。其影响因素主要是天平元件的质量和天平装配调整状况；环境条件（如温度、气流、震动等）对它也有影响。

检查示值变动性时，首先连续测量空盘零点两次，载荷后再测量两次零点，各次测量值的极差即为示值变动性。允差为 1 个分度，即 0.1mg。

例如，测得天平零点为 0.0mg、＋0.1mg，载荷后取下砝码，再测零点为－0.1mg、－0.1mg，示值变动性为 0.1－(－0.1)＝0.2mg。

若示值变动性超过允差，应查找原因并进行调修。常见原因有：横梁上的零部件如刀口、平衡调节螺丝、感量砣、配重砣等松动；横梁、刀口、阻尼器等处有灰尘；天平附近或天平室有空气对流；天平室温度不符合要求；天平室附近有振动性作业以及操作天平不当如用力过猛等。

四、天平的正确性

天平的正确性指天平的等臂性而言。双盘等臂天平的两臂应是等长的，但实际上稍有差别。由于两臂不等长产生的误差，称为不等臂性误差，也称偏差。

双盘天平不等臂性误差的测定：调节零点后休止天平，将一对等量砝码分别放在天平两盘上，开启升降枢旋钮，读数为 P_1，然后将左、右两盘的砝码对换位置，再读数为 P_2，则

$$偏差=\left|\frac{P_1+P_2}{2}\right|$$

因为两个面值相等的砝码质量不一定完全相等，故采用置换法测定偏差。规定的允差为3个分度，即0.3mg。若发现超差，应请专业人员进行调整。

具有缩微标尺或数字标尺的天平，国家规定的计量性能指标列于表2-3。

表2-3 杠杆式天平计量性能允差

示值变动性误差/分度		分度值误差/分度				不等臂性误差/分度
		左盘	右盘	空载	全载	
双盘	1	2		±1	−1,+2	3
单盘	1	−1,+2				—
挂码误差/分度 (D=0.1mg)		毫克组:±2			克组:±5	
		全量:±5				

注：表中数据引自国家标准GB/T 4168—1992。

第四节 称量方法

一、天平使用规则

（1）天平安放好后，不准随便移动，应保持天平处于水平位置。

（2）保持天平室内恒定温度，保持天平框内清洁干燥，天平框内吸湿硅胶变色后应及时更换。

（3）被称物应首先在台秤上粗称，称量质量不得超过该天平的最大载荷。

（4）只能用同一台天平和与之配套的砝码完成实验的全部称量。

（5）不得随意开启天平前门，被称物和砝码只能从侧门取放。

（6）应特别注意保护玛瑙刀口。开、关天平时动作要轻、缓、连续。取放物体和加减砝码时必须关闭天平，严禁在天平处于工作状态时取放物体和加减砝码。

（7）被称物外形不能过高过大，重物和砝码应位于秤盘中央，大砝码应居中。

（8）不能用手直接取放物体和砝码。

（9）严禁将化学试剂直接放在天平盘上称量，根据其性能可选用洁净的称量瓶、表面皿或硫酸纸称量。不得称量过热或过冷的物体，称量易吸潮和易挥发的物质必须加盖密闭。

（10）读数前要关好两边的侧门，防止气流影响读数。

（11）记录称量读数时，先按照砝码盒里的空位记录砝码总质量（空位读数），再按由大到小的顺序依次核对秤盘上的砝码。

（12）称量结束时，关闭天平。应将天平复原，并核对一次零点。进行登记。盖好天平罩，切断电源。

二、砝码使用规则

（1）砝码和天平必须配套使用，不得随意调换。

（2）砝码的表面应保持清洁，如有灰尘，应用软毛刷清除；如有污物，无空腔的砝码可用无水乙醇或丙酮清洗，有空腔的砝码可用绸布蘸无水乙醇擦净，并注意避免使溶剂渗入砝码空腔内。砝码绝不可沾上水、油脂等。

（3）砝码只能放在砝码盒内相应的空位上或秤盘上，不得放在其他地方。

（4）取用砝码时要用专用镊子小心取放，这种镊子带有骨质或塑料尖，不能使用金属镊子，要防止摔落划伤或腐蚀砝码表面，严禁直接用手拿取砝码。

（5）称量时应遵循“最少砝码个数”的原则，不可用多个小砝码代替大砝码；称量时如用到面值相同的砝码时，应先使用无标记的砝码；同一物体前后两次称量时应使用同一组合的砝码，尽量少换。

（6）使用机械加码的刻度盘时，不要将尖头对着两个读数之间。刻度盘既可顺时针方向旋转，也可逆时针方向旋转，但应轻轻地逐档次地旋转，绝不可用力快速转动，以免造成圈码变形、互相重叠、圈码脱钩，甚至吊耳移位等故障。加减圈码后先微微开启天平进行观察，当屏中刻线在标尺范围内时，方可全开天平。

（7）砝码是衡量质量的标准，准确度应符合要求。砝码不管制造得如何精良，用久后其质量都会有或多或少的改变。所以必须按使用的频繁程度定期予以校正或送计量部门检定，一般周期为一年。

三、称量的一般程序

分析天平是精密仪器，使用时必须认真、仔细，要预先熟悉使用方法，通过大量练习，最终达到快速准确称量的目的。

1. TG-328B 型双盘天平称量的一般程序

（1）取下天平罩，折叠好放在天平背后。

（2）称量时操作者面对天平端坐，将记录本放在胸前的台面上，接受称量物的器皿放在天平左侧，砝码盒放在右侧。

（3）称量前的检查和调节

① 被称物温度是否和天平框内的温度相同。加热或冷却过的物品必须放在干燥器中，待温度与天平框内温度平衡后再进行称量。

② 检查秤盘和底板是否洁净，秤盘可用软毛刷轻轻扫净。如有斑痕污物，可用浸有无水乙醇的鹿皮轻轻擦拭。底板如不干净，可用毛刷拂扫或用细布擦拭。

③ 检查天平是否水平。若不水平，调节天平前面的两个脚直至水平（气泡式水准器的气泡位于圆圈的中心）。

④ 检查天平其他各部件是否正常：硅胶（干燥剂）容器是否靠住秤盘；圈码指数盘是否在“000”位；圈码有无脱落；吊耳是否错位等。如有问题及时报告老师处理。

（4）调节零点　接通电源，完全打开升降枢旋钮，此时在光屏上可以看到标尺的投影在移动。当标尺稳定后，如果屏幕中央的刻线与标尺上的“0”线不重合，可拨动调屏拉杆，移动屏幕的位置，使屏中刻线恰好与标尺中的“0”线重合，即调定零点。如果屏幕移到尽头仍调不到零点，则需关闭天平，将调屏拉杆放在与自己平行的位置，调节横梁上平衡调节螺丝，再开启天平，若屏中刻线在“0”线左右 3 格内，拨动调屏拉杆，调到零点，否则继续调节平衡调节螺丝，直至调定零点。调节零点需在天平各部件正常后进行，并且应在空载状态下进行。零点调好后关闭天平，准备称量。

（5）称量　将被称物先在架盘药物天平（台秤、托盘天平）上粗称，然后放到天平左盘中央关闭左门，根据粗称的数据在天平右盘上加砝码至克位，大砝码放在盘的中央，小的集中在其周围且各砝码不能互相碰在一起。半开天平，观察标尺移动方向或指针倾斜方向以判断所加砝码是轻还是重（光标总是向重盘方向移动，指针总是向轻盘方向倾斜），直至多加 1g 砝码嫌重，关闭天平，减少 1g 砝码即调定克组砝码。关闭天平右门，依次调定百毫克组及十毫克组圈码，十毫克圈码调定后，完全开启天平，准备读数。为尽快达到平衡，选取砝码应遵循“由大至小，中间截取，逐级试验”的原则。砝码未完全调定时不可完全开启天平，以免横梁过度倾斜，造成横梁错位或吊耳脱落。

（6）读数与记录　待标尺停稳后且刻线在 0～10mg 之间即可读数，被称物的质量等于砝码总质量加标尺读数（均以 g 计），立即记录到原始数据记录本上。

（7）复原　称量、记录完毕，随即关闭天平，取出被称物，将砝码放回盒内并核对记录数据，圈码指数盘退回到“000”位，关闭两侧门，再完全打开天平观察屏中刻线，屏中刻线应在“0”线左右 2 格内，否则应重新称量。关闭天平，砝码盒放回原位，盖上天平罩，切断电源，填好天平使用登记簿后方可离开。

2. 单盘电光天平称量的一般程序

DT-100 型天平的外形及各操作机构见图 2-10 和图 2-11。

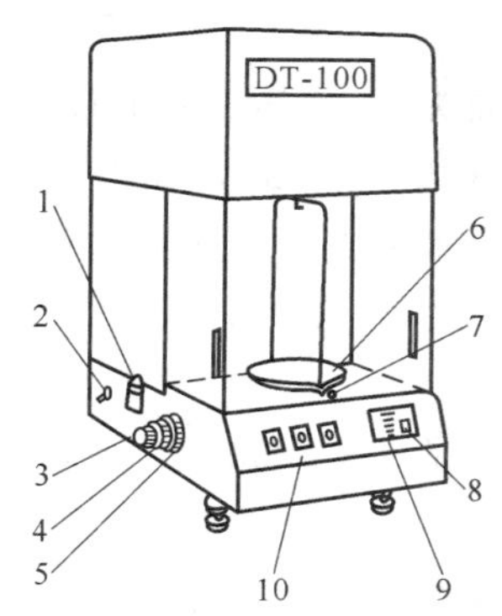

图 2-10　DT-100 型天平左侧外形

1—停动手钮；2—电源开关；3—0.1～0.9g 减码手轮；4—1～9g 减码手轮；5—10～90g 减码手轮；6—秤盘；7—圆水准器；8—微读数字窗口；9—投影屏；10—减码数字窗口

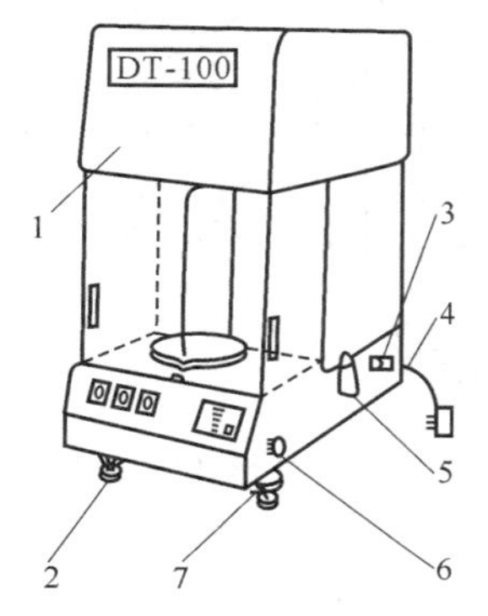

图 2-11　DT-100 型天平右侧外形

1—顶罩；2—减震脚垫；3—调零手钮；4—外接电源线；5—停动手钮；6—微读手钮；7—调整脚螺丝

(1) 准备工作 打开天平罩，叠好后放在天平右前方；检查天平盘是否干净；检查圆水准器，如果气泡偏离中心，则缓慢旋动左边或右边的调整脚螺丝，使气泡位于中心；如果减码数字窗口不为“0”，则调节相应的减码手轮，使各窗口都显示“0”字；轻轻旋动微读手钮，使微读数字窗口也显零位；将电源开关向上扳。

(2) 校正天平零点 停动手钮是天平的总开关，它控制托梁架和光源开关，该手钮位于垂直状态时，天平处于关闭状态。将停动手钮缓慢向前转动约90°（使其尖端指向操作者），天平即呈开启状态，光屏上显现缓慢移动的标尺投影。待标尺平衡后，旋动天平右后方的调零手钮，使标尺上的“00”线位于光屏右边的夹线正中，即已调定零点，关闭天平。

(3) 称量 天平关闭状态下，推开天平侧门，放被称物于秤盘中央，关上侧门；将停动手钮向后（即操作者的前方）旋转约30°，天平即呈半开状态，横梁稍倾斜，进行减码，半开状态仅供调整砝码使用；先顺时针转动10～90g的大减码手钮，由10g开始逐步增加，同时观察光屏，至标尺上由向正偏移到出现向负偏移时，即表示砝码示值过大，随即退回一个数（例如最左边窗口的数字由2退为1)，此时即调定10g组的砝码；继续如此操作，依次转动1～9g组的中减码手钮和0.1～0.9g组的小减码手钮，直至调定所有砝码；全开天平（天平由半开经过关闭再至全开状态，动作一定要缓慢），待标尺停稳后，再按顺时针方向转动微读手钮使标尺中离夹线最近的一条分度线移至夹线中央。可重复一次关、开天平，若标尺的平衡位置没有改变（或变动不超过0.1mg）即可读数。标尺上每一分度为1mg，微读手钮转动10个分度，则标尺准确移动1个分度，微读数字窗口中只读取1位数。记录读数后，随即关闭天平。注意：不可将微读手钮向小于0或大于10的方向用力转动，否则，万一转动过度，只有拆开天平箱板才能复原。

(4) 复原 取出被称物，关闭侧门，将各显示窗口均恢复为零位。

3. 电子天平称量的一般程序

电子天平的外形及主要部件如图2-12所示。

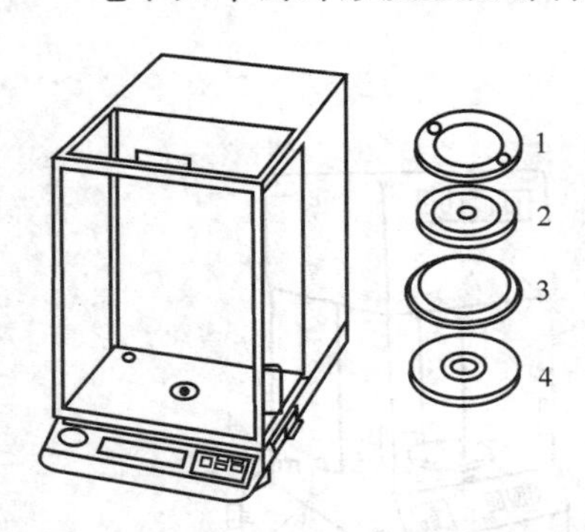

图2-12 电子天平的外形及主要部件

1—秤盘；2—盘托；3—防风环；4—防尘隔板

电子天平一般情况下只使用“开/关”键、“除皮”键、“调零”键和“校准/调整”键。使用时操作步骤如下。

(1) 接通电源（电插头），预热30min以上。

(2) 检查水平仪（在天平后面），如不水平，应通过调节天平前边左、右两个水平支脚而使其达到水平状态。

(3) 按一下“开/关”键，显示屏很快出现“0.0000g”。

(4) 如果显示不正好是“0.0000g”，则要按一下“调零”键。

(5) 将被称物轻轻放在秤盘上，这时可见显示屏上的数字在不断变化，待数字稳定并出现质量单位“g”后，即可读数并记录称量结果。

(6) 称量完毕，取下被称物，如果不久还要继续使用天平，可暂不按“开/关”键，天平将自动保持零位，或者按一下“开/关”键（但不可拔下电源插头），让天平处于待命状态，即显示屏上数字消失，左下角出现一个“0”，再来称样时按一下“开/关”键就可使用。

如果较长时间不再用天平，应拔下电源插头，盖上天平罩。

(7) 如果天平长时间没有用过，或天平移动过位置，应进行一次校准。天平通电预热30min，调整水平，按下“开/关”键，显示稳定后如不为零则按一下“调零”键，稳定地显示“0.0000g”后，按一下“校准”键（CAL），天平将自动进行校准，屏幕显示“CAL”，表示正在进行校准。经10s左右，“CAL”消失，表示校准完毕，应显示出“0.0000g”，如果显示不正好为零，可按一下“调零”键，然后即可进行称量。

四、基本称量方法及操作

1. 机械天平称量方法及操作

使用机械天平常用的称量方法有：直接称量法、减量法（递减称量法）和固定质量称量法（增量法）。

(1) 直接称量法　天平零点调定后，将被称物直接放在天平盘上，读数即被称物的质量。该法适用于称量洁净干燥的器皿、棒状或块状的金属、在空气中没有吸湿性的试剂等。注意：不得用手直接取放被称物，可采用戴细纱手套拿取或垫纸条夹取被称物等适宜的办法。化学试剂用牛角匙取出放在已知质量且洁净干燥的表面皿或称量纸（硫酸纸）上称量，再将试样全部转移到接受容器中，试样质量为试样和表面皿（或称量纸）的总质量减去表面皿（或称量纸）的质量。

(2) 减量法　减量法又称递减称量法，是最常用的称量方法。即称取试样的质量由两次称量之差而求得。这种方法称出试样的质量不要求固定的数值，只需在一定的质量范围内即可。如要求称取质量范围0.30～0.35g试样，实际称取0.3278g。该法适用于一般的颗粒状、粉末状及液态样品的称量。操作方法如下。

待称样品放于洁净干燥的容器（固体粉末状或颗粒状样品用称量瓶，液体样品可用小滴瓶）中，置于干燥器中保存。称量时戴细纱手套拿取或用清洁的纸叠成约1cm宽的纸条套住瓶身中部（如图2-13所示）取出称量瓶，粗称后放在天平左盘的正中央，准确称量并记录读数。关闭天平，取出称量瓶，拿到盛接样品的容器上方约1cm处，慢慢倾斜瓶身，使称量瓶身接近水平，瓶底略低于瓶口，切勿使瓶底高于瓶口，以防样品冲出。打开瓶盖但不要使瓶盖离开接受容器的上方，用瓶盖轻轻敲击瓶口的上沿或右上边沿，同时微微转动称量瓶使样品缓缓落入容器中（如图2-14所示）。估计倾出的样品接近需要的质量时，再边敲瓶口边将瓶身扶正，盖好瓶盖后方可离开容器的上方（在此过程中，称量瓶不得碰接受容器），再准确称量。

图2-13　夹取称量瓶的方法

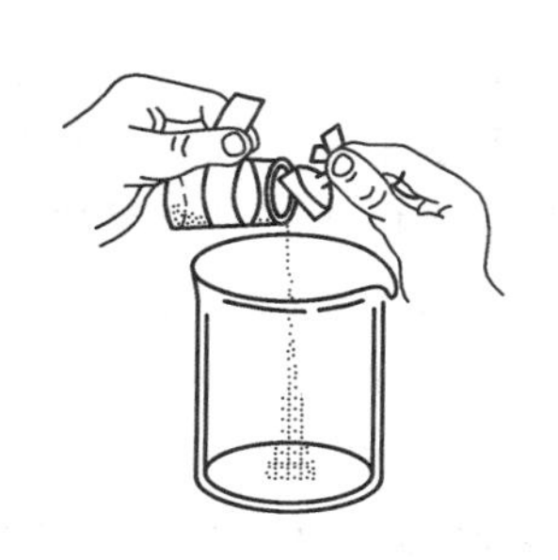

图2-14　倾出试样的操作

如果一次倾出的样品量不到所需量，可再次倾出样品，直到移出的样品质量满足要求（在欲称质量的±10%以内为宜）后，再记录天平读数，但添加样品次数不得超过3次，否则应重称。在敲出样品的过程中，要保证样品没有损失，边敲边观察样品的转移量，切不可在还没盖上瓶盖时就将瓶身和瓶盖都离开容器上口，因为瓶口边沿处可能沾有样品，容易损失。务必在敲回样品并盖上瓶塞后才能离开容器。如不慎倒出试样量太多，只能弃去重称。

按上述方法连续递减，可称取多份试样，如称取4份平行试样，只需连续称量5次即可。表2-4为递减称量法称量记录示例。

表 2-4 递减称量法称量记录示例

编　　号	1	2	3	4
倾出试样前称量瓶与试样总质量/g	21.7539	21.4357	21.1169	20.8073
倾出试样后称量瓶与试样总质量/g	21.4357	21.1169	20.8073	20.4939
试样质量/g	0.3182	0.3188	0.3096	0.3134

递减称量法操作简单、快速、准确，常用于称取待测试样和基准物质。

（3）固定质量称量法（增量法） 这种方法是为了称取固定质量的物质，又称指定质量称量法。如用直接法配制指定浓度的标准溶液时，常用固定质量称量法来称取基准物质。此法只能用来称取不易吸湿且不与空气作用、性质稳定的粉末状物质。

称量操作方法如下：准确称量一洁净干燥的小表面皿（通常直径为6cm），在右盘上增加所需称取试样质量的砝码，然后用左手持盛有试剂的牛角匙小心地伸向表面皿的近上方，以食指轻击匙柄，将试剂弹入表面皿中，半开启天平进行试重，直到所加试剂质量只相差很小时（此值应小于缩微标尺的满刻度），全开启天平，极其小心地以左手拇指、中指及掌心拿稳角匙，以食指摩擦角匙柄，让牛角匙内的试剂以非常少的量、非常缓慢的速度抖入表面皿内（如图2-15所示），这时眼睛既要注意牛角匙，同时也要注意标尺的读数，待标尺正好移动到与所需刻度相差1～2个分度时，立即停止抖入试剂，在此过程中，右手不要离开天平的升降枢旋钮，以便及时开关天平。关闭天平，关上侧门，再次进行读数。

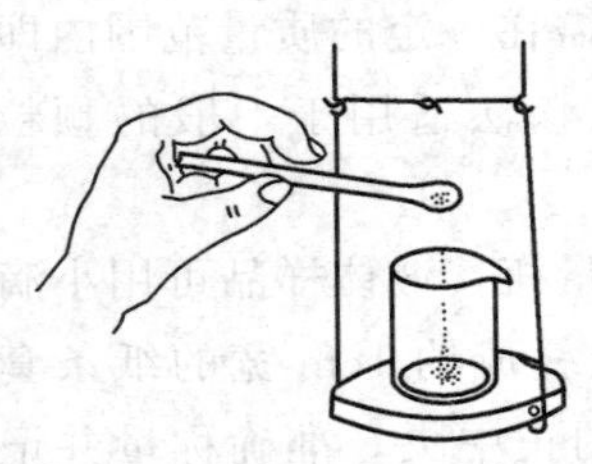

图 2-15 固定质量称量法

例如，配制250mL $c(\frac{1}{6}K_2Cr_2O_7)=0.05000mol/L$ 的 $K_2Cr_2O_7$ 标准溶液，通过计算，需要称取基准试剂 $K_2Cr_2O_7$ 0.6129g，必须准确称取。称取空表面皿后，在刻度盘上增加0.61g质量，用牛角匙在左盘表面皿上慢慢加入 $K_2Cr_2O_7$，至投影屏显出2.9mg时，立即停止加样。取出表面皿，将试样全部转移到实验容器中（用水冲洗表面皿数次）。

这种称量方法要求十分仔细，若不慎多加试样，只能关闭升降枢旋钮，用牛角匙取出多余的试样，再重复上述操作直到合乎要求为止。

操作机械天平时需注意以下事项。

① 试样绝不能撒落在秤盘上和天平内。半开启天平称样时，切忌抖入过多的试样，否则会使天平突然失去平衡。

② 称好的试样必须直接定量转入接受器中。

③ 称量完毕后要仔细检查是否有试样撒落在天平箱的内外，必要时加以清除。

固体试样放置在空气中常含有湿存水，其含量随试样的性质和条件而变化。因此，无论用上述哪种方法称取固体试样，称量前必须以适当的方法预处理进行干燥。对于性质比较稳定不吸湿的试样，可将试样薄薄地铺在表面皿或蒸发皿上，放在烘箱或马弗炉里，在指定的温度下干燥一定时间，取出放入干燥器中冷却，最后移至磨口称量瓶里备用。对于受热易分解的试样，应在较低温度下干燥或在常温下放在真空干燥器中干燥。也可取未经干燥的试样进行分析，同时另取一份试样测定水分，以湿品含量换算为干品含量。

（4）液体样品的称量　液体样品的准确称量比较麻烦。根据样品的性质有多种称量方法，主要有以下三种。

① 性质较稳定、不易挥发的样品（如 H_2SO_4）可装在干燥的小滴瓶中用减量法称量，最好预先粗测每滴样品的大致质量。

②较易挥发的样品可用增量法称取。例如称取浓盐酸试样时，可先在 100mL 具塞锥形瓶中加入 20mL 水，准确称量后快速加入适量的样品，立即盖上瓶塞，再进行准确称量，随后即可进行测定（例如用 NaOH 溶液滴定 HCl 溶液）。

③ 易挥发或与水作用强烈的样品需要采取特殊的办法进行称量。例如，冰醋酸样品可用小称量瓶准确称量，然后连瓶一起放入已装有适量水的具塞锥形瓶，摇动使称量瓶盖子打开，样品与水混合后进行测定。发烟硫酸、硝酸或氨水样品一般采用直径约 10mm、带毛细管的安瓿球（见图 2-16）称取。先准确称量空安瓿球，然后将球形部分经酒精灯火焰微热后，迅速将其毛细管插入样品中，球泡冷却后可吸入 1～2mL 样品，注意勿将毛细管部分碰断。用吸水纸将毛细管擦干并用火焰封住毛细管口，准确称量后将安瓿球放入盛有适量试剂的具塞锥形瓶中，摇碎安瓿球，若摇不碎也可用玻璃棒击碎。断开的毛细管可用玻璃棒碾碎，再冲洗玻璃棒。待样品与试剂混合并冷却后即可进行测定。

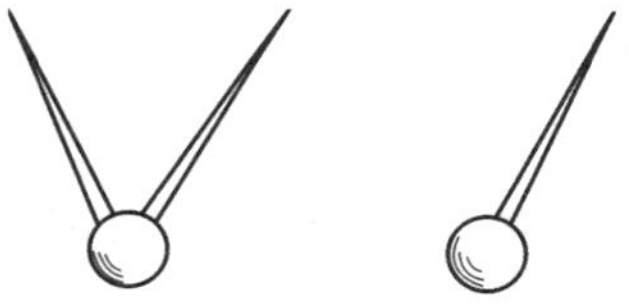

图 2-16　安瓿球

2. 电子天平称量方法及操作

电子天平称量试样的主要特点是快捷，称量方法与机械天平有很多相同之处，但在操作上有所不同。

（1）减量法　同机械天平。

（2）增量法　将干燥的小容器（如小烧杯）轻轻放在天平秤盘上，待显示平衡后按“去皮”键扣除皮重并显示零点，然后打开天平门往容器中缓缓加入试样并观察屏幕，当达到所需质量时停止加样，关上天平门，显示平衡后即可记录所称取试样的净重。采用此法进行称量，最能体现电子天平称量快捷的优越性。

（3）减量法　相对于上述增量法而言，减量法是以天平上容器内试样量的减少值为称量结果。当用不干燥的容器（例如烧杯、锥形瓶）称取样品时，不能用上述增量法。为了节省时间，可采用此法。用称量瓶粗称试样后放在电子天平的秤盘上，显示稳定后，按一下“去皮”键使显示为零，然后取出称量瓶向容器中敲出一定量样品，再将称量瓶放在天平上称量，如果所示数值的绝对值达到要求质量范围，即可记录称量结果。若需连续称取第二份试样，则再按一下“去皮”键，示零后向第二个容器中转移试样，依此类推。

电子天平的功能较多，除上述在分析化学实验中常用的几种称量方法外，还有几种特殊的称量方法及数据处理显示方式，这里不予介绍，使用时可参阅天平说明书。

使用电子天平时需注意以下事项。

① 电子天平本身质量较小，容易被碰位移，从而可能造成水平改变，影响称量结果的准确性。所以使用时应特别注意，动作要轻、缓，并时常检查水平是否改变。

② 要注意克服可能影响天平示值变动性的各种因素，例如空气对流、温度波动、容器不够干燥、开门及放置被称物时动作过重等。

③ 其他注意事项同机械天平。

第五节 分析天平的安装与调试

本节只介绍双盘部分机械加码电光天平的安装、调试和简单故障的排除方法。

一、天平的安装与调试

天平是精密仪器，应保持在一定环境中才能达到其设计性能。一般应设置专用天平室，室内温度保持稳定，一般在18～26℃范围内，波动幅度不大于0.5℃/h，相对湿度不大于75%。室内应洁净、干燥、无尘、门窗严密，并应避免阳光直射及各种气体的侵袭，不应有影响准确称量的气流存在。天平室要远离震动源和强磁场，天平必须放在牢固不易震动的水泥平台上，也不可靠近火炉、暖气设备和其他热源。天平必须放在牢固不易震动的平台上，也不可靠近火炉、暖气设备和其他热源。

安装天平时，所有部件均不可直接用手接触，应戴上专用手套，避免手汗油污等沾染使零件生锈。

1. 天平的安装

(1) 安装前的准备　首先将整个天平各部件作一次清洁，用软毛刷或丝绸布拂去灰尘，擦拭各零部件。刀刃及刀承必须用棉花浸以无水酒精轻抹，不可碰撞刀刃，以免损坏。反射镜面只能用软毛刷轻刷或擦镜纸轻轻擦拭，擦拭完毕后，旋转底板下的螺旋脚，使水准器的水泡移到圆圈中央。

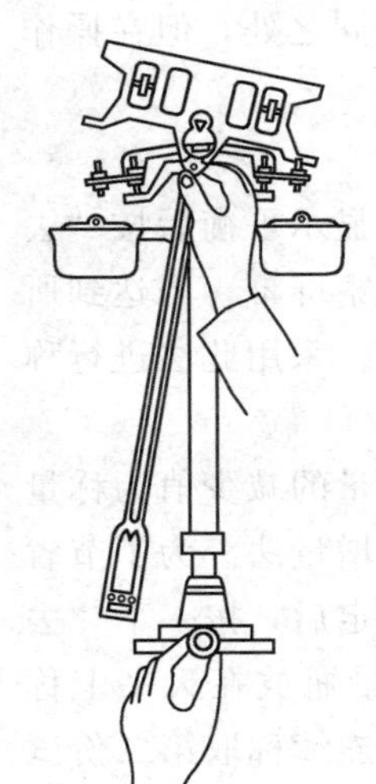

图2-17　天平横梁的安装

(2) 安装天平横梁　将升降枢旋钮插入停动轴，检查机件是否灵活。旋转升降枢旋钮放下托翼，用右手持指针小心地斜着将横梁放入托翼上并对准托翼上的支力销，同时逐渐关闭旋钮，使支力销平稳地托住横梁。在安装天平横梁时，切勿碰撞玛瑙刀口及缩微标尺，也不要弄弯指针，如图2-17所示。

(3) 阻尼器的安装　用左手的拇指与食指持左吊耳背的前后两端，将吊耳下钩钩进阻尼器内筒上面的钩子内，然后小心地将吊耳放在托翼的支力销上。用右手按同样的办法装好右吊耳和阻尼筒。阻尼器内筒分别装在阻尼器外筒上面的支柱上。天平上左右对称的部件，如吊耳、阻尼器内筒、秤盘及盘托等，一般标有“1”“2”标记（或其他标记，如“·”“··”，A、B或甲、乙等），应按左1右2的原则安装好。

(4) 安装天平盘　在天平底板的两个小孔中分别插入盘托安放天平

盘，将两个天平盘分别挂在吊耳上部的挂钩中。检查盘托是否合适，若不合适，可调节盘托上的螺丝使之恰好微微托住盘，一般以天平盘摆动3～4次即能停止为度。

（5）安装环码　用镊子轻轻地夹起环码，按图2-17所示位置小心放在各个加码钩上。轻拿轻放，防止变形，安装的次序从内向外，逐个挂到相应的加码钩上，并进行校对。

转动刻度盘观察环码是否准确落在环码槽内，与环码钩是否有接触摩擦。如果发现问题，应将挂码钩的位置进行调整。

（6）安装光学系统　如图2-18所示安装照明电器，将灯源及聚光器装进天平底座的后面孔中，并将电源线接好。注意根据当地用电电压110V或220V将插头插入相应的孔中。根据照明小灯泡的电压，将灯源部分的插头插入变压器输出端适当的插孔中。插销座在天平底座下面的插销上。将灯源筒上的螺丝固定。将升降枢旋钮装在开关轴上，旋转升降枢旋钮，检查灯泡是否亮。

天平安装完毕，应做如下调试。

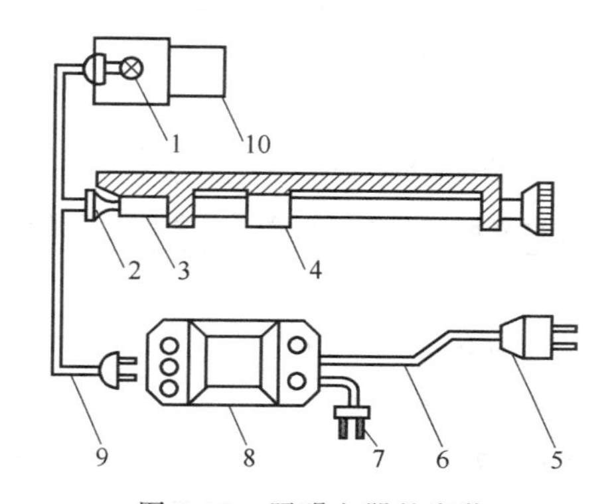

图2-18　照明电器的安装

1—小电珠；2，5，7—插头；3—插座；
4—电路控制器；6，9—导线；8—变压器；10—聚光器

2. 天平的调试

（1）零点调整　可通过横梁上的平衡调节螺丝来调节，较小的零点调节可通过拨动底板下的调屏拉杆来进行。一般零点在±2个分度内即可。

（2）灵敏度的调整　可结合天平的检定来进行。在空载及全负荷情况下，刻度盘加10mg环码，缩微标尺的投影刻度应移动100±1分度，否则表明灵敏度达不到要求，可旋转重心砣进行调整，但是旋转重心砣后必须重新调整天平零点。

（3）不等臂性的调整　天平出厂时一般均经严格的检定，超差的情况很少。由于这一调整比较复杂，初学者不易掌握。如出现这一情况应报告老师。

（4）光学投影的调整　参考表2-5。

（5）机械加码装置的调整　参考表2-5。

二、天平简单故障的排除

分析天平的操作和维护是一项复杂而又细致的工作，需要掌握专门的知识。若在操作过程中出现故障，在未掌握一定的技术之前，不能乱调乱动，如需检修应由专门人员进行修

理。但经常使用分析天平的分析人员也应掌握简单故障的产生原因和排除方法，以保证分析工作正常进行。

检修天平时常用的工具有手捻、拨棍、扳子、叉扳子和蝎嘴钳等，如图 2-19 所示，尺寸都很小。手捻可以松紧螺钉；拨棍插入螺丝立柱的小孔中旋转时，可以调节立柱的进退长度；扳子可以转动棱形螺钉；蝎嘴钳夹住螺丝立柱相对的两个小孔时，可以拧紧或松动这些部件。

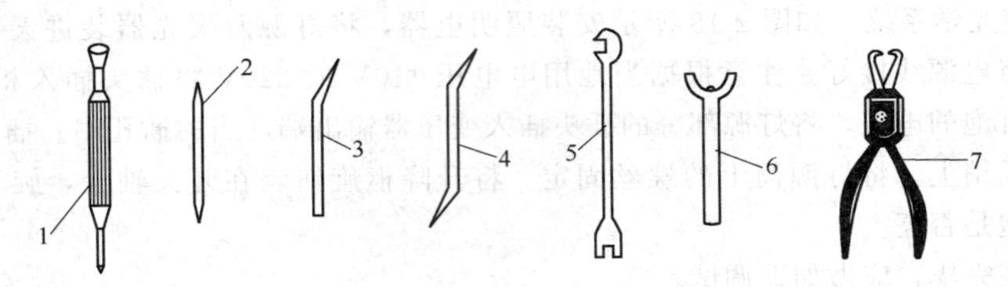

图 2-19 检修天平常用的工具

1—手捻；2～4—拨棍；5—扳子；6—叉扳子；7—蝎嘴钳

等臂双盘天平常见故障的产生原因及排除方法列于表 2-5。

表 2-5 等臂双盘天平常见故障的产生原因及排除方法

天平故障	产生原因	排除方法
吊耳脱落	1. 启动或休止天平时操作太重或太快	1. 将吊耳轻轻重新挂上
	2. 取称量物或砝码时未休止天平	2. 应轻开轻放，及时休止天平
	3. 吊耳不稳，左右偏侧	3. 将天平梁托末端小支柱下面的螺丝拧松，移动小支柱至正常位置后再拧紧螺丝
	4. 吊耳前后跳动	4. 将拨棍插入天平梁托架末端小支柱上的小孔中转动调节小支柱前后高低
	5. 盘托过高，天平休止时，秤盘往上抬	5. 用拨棍调节盘托螺丝的高低
开启天平后灯泡不亮	1. 插销或灯泡接触不良	1. 检查电源插座、插头、小变压器接头、灯座
	2. 灯泡损坏	2. 更换灯泡
	3. 由升降枢旋钮控制的微动开关触点生锈、接触不良或未接触上	3. 卸下天平梁、环码等活动零件，横放天平（注意垫好，勿压坏玻璃框），修理微动开关
屏上光线暗淡或有黑影缺陷	1. 光源与聚光管不在一条直线上	1. 使灯常亮（便于调节），取下灯光罩，调整灯座位置使小灯泡射出最亮光，再插上聚光管，调整聚光管前后位置，使 40mm 处呈一圆形光且最亮为止
	2. 第一、二反射镜位置不对	2. 调动第一反射镜角度使光充满窗
标尺刻度模糊	1. 物镜焦距不对	1. 拧松物镜固定螺丝，把物镜筒推前，再渐渐向后推动至标尺清晰为止，拧紧固定螺丝
	2. 第一、二反射镜角度不对	2. 拧动第一反射镜的调节钮
	3. 跳针引起开启天平时标尺模糊	3. 调跳针

续表

天平故障	产　生　原　因	排　除　方　法
开启天平后，指针不摆动或摆动不灵活，光电天平的标尺时动时不动，或摆动至某一位置突然受阻	1. 不水平	1. 检查并调整水平，必要时另取一水平仪放于天平底板上校验天平的水平泡
	2. 空气阻尼内外圆筒之间相碰或有轻微摩擦	2. ①检查空气阻尼内外圆筒的缝隙是否均匀，如不均匀，可能不水平，调节同上；②将内筒旋转180°，再挂上试之；③从上部观察两阻尼筒之间的间隙，松开固定外阻尼筒的螺丝，移动外筒位置，使内外筒间隙相等后拧紧螺丝
	3. 吊耳与刀盒或翼子板间相碰	3. 调动支放吊耳的顶尖
	4. 指针微分标牌与物镜相碰	4. 移动物镜使其不相碰
	5. 盘托杆与孔壁摩擦，盘托落不下去	5. 检查盘托是否左右放错，修整盘托杆使其光滑易下落
	6. 环码和加码槽或加码杆及钩相碰，或环码变形导致相碰	6. 调整加码杆的高低长短位置，细致纠正加码钩的位置，整复环码
	7. 两边边刀的刀缝不一致	7. 调节两刀缝使大小一致，缝宽约为0.3mm
指针跳动(跳针)	刀缝前后不一致	调节中刀刀缝约0.5mm，边刀刀缝约为0.3mm
天平灵敏度过高或过低	1. 天平梁的重心过高或过低	1. 略微调整重心砣的高低，每调一次测一次平衡位置及分度值，至合适为止
	2. 天平刀刃磨损变钝，使灵敏度降低	2. 此时提高重心砣无效，只能更换刀子
加码器刻度盘失灵	1. 加码器刻度盘互相摩擦产生连动	1. 拧松固定螺丝，略向外移动小刻度盘，再拧紧螺丝
	2. 加码杆起落失灵	2. 取下加码装置的外罩，检查是否有螺丝松动或位置不对，调整之，适当上机油
变动性大，检定变动性超出允许误差(1分度)，或在称量前后零点变动超过1分度	1. 外因引起的变动性包括：侧门未关，天平桌不稳，天平受震动，阳光、暖气等使室内温度改变，开关过猛，称过冷、过热的物体等	1. 采取相应措施消除
	2. 刀垫不平或光洁度不够，刀刃不平或有严重崩缺	2. 更换新刀
	3. 刀刃或刀垫上灰尘过多	3. 可用软毛刷刷去，用鹿皮或酒精棉轻擦刀垫和刀刃
	4. 阻尼筒间有脏物，阻尼筒四周间隙不一样大	4. 清洁阻尼筒并调整位置
	5. 横梁上部件松动，如重心砣、指针、微分标牌等松动	5. 小心紧固螺丝
	6. 安装不符合要求，如上述的刀缝不合适，跳针、耳折、带针、盘托过高，二刀刃不平行	6. 修理安装上的毛病
	7. 立柱不正，刀垫安装不水平，立柱松动，翼子板松动	7. 检查立柱及刀垫，调整紧固翼子板的螺丝

第六节 天平称量实验

实验一　分析天平主要性能的检定

一、实验目的

1. 熟悉分析天平的构造、各部件的名称和用途；

2. 掌握天平零点及灵敏度的测定方法；

3. 了解所使用分析天平的主要性能及其检定方法。

二、实验原理

参考本章第三节。

三、仪器

双盘部分机械加码电光天平；10mg 环码（已校准）；20g 等面值砝码。

四、实验内容

1. 熟悉分析天平的构造

（1）按照本章第二节，观察分析天平的构造，熟悉各部件的名称及性能。

（2）检查天平各部件是否正常，如横梁、秤盘、底板、水平、硅胶、圈码指数盘、圈码、吊耳等。轻轻启动天平升降枢旋钮，观察投影屏上缩微标尺的移动情况。

（3）打开砝码盒，认识砝码，了解砝码组合情况。熟悉各砝码在砝码盒中位置。

2. 天平零点的测定

接通电源，缓慢启动天平升降枢旋钮，这时投影屏上应出现缩微标尺的投影，缩微标尺的“0”刻度与投影屏上的标线应重合。如不重合，可拨动旋钮下面的拨杆使其重合，偏离较大时由指导老师调节天平梁上的平衡调节螺丝直至标尺“0”刻度与标线重合。连续测定两次。

3. 天平主要计量性能的测定

（1）天平灵敏度的测定

① 空载时灵敏度的测定　测定并调好零点后休止天平，在天平左盘上放一个 $m=10\text{mg}$ 的环码，再开启天平，观察并记录指针在缩微标尺上偏移的格数 n（分度数），则分度灵敏度 $E_n=\frac{n}{m}$。如果缩微标尺在 100±1 格范围内，则符合要求；否则不合格，应由指导老师调节感量调节螺丝，使之在规定范围内。

② 在某载荷（如 20g）时灵敏度的测定　左右两盘各放 20g 等面值砝码，再开启天平，观察并记录指针在缩微标尺上偏移的格数 n（分度数），则 $E_n=\frac{n}{m}$。

各测定两次。

（2）天平示值变动性的测定　首先连续测量空载零点两次，载荷后取下砝码，再测量两次零点，各次测量值的极差即为示值变动性。

（3）天平不等臂性误差的测定　调节零点后休止天平，在天平两盘上分别放上 20g 等面值砝码，再开启升降枢旋钮，测得平衡点读数为 P_1，然后将左、右两盘的砝码对换位置，再次测得平衡点读数为 P_2，计算偏差。

五、数据记录与处理

上述天平主要计量性能的测定数据记录于表 2-6～表 2-8 中。

表 2-6　灵敏度的测定

载荷/g	零点或平衡点	加 10mg 后平衡点/格	分度灵敏度 E_n/(格/mg)	分度值 D/(mg/格)
0	1			
	2			
20	1			
	2			

表 2-7　示值变动性的测定

次数	空载零点	载荷后零点	示值变动性
1			
2			

表 2-8　天平不等臂性误差的测定

次数	P_1	P_2	偏差
1			
2			

六、注意事项

1. 调节平衡调节螺丝或加减试样、加减砝码时，必须先将天平关闭。
2. 天平未达平衡时只能半开以免损坏天平。
3. 读数或看零点时，天平的升降枢旋钮需完全打开，天平的左右侧门必须关闭。

七、思考题

1. 影响天平灵敏度的因素有哪些？如何提高天平的灵敏度？
2. 对照天平，指出各主要部件及其作用。

实验二　分析天平称量练习

一、实验目的

1. 熟悉双盘部分机械加码电光天平的构造；
2. 掌握称量的一般程序；
3. 初步掌握直接称量法、递减称量法和固定质量称量法的操作方法及步骤；
4. 初步掌握液体试样的称量方法及步骤；
5. 培养正确、及时、简明记录实验原始数据的习惯。

二、实验原理

无论采用哪种方法称量，在称量前、后都需要调节天平的零点。各种称量法操作和称量原理参考第四节。

三、仪器与试剂

1. 仪器

双盘部分机械加码电光天平；托盘天平；小表面皿；小烧杯；称量瓶；瓷坩埚；滴瓶；

容量瓶。

2. 试剂

Na_2CO_3 固体；$KHC_8H_4O_4$ 固体；$CaCO_3$ 固体；磷酸。

四、实验内容

1. 直接称量法

（1）用直接称量法称量小表面皿、小烧杯、称量瓶、瓷坩埚的质量并记录。

（2）学会做称量的结束工作。

2. 递减称量法

（1）将洁净的锥形瓶（或小烧杯）编上号。

（2）取一个洁净、干燥的称量瓶，先在台秤上粗称其大致质量，然后加入约 2g Na_2CO_3。在分析天平上精确称量，记录为 m_1；估计一下样品的体积，转移 0.2～0.3g 样品至第一个锥形瓶中，称量并记录称量瓶和剩余试样的质量 m_2，则锥形瓶中试样的质量 m 为 (m_1-m_2)g。以同样方法再连续称出三份试样，称量并记录。

（3）完成以上操作后，进行计时称量练习。

3. 固定质量称量法

以称取 0.6127g $KHC_8H_4O_4$ 试样为例，方法如下：

（1）准确称出小表面皿的质量。

（2）在天平右盘上加 600mg 环码。

（3）按图 2-15 所示操作，用牛角匙加入近 0.6g 试样，观察投影屏上缩微标尺，用牛角匙缓慢将试样抖入表面皿中，直至天平的平衡点恰好与称量小烧杯时的平衡点一致。此时称取 $KHC_8H_4O_4$ 试样质量为 0.6127g。以同样方法再称取 2～3 份 $KHC_8H_4O_4$ 样品。

（4）完成以上操作后，进行称量练习。按同样方法称取 0.2120g $CaCO_3$ 固体 3～4 份。

4. 液体试样的称量

（1）称出装有磷酸试样的滴瓶的质量。

（2）从滴瓶中取出 10 滴磷酸于接受器中，称出取样后滴瓶的质量，计算 1 滴磷酸的质量。

（3）按上面计算的 1 滴磷酸的质量，算出 1.5g 磷酸的滴数。

（4）称取需要量的磷酸　根据需称取磷酸试样的质量，换算为大致的滴数。以同样方法再称取磷酸试样 2～3 份。

五、数据记录与处理

上述称量操作的数据记录格式示例见表 2-9～表 2-12。

表 2-9　直接称量法记录格式示例

被称物	所加砝码/g	所加环码/mg		缩微标尺读数/mg	被称物质量/g
		内　圈	外　圈		
表面皿					
小烧杯					
称量瓶					
瓷坩埚					

表 2-10　减量法称量记录格式示例

记　录　项　目	1	2	3	4
倾样前称量瓶＋试样质量 m_1/g				
倾样后称量瓶＋试样质量 m_2/g				
试样质量 m/g				

表 2-11　固定质量称量法记录格式示例

记　录　项　目	1	2	3	4
小表面皿＋试样质量/g				
空小表面皿质量/g				
试样质量/g				
称量后天平零点/格				

表 2-12　液体试样称量记录格式示例

记　录　项　目	1	2	3	4
滴瓶＋磷酸试样质量/g				
取出磷酸后滴瓶＋磷酸试样质量/g				
磷酸试样质量/g				
称量后天平零点/格				

六、注意事项

1. 称量前要做好准备工作（调水平、检查各部件是否正常、清扫、调零点）。

2. 倾出试样的过程中，称量瓶口应始终在接受容器上方，且不能碰接受容器。

3. 固定质量称量法加样时注意不要碰到天平，注意防止试样的撒落。

4. 固定质量称量法加样至质量相差很小（在标尺范围内）时，天平应全开。

5. 放在天平盘上的器皿必须洁净、干燥。

七、思考题

1. 使用天平前要对天平进行检查，应做哪些检查？

2. 为了保护天平的刀刃应注意哪些问题？

3. 天平和砝码的使用原则是什么？

4. 用递减称量法和固定质量称量法称取试样，天平零点未调至“0”，对称量结果是否有影响？称量过程中能否重新调零点？

5. 在什么情况下选用递减称量法称量？什么情况下应该使用固定质量称量法？

6. 使用天平时，为什么要强调先关闭天平，再加减物体或砝码？否则会引起什么后果？

7. 浓氨水、浓硫酸、发烟硫酸的称量可分别用什么容器来进行？

实验三 试样称量及分析天平性能的检定（考核实验）

一、实验目的

1. 掌握分析天平主要部件的作用；
2. 熟练掌握减量法称量操作；
3. 熟练掌握分析天平计量性能的检定方法。

二、实验原理

参考本章第一节至第四节中的有关内容。

三、仪器与试剂

1. 仪器

双盘部分机械加码电光天平；托盘天平；10mg 环码（已校准）；20g 等面值砝码；称量瓶；锥形瓶。

2. 试剂

Na_2CO_3 固体。

四、实验步骤

1. 称量考核

（1）称量前的准备工作。

（2）用减量法称取 0.20～0.30g 固体 Na_2CO_3 试样，平行称取 4 份，做好称量记录。

（3）做好称量结束工作。

（4）计算质量及质量偏差。

2. 测定天平的主要计量性能

（1）灵敏度（分度值）。

（2）示值变动性。

（3）不等臂性误差。

五、评分（参照表 2-13）

表 2-13 称量操作及分析天平性能的检定

<table>
<tr><th colspan="2">考核项目</th><th>考核内容</th><th>分值</th><th>扣分</th><th>得分</th></tr>
<tr><td rowspan="13">分析天平计量性能的检定（35分）</td><td rowspan="6">准备工作（8分）</td><td>天平罩折叠及摆放</td><td>1</td><td></td><td></td></tr>
<tr><td>砝码盒、接受器、记录本放置位置</td><td>2</td><td></td><td></td></tr>
<tr><td>检查水平并调好</td><td>1</td><td></td><td></td></tr>
<tr><td>检查天平各部件是否完好正常</td><td>2</td><td></td><td></td></tr>
<tr><td>清扫天平秤盘和底板</td><td>1</td><td></td><td></td></tr>
<tr><td>调节天平零点</td><td>1</td><td></td><td></td></tr>
<tr><td rowspan="7">性能测定（27分）</td><td>步骤是否正确</td><td>9</td><td></td><td></td></tr>
<tr><td>步骤是否齐全</td><td>6</td><td></td><td></td></tr>
<tr><td>砝码是否在天平盘中央，大者居中，互不相碰</td><td>3</td><td></td><td></td></tr>
<tr><td>记录是否正确</td><td>2</td><td></td><td></td></tr>
<tr><td>记录是否用仿宋体书写</td><td>2</td><td></td><td></td></tr>
<tr><td>对天平的评价</td><td>2</td><td></td><td></td></tr>
<tr><td>计算是否正确</td><td>3</td><td></td><td></td></tr>
</table>

续表

考核项目		考核内容	分值	扣分	得分
减量法称量（65分）	称量操作（60分）	开启天平的动作是否轻、缓、匀	5		
		取放砝码和重物时休止天平	5		
		称量瓶是否在天平盘中央	2		
		砝码及环码的选择	2		
		倾倒试样动作是否正确	10		
		称取一份试样倾倒次数在3次以内	4		
		试样有无撒落	5		
		称量质量是否在要求的范围内	2		
		天平未近平衡时是否半开	5		
		读数时天平开启程度	5		
		读数方法（空位读数、还原核对）	5		
		质量偏差符合要求	5		
		称量记录正确	3		
		称量记录用仿宋体书写	2		
	结束工作（5分）	称量瓶放回干燥器	1		
		砝码取出，圈码刻度盘回“000”位	1		
		复查零点	1		
		全面检查天平，罩好天平罩	1		
		登记天平使用记录	1		
总分					

第三章 滴定分析仪器的使用

第一节 滴定分析常用仪器及洗涤

滴定分析中使用的仪器除一般的玻璃器皿如锥形瓶、烧杯、量筒等以外，还必须有滴定管、单标线吸量管、分度吸量管、容量瓶等准确测量溶液体积的容量仪器。所有仪器都必须洗涤洁净，达到仪器壁内外能被水均匀湿润而不挂水珠的程度。

锥形瓶、烧杯、量筒等可以用毛刷蘸取肥皂水或合成洗涤剂刷洗，用自来水冲洗干净，再用少量蒸馏水冲洗三次。滴定管、单标线吸量管、分度吸量管及容量瓶等测量准确度高，为避免内壁受机械磨损而影响测量容积的准确度，不能用刷子刷洗，一般用铬酸洗液进行洗涤。铬酸洗液作用缓慢，洗涤时将洗液倒入器皿中浸泡数分钟，洗涤移液管时可用洗耳球吸取溶液浸润。洗液可反复使用，使用时应尽量不使洗液冲稀，以免降低其洗涤效果。用洗液洗过的器皿，先用自来水冲洗干净后，再用少量蒸馏水冲洗三次。注意第一次用自来水冲洗的废液，浓度仍很大，腐蚀性仍很强，应倒入盛废液的塑料桶中，不可直接倒入下水道中。

如有特殊污染，则有针对性地选择其他类型洗涤剂洗涤（参考第一章第五节）。

第二节 滴定分析仪器基本操作

滴定分析是根据滴定时消耗的标准溶液的体积及其准确浓度来计算分析结果的。标定溶液的准确浓度或用标准溶液测定某组分的含量时，都必须准确测量溶液的体积。溶液体积测量的误差是滴定分析误差的主要来源之一。要准确测量溶液的体积，一方面决定于所用容量仪器的容积是否准确，另一方面还决定于能否正确使用这些仪器。

滴定管、单标线吸量管和分度吸量管为“量出”式量器，量器上标有“A”字样，但我国目前统一用“Ex”字样表示“量出”，用于测定从量器中放出液体的体积。一般容量瓶为“量入”式量器，量器上标有“E”字样，但我国目前统一用“In”字样表示“量入”，用于测定注入量器中液体的体积。另一种是“量出”式容量瓶，瓶上标有“A”或“Ex”字样，它表示在标明温度下，液体充满到标线刻度后，按一定方法倒出液体时，其体积与瓶上标明的体积相同。

正确使用滴定管、容量瓶和吸量管，是滴定分析中最重要的基本操作。

一、滴定管

滴定管是用于准确测量滴定时放出滴定溶液体积的玻璃量器。滴定管有多种分类方法。根据容量不同，分为常量滴定管、半微量滴定管和微量滴定管。常量分析用的滴定管容积为25mL和50mL，最小分度值为0.1mL，读数可估计到0.01mL；10mL、5mL、2mL和1mL的半微量滴定管或微量滴定管，最小分度值分别为0.05mL、0.02mL或0.01mL。滴定管的容量精度分为A级和B级。通常以喷、印的方法在滴定管上制出耐久性标志，如制造厂商标、标准温度（20℃）、量出式符号（Ex）、精度级别（A或B）和标称总容量（mL）等。按要求不同，有蓝带滴定管、棕色滴定管，其中棕色滴定管用于装见光易分解的溶液，如高锰酸钾、硝酸银、碘标准溶液等。按构造不同，分为普通滴定管和自动定零位滴定管。按用途不同，分为酸式滴定管和碱式滴定管。

滴定管主体部分管身是用细长且内径均匀的玻璃管制成的，上面刻有均匀的分度线，线宽不超过0.3mm。下端的流液口为一尖嘴玻璃管，中间通过玻璃活塞或乳胶管（配以玻璃珠）连接以控制滴定速度，前者称为酸式滴定管，也称具塞滴定管，如图3-1(a)所示，后者为碱式滴定管，也称无塞滴定管，如图3-1(b)所示。酸式滴定管用来装酸性、中性及氧化性溶液，但不适宜装碱性溶液，因为碱性溶液能腐蚀玻璃的磨口和活塞。碱式滴定管用来装碱性及无氧化性溶液，能与橡胶起反应的溶液如高锰酸钾、碘和硝酸银等溶液，都不能加入碱式滴定管中。现有活塞为聚四氟乙烯的滴定管，酸、碱及氧化性溶液均可用。

自动定零位滴定管是将贮液瓶与具塞滴定管通过磨口塞连接在一起的滴定装置，加液方便，自动调零点，主要适用于常规分析中的经常性滴定操作，如图3-1(c)所示。

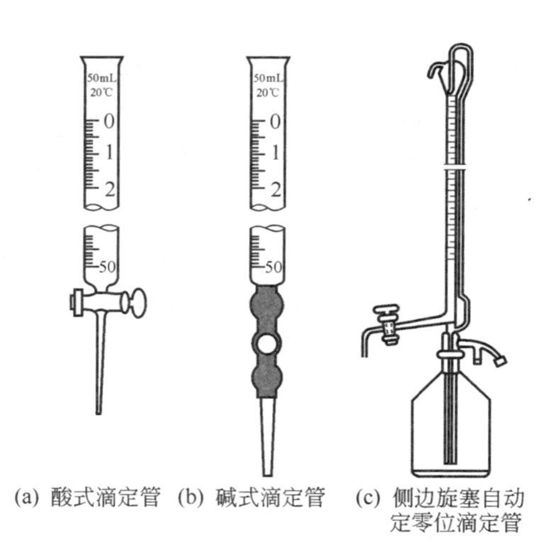

(a) 酸式滴定管 (b) 碱式滴定管 (c) 侧边旋塞自动定零位滴定管

图3-1 滴定管

新滴定管在使用前应作初步检查，如酸式滴定管活塞是否匹配，滴定管尖嘴和上口是否完好，碱式滴定管的乳胶管孔径与玻璃珠大小是否合适，乳胶管是否有孔洞、裂纹和硬化等。初步检查合格后，进行下列准备工作。

1. 滴定管的准备

（1）洗涤　若滴定管无明显污垢可直接用自来水冲洗。一般污垢可用肥皂水或洗涤剂冲洗，若较脏而又不易洗净时，则用铬酸洗液浸泡洗涤，装入 10～15mL 洗液，先从下端放出少许，然后用双手平托滴定管的两端，不断转动滴定管，使洗液润洗滴定管整个内壁，操作时管口对准洗液瓶口，以防洗液外流，洗完后将洗液分别从上口和出口倒回原瓶。如果滴定管太脏，可用洗液浸泡一段时间。用洗液洗涤后，再用自来水洗净，用蒸馏水洗涤三次。洗净后的滴定管内壁应被水均匀润湿而不挂水珠，否则应重新洗涤。注意：酸式滴定管应先涂凡士林再进行洗涤；碱式滴定管洗涤时，可取下乳胶管，倒置夹在滴定管架上，管口插入装有洗液的烧杯中，用洗耳球反复吸取洗液进行洗涤，再用自来水、蒸馏水洗净。连续使用的滴定管，如保存得当保持洁净则不必每次都用洗液洗。

（2）涂油　酸式滴定管使用前，应检查旋塞转动是否灵活，与滴定管是否紧密贴合不漏。如不合要求，则将滴定管平放在桌面上，取下旋塞，用滤纸片擦干净旋塞和旋塞槽，用手指蘸少量（切勿过多）凡士林（或真空活塞油脂），均匀地在旋塞 A、B 两部分涂上薄薄的一层凡士林（注意：滴定管旋塞槽内壁不涂），如图3-2所示。将旋塞直接插入旋塞槽中（注意：滴定管不能竖起，仍平放在桌面上，否则管中的水会流入旋塞槽内）。插入时旋塞孔应与滴定管平行，不要转动，以免将凡士林挤到旋塞孔中。然后，向同一方向不断旋转活塞（不要来回转），直至油脂全部均匀透明为止。旋转时，应有一定的向旋塞小头部分方向挤的力，以免来回移动旋塞，使旋塞孔受堵。最后将滴定管活塞的小头朝上，用小乳胶圈套在玻璃旋塞的小头部分沟槽上，以防旋塞脱落。若凡士林用量太多，堵塞了旋塞孔，可取下旋塞，用细铜丝捅出，严重时用热洗液浸泡一段时间，或用有机溶剂除去。若滴定管尖堵塞，可先用水充满全管，将管尖浸入热水中，温热片刻后，打开旋塞，使管内的水流突然冲下，将熔化的油脂带出。

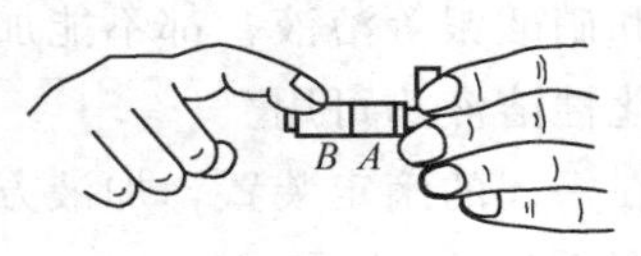

图 3-2　旋塞涂凡士林操作

涂油过程中要特别小心，切莫让旋塞跌落在地上，造成整根滴定管的报废。涂油后的滴定管，旋塞应转动灵活，油脂层没有纹路，旋塞呈均匀透明状态。涂油时，不要涂得太多，以免旋塞孔被堵住，也不要涂得太少，达不到转动灵活和防止漏水的目的。

注意：若使用聚四氟乙烯滴定管则不需涂凡士林。

（3）试漏　将酸式滴定管用蒸馏水充满至“0”刻线，然后垂直夹在滴定管架上，用滤纸将滴定管外壁擦干，静置 2min，观察液面是否下降，检查管尖及旋塞周围有无水渗出，然后将旋塞转动 180°，重新检查。若前后两次均无水渗出，旋塞转动也灵活，即可使用；如有漏水，必须重新涂油。

碱式滴定管使用前应检查乳胶管是否老化、变质，要求玻璃珠大小合适，能灵活控制液滴。玻璃珠过大不便操作，过小则会漏水。如不合适，应重新装配玻璃珠或更换乳胶管。

试漏合格的滴定管，用蒸馏水洗涤三次。

（4）装操作溶液与赶气泡　先将试剂瓶中的操作溶液摇匀，使凝结在瓶内壁上的液珠混入溶液，混匀后将操作溶液直接地小心倒入滴定管中，不得用其他容器（如烧杯、漏斗）转移溶液。倒入操作溶液时，左手前三指持滴定管上部无刻度处，稍微倾斜，右手拿住细口瓶往滴定管中倒溶液，如用小试剂瓶，可用右手握住瓶身（标签向手心）倾倒溶液于管中，大试剂瓶则仍放在桌上，手拿瓶颈使瓶慢慢倾斜，让溶液慢慢沿滴定管内壁流下。

为了避免操作溶液浓度发生变化，装入溶液前应先用待装溶液润洗滴定管三次。润洗方法是：向滴定管中加入10～15mL已完全混匀的待装溶液，先从滴定管下端放出少许，然后双手平托滴定管的两端，注意把住玻璃旋塞，慢慢转动滴定管，使溶液润洗滴定管整个内壁，使溶液接触管内壁1～2min，最后将溶液全部从上口放出。重复3次。

用待装溶液润洗滴定管后，装入溶液至“0”刻度以上。检查滴定管的出口下部尖嘴部分是否充满溶液，旋塞附近或胶管内是否留有气泡。为了排除碱式滴定管中的气泡，可将碱式滴定管垂直地夹在滴定管架上，左手拇指和食指捏住玻璃珠部位，使乳胶管向上弯曲翘起，出口管斜向上方，在玻璃珠部位往一旁轻轻捏挤胶管，使溶液从管口喷出即可排除气泡，如图3-3所示。滴定过程中，不要挤捏玻璃珠以下部位的胶管，以防出现气泡。

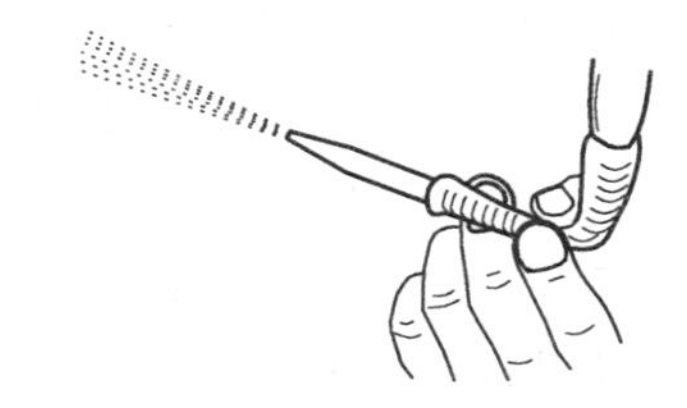

图3-3 碱式滴定管排气泡的方法

酸式滴定管中的气泡，一般较易看出，当有气泡时，右手拿滴定管上部无刻度处，并使滴定管倾斜30°，左手迅速打开旋塞，使溶液冲出管口，反复数次，一般即可达到排除酸式滴定管出口处气泡的目的。若气泡仍未排除，可在活塞打开的情况下，上下晃动滴定管以排除气泡；也可在出口尖嘴上接上一根约10cm的乳胶管，按碱式滴定管排气泡的方法进行。

排除气泡后，装入溶液至“0”刻度以上5mm左右，不可过高，放置1min，慢慢打开旋塞使溶液液面慢慢下降，调节液面处于0.00mL处。将滴定管夹在滴定管架上，滴定之前再复核一下零点。

2. 滴定管的使用

(1) 滴定管的操作　使用酸式滴定管时，用左手控制旋塞，无名指和小指向手心弯曲，轻轻贴着出口管，大拇指在前，食指和中指在后，手指略微弯曲，轻轻向内扣住旋塞，手心空握，如图3-4所示。转动旋塞时切勿向外用力，以防顶出旋塞，造成漏液；也不要过分往里用力，以免造成旋塞转动困难，不能操作自如。

使用碱式滴定管时，左手无名指和小指夹住出口管，拇指和食指捏住玻璃珠所在部位稍上的地方，向右边捏挤胶管，使玻璃珠移至手心一侧，溶液即可从玻璃珠旁边的缝隙流出，如图3-5所示。注意：不要用力捏玻璃珠，也不要使玻璃珠上下移动，不要捏玻璃珠下部胶管，以免空气进入形成气泡，影响读数。停止滴定时，应先松开拇指和食指，再松开无名指和小指。

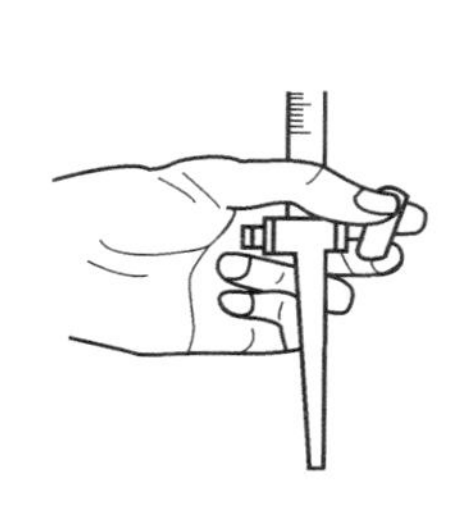

图3-4 操纵酸式滴定管旋塞的姿势

图3-5 碱式滴定管溶液从缝隙中流出示意图

无论使用哪种滴定管，都应能熟练自如地控制滴定管中溶液的流速。通常需掌握以下三种滴定速度的控制方法：① 使溶液逐滴流出，即一般的滴定速度，“见滴成线”的方法；② 只加一滴溶液，做到需加一滴就能只加一滴的熟练操作；③ 使液滴悬而不落（在瓶内壁靠下来），即只加半滴甚至不到半滴的方法。

（2）滴定操作　滴定前后都要记取读数，终读数和初读数之差就是溶液的体积。

滴定时可以站着滴定，要求面对滴定管站立好。有时为操作方便也可坐着滴定。

滴定操作一般在锥形瓶中进行，也可在烧杯中进行。下面垫一块白瓷板作背景。用右手的拇指、食指和中指拿住锥形瓶瓶颈，其余两指辅助在下侧，使瓶底离瓷板约 2～3cm，调节滴定管高度，使滴定管下端伸入瓶口内约 1cm。左手按前述方法操作滴定管，边滴加溶液，边用右手用腕力摇动锥形瓶，使其向同一方向作圆周运动。边滴边摇动，使溶液随时混合均匀，反应及时进行完全。其两手操作姿势如图 3-6（a）所示。

溴酸钾法、碘量法等需要在碘量瓶中进行反应和滴定。碘量瓶是带有磨口玻璃塞和水槽的锥形瓶，如图 3-7 所示，喇叭形瓶口与瓶塞柄之间形成一圈水槽，槽中加纯水可形成水封，防止瓶中溶液反应生成的气体（Br_2、I_2 等）逸失。反应一定时间后，打开瓶塞水即流下并可冲洗瓶塞和瓶壁，接着进行滴定。

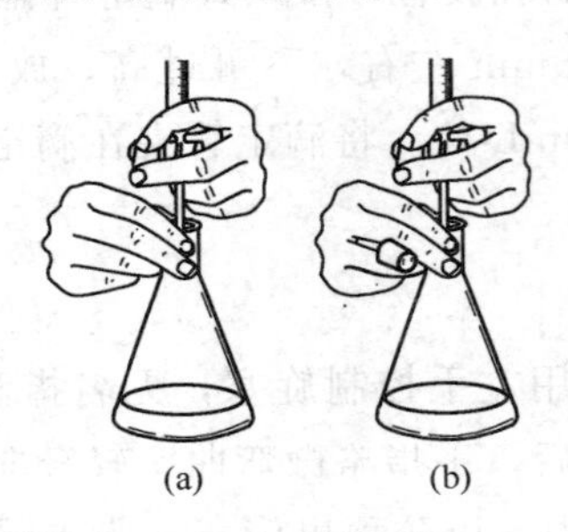

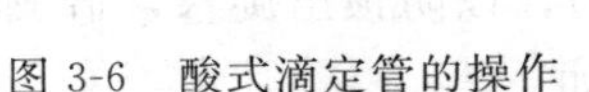

图 3-6　酸式滴定管的操作

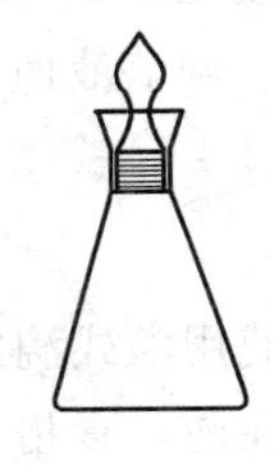

图 3-7　碘量瓶

使用碘量瓶等具塞锥形瓶滴定，瓶塞要夹在右手的中指与无名指之间，如图 3-6（b）所示。

进行滴定操作时，应注意如下几点。

① 每次滴定最好都从 0.00mL 开始，这样可以减少体积误差。

② 摇瓶时，应微动腕关节，使溶液向同一方向作圆周运动，但瓶口不要接触滴定管，并使溶液旋转出现一旋涡，因此，要求有一定速度，不能摇得太慢，影响化学反应的进行。不能前后振动，以免溶液溅出。

③ 滴定时左手不能离开旋塞任溶液自行流下。

④ 滴定时，要注意观察滴落点周围颜色的变化。不要去看滴定管上的刻度变化，而不顾滴定反应的进行。

⑤ 滴定速度的控制。一般在滴定开始时，滴定速度可稍快，3～4 滴/s，呈“见滴成线”，但不要滴成“水线”；接近终点时，应改为一滴一滴加入，即每加一滴摇几下；最后是每加半滴就摇几下锥形瓶，直至溶液出现明显的颜色变化为止。一般 30s 内不再变色即到达滴定终点。

⑥ 半滴溶液的控制和吹洗。快到滴定终点时，要一边摇动，一边逐滴地滴入，甚至是

半滴半滴地滴入。加入半滴溶液的操作必须熟练掌握。用酸式滴定管加半滴溶液时，可轻轻转动旋塞，使溶液悬挂在出口管嘴上，形成半滴，用锥形瓶内壁将其沾落（尽量往下沾），再用洗瓶以少量蒸馏水吹洗瓶壁。用碱式滴定管加半滴溶液时，应先松开拇指与食指，将悬挂的半滴溶液沾在锥形瓶内壁上，再放开无名指和小指，这样可避免出口管尖出现气泡。

滴入半滴溶液时，也可采用倾斜锥形瓶的方法，将附于壁上的溶液涮至瓶中。这样可避免吹洗次数太多，造成被滴物过度稀释。

在烧杯中滴定时，将烧杯放在滴定台上，调节滴定管的高度，使其下端伸入烧杯内约1cm。滴定管下端应在烧杯中心的左后方处（放在中央影响搅拌，离杯壁过近不利于搅拌均匀）。左手滴加溶液，右手持玻璃棒搅拌溶液，如图3-8所示。玻璃棒应作圆周搅动，不要碰到烧杯壁和底部。当滴定至接近终点只滴加半滴溶液或更少量时，用玻璃棒下端承接此悬挂的半滴溶液于烧杯中，但要注意，玻璃棒只能接触液滴，不能接触管尖，其余操作同前所述。

（3）滴定管的读数　滴定管的正确读数应遵守下列原则。

① 装满或放出溶液后，必须等1～2min，使附着在内壁的溶液流下来后，再读数。如果放出溶液的速度较慢（如接近化学计量点时就是如此），可等0.5～1min后即可读数。每次读数前，都要检查一下滴定管内壁有没有挂水珠、滴定管的出口尖嘴处有无悬液滴、滴定管尖嘴内有无气泡。若在滴定后管出口嘴尖上有气泡或挂有水珠读数，是无法读准确的。

② 读数时应将滴定管从滴定管架上取下，用右手大拇指和食指捏住滴定管上部无刻度处，其他手指从旁辅助，使滴定管保持自然竖直，然后再读数。

③ 由于水的附着力和内聚力的作用，滴定管内的液面呈弯月形，无色和浅色溶液的弯月面比较清晰，读数时，应读弯月面下缘实线的最低点，即视线应与弯月面下缘实线的最低点相切，且在同一水平，如图3-9所示。对于深色溶液（如 $KMnO_4$ 溶液、I_2 溶液等），其弯月面是不够清晰的，读数时，视线应与液面两侧的最高点相切，这样才易读准，如图3-10所示。注意初读数与终读数应采用同一标准。

图3-8　在烧杯中的滴定操作

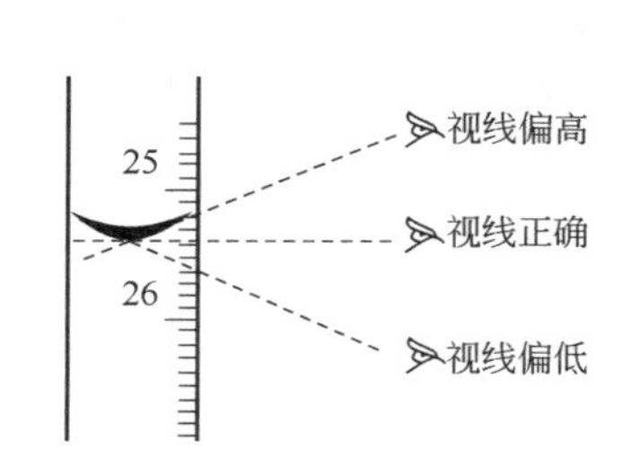

图3-9　读数视线的位置

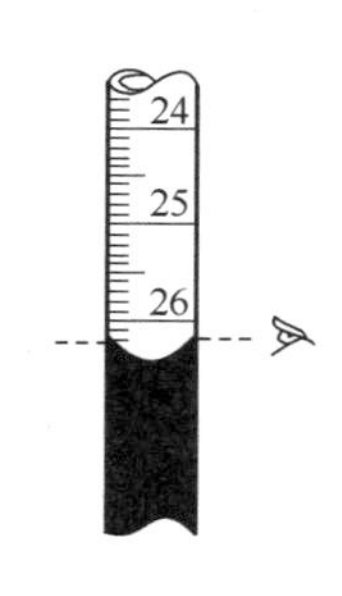

图3-10　深色溶液的读数

④ 读数必须精确至小数点后第二位，即要求估计到0.01mL，如读数为30.58mL等。读数后应及时记录数据。

⑤ 为便于读数，可采用读数卡，它有利于初学者练习读数。读数卡是黑白两色的长方形（约3cm×1.5cm）纸板。对于无色和浅色溶液，在读数时，将读数卡放在滴定管背后，

使黑色部分在弯月面下约1mm处，此时即可看到弯月面的反射层全部成为黑色，如图3-11所示。然后，读此黑色弯月面下缘的最低点。对深色溶液需读其两侧最高点时，应用白色卡片作为背景。

⑥ 蓝带滴定管的读数方法。当蓝带滴定管盛溶液后将有似两个弯月面的上下两个尖端相交，此上下两尖端相交点的位置，即为蓝带滴定管读数的正确位置，如图3-12所示。

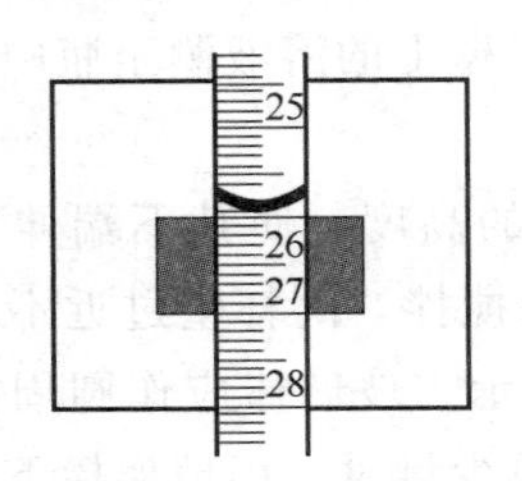

图3-11 利用读数卡读数

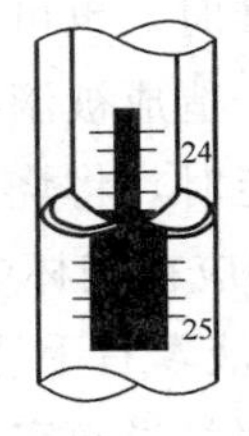

图3-12 蓝带滴定管读数

⑦ 在读取终读数时，如果出口管尖悬有溶液，则此次读数不能使用，数据无效。

滴定结束后，滴定管内剩余的溶液应弃去，不得倒回原试剂瓶中。随即洗净滴定管，倒置在滴定管架上。

二、容量瓶

容量瓶是一种细颈梨形的平底玻璃瓶，带有玻璃磨口塞或塑料塞。瓶颈上有环形标线，表示在指定温度（一般为20℃）下液体充满至标线时瓶内液体的准确容积等于瓶上标示的体积。容量瓶的精度级别分为A级和B级，规格通常有10mL、25mL、50mL、100mL、250mL、500mL、1000mL等。容量瓶上的标志通常有标称总容量及单位（如250mL）、标准温度（20℃）、量入式符号（In）、精度级别（A或B）和制造厂商标等。容量瓶主要用于配制准确浓度的溶液或定量地稀释溶液，故常和分析天平、移液管配合使用。

1. 容量瓶的准备

使用容量瓶之前，应首先检查：①容积是否与所要求的体积一致；②若配制见光易分解物质的溶液，应选择棕色容量瓶；③检查瓶塞是否漏水。方法如下：加蒸馏水至标线附近，盖好瓶塞后用滤纸擦干瓶口。用左手食指按住塞子，其余手指拿住瓶颈标线以上部分，右手指尖托住瓶底边缘，如图3-13所示。将瓶倒立2min以后正置，用滤纸片检查瓶口缝隙处是否有水渗出，如不漏水，将瓶直立，转动瓶塞180°后，再倒立2min后检查，如不漏水，方可使用。

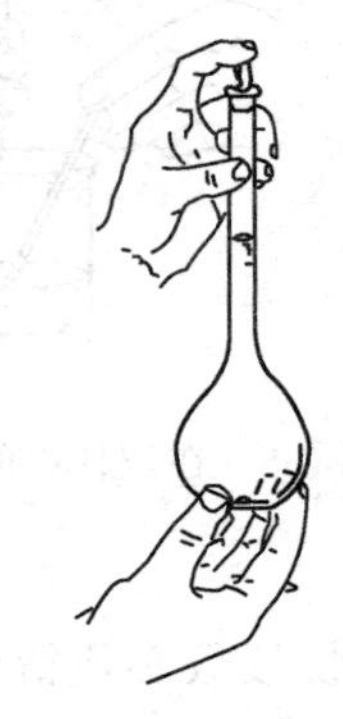
图3-13 检查漏水和溶液摇匀操作

将检验合格的容量瓶洗涤干净，其洗涤方法、原则与洗涤滴定管相同，可用合成洗涤剂浸泡或用洗液浸洗。用铬酸洗液洗时，先尽量倒出容量瓶中的水，倒入10～20mL洗液，转动容量瓶使洗液布满全部内壁，然后放置数分钟，将洗液倒回原瓶。再依次用自来水、纯水洗净。洗净的容量瓶内壁应均匀润湿，不挂水珠，否则必须重洗。

使用容量瓶时，不要将玻璃磨口塞随便取下放在桌面上，以免沾污或搞错，同时为保持容量瓶与瓶塞的配套，在打开瓶塞操作时，可用右手的食指和中指夹住瓶塞的扁头，如图3-14所示，也可用橡皮筋或细绳将瓶塞系在瓶颈上，如图 3-15 所示。当使用平顶的塑料塞子时，操作时也可将塞子倒置在桌面上放置。

图 3-14　瓶塞不离手及溶液平摇操作

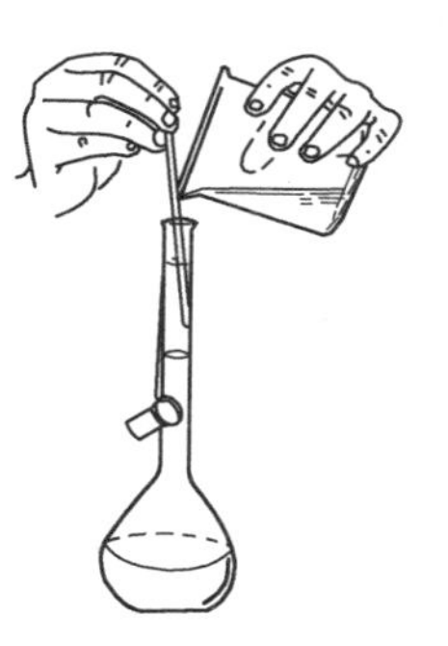

图 3-15　转移溶液的操作

2. 容量瓶的操作

用容量瓶配制标准溶液或分析试液时，最常用的方法是将待测固体准确称出并置于小烧杯中，加水或其他溶剂将固体全部溶解（一定要溶解完全！若难溶，可根据试样性质，盖上表面皿，加热溶解，但需放冷后才能转移），然后将溶液定量转入容量瓶中。定量转移溶液时，右手持玻璃棒悬空伸入容量瓶口中 1～2cm，棒的下端应靠在瓶颈内壁上，但不能碰容量瓶的瓶口。左手拿烧杯，使烧杯嘴紧靠玻璃棒（烧杯离容量瓶口 1cm 左右），使溶液沿玻璃棒和内壁流入容量瓶中，如图 3-15 所示。烧杯中溶液流完后，将烧杯沿玻璃棒稍微向上提起，同时使烧杯直立，使附在烧杯嘴的一滴溶液流回烧杯中，再将玻璃棒放回烧杯中，不可放于烧杯尖嘴处，也不能让玻璃棒在烧杯中滚动。可用左手食指将玻璃棒按住，用洗瓶中的蒸馏水吹洗玻璃棒和烧杯内壁，将洗涤液按上述方法定量转入容量瓶中。如此吹洗、定量转移溶液的操作，一般应重复 5 次以上，以保证定量转移。然后加入水至容量瓶容积的 3/4 左右时，用右手食指和中指夹住瓶塞的扁头，将容量瓶拿起，按水平方向摇动几周（勿倒置！），使溶液初步混匀。继续加水至距离标线约 1cm 处，等 1～2min 使附在瓶颈内壁的溶液流下后，再用洗瓶加水至弯月面下缘与标线相切，也可用细长的滴管滴加蒸馏水至标线。盖上干燥瓶塞，用左手食指按住塞子，其余手指拿住瓶颈标线以上部分，而用右手指尖托住瓶底边缘（手掌不可贴在瓶底处！），如图 3-13所示，然后将容量瓶倒转，使气泡上升到顶，旋摇容量瓶混匀溶液，再将容量瓶直立过来。如此反复 10 次以上，使溶液充分混匀。注意：每摇几次后应将瓶塞微微提起并旋转 180°，然后塞上再摇。最后放正容量瓶，打开瓶塞，使瓶塞壁周围的溶液流下，重新盖好瓶塞，再倒转振荡 3～5 次使溶液全部混匀。

若用容量瓶将浓溶液定量稀释，则可用移液管准确移取一定体积的浓溶液，放入容量瓶中，加水至 3/4 左右容积时平摇初步混匀，再准确稀释至标线。按上述方法摇匀，即得到准确浓度的稀溶液。

注意：不能用手掌握住瓶身，以免造成体积膨胀，影响容积的准确性。热溶液应冷却至室温才能转入容量瓶中。容量瓶不宜长期保存试剂溶液，尤其是碱性溶液，因为碱性溶液会侵蚀玻璃，使瓶塞粘住而无法打开。配好的溶液如需保存，应转移至磨口试剂瓶中，试剂瓶应用配好的溶液充分润洗后方可使用。不要将容量瓶当作试剂瓶使用。

容量瓶不得在烘箱中烘烤，也不能在电炉等加热器上直接加热。如需使用干燥的容量瓶，可将容量瓶洗净后，用乙醇等有机溶剂荡洗后晾干或用电吹风的冷风吹干。容量瓶使用后应立即用水冲洗干净。如长期不用，磨口处应洗净擦干，并用纸片将磨口隔开。

三、单标线吸量管和分度吸量管

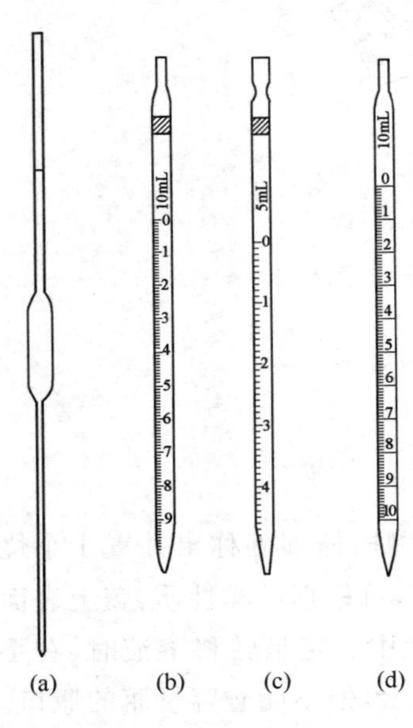

图 3-16 单标线吸量管和分度吸量管

单标线吸量管和分度吸量管都是用于准确量取一定体积溶液的量出式玻璃量器。单标线吸量管是一根细长而中间有一膨大部分的玻璃管，如图 3-16(a) 所示。管颈上部刻一圈环形标线，在膨大部分的管身上标有它的容积和标定时的温度（通常为 20℃）。在标明的温度下，使单标线吸量管中吸入溶液的弯月面下缘与单标线吸量管标线相切，让溶液按一定的方法自由流出，则流出溶液的体积与管上标明的体积相同。单标线吸量管按其容量精度分为 A 级和 B 级，规格通常有 5mL、10mL、25mL、50mL、100mL 等。

分度吸量管是具有分刻度的吸量管，如图 3-16(b)、(c)、(d) 所示。它可以准确量取标示范围内任意体积的溶液。常用的分度吸量管有 1mL、2mL、5mL、10mL 等规格，分度吸量管吸取溶液的准确度不如单标线吸量管。使用时，将溶液吸入，读取与液面相切的刻度（如“0”刻度），然后将溶液放出至适当刻度，两刻度之差即为放出溶液的体积。常用分度吸量管的分类、规格及注意事项见表 3-1。

表 3-1 常用分度吸量管的分类、规格及注意事项

类型	级别	标称容量/mL	容量定义及注意事项
不完全流出式分度吸量管	A 级	1、2、5、10、25、50	从零线排放到该分度线时所流出液体的体积。在分度线上的弯月面最后调定之前，液体自由流下，不允许有液滴沾附在管壁上 残留在分度吸量管末端的溶液，不可用外力使其流出，因校准时已考虑了末端保留溶液的体积
	B 级	0.1、0.2、0.25、0.5、1、2、5、10、25、50	
完全流出式分度吸量管	A、B 级	1、2、5、10、25、50	从该分度线到流液口时所流出液体的体积；液体自由流下，直至确定弯月面已到流液口静止后，再将分度吸量管脱离接受容器(指零点在下)。或者从零线排放到该分度线或排放到分度吸量管流液口的总容量；水流不受限制地流下，直至分度线上的弯月面最后调定为止，在最后调定之前，不允许有液滴沾附在管壁上(指零点在上)
规定等待时间 15s 的分度吸量管	A 级	0.5、1、2、5、10、25、50	从零线排放到该分度线时所流出液体的体积。当弯月面高出分度线几毫米时溶液被截住，等待 15s 后，调至该分度线。在总容量排至流液口时，水流不应受到限制，而且在分度吸量管从接受容器中移走之前，应等待 15s
吹出式分度吸量管		0.1、0.2、0.25、0.5、1、2、5、10	从该分度线到流液口时所流出液体的体积(指零点在下)，或者从零线排放到该分度线所流出液体的体积(指零点在上)。水流应不受限制直到确定弯月面已到达并停留在流液口为止，需将最后一滴液滴吹到接受容器中

1. 单标线吸量管和分度吸量管的准备

首先根据移取溶液的体积和要求选择适当规格的单标线吸量管或分度吸量管。检查单标线吸量管和分度吸量管的上口和排液尖嘴是否完好，然后进行洗涤。

单标线吸量管和分度吸量管的洗涤一般先用自来水冲洗一次，然后用铬酸洗液洗涤。以左手持洗耳球，将食指和拇指放在洗耳球的上方，其余手指自然地握住洗耳球，尖口向下；用右手拇指和中指拿住单标线吸量管或分度吸量管标线以上的部分，无名指和小指辅助拿住吸量管，如图 3-17 所示。挤捏洗耳球，排除球内的空气，将尖口插入或紧接在单标线吸量管口上，注意严密不漏气。将单标线吸量管管尖插入洗液瓶中，左手食指和拇指慢慢放松吸取洗液至单标线吸量管球部或分度吸量管全管约 1/3 处，移去洗耳球的同时立即用右手食指按住管口，将单标线吸量管横过来，用两手的拇指及食指分别拿住单标线吸量管的两端，转动单标线吸量管并使洗液布满全管内壁，将洗液从上口倒回原瓶。依次用自来水和纯水洗净。内壁污染严重时，应把单标线吸量管放入盛有洗液的大量筒中，浸泡 15min 至数小时，取出再用自来水冲洗、蒸馏水润洗。

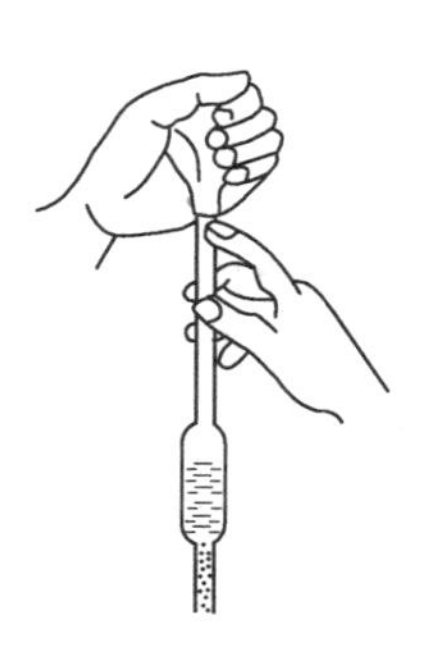

图 3-17　吸取溶液的操作

单标线吸量管和分度吸量管的尖端容易碰坏，操作时要小心。

2. 单标线吸量管和分度吸量管的操作

摇匀需移取的溶液。移取溶液前，为避免单标线吸量管管壁及管尖上残留的水进入所要移取的溶液中，使溶液浓度改变，应先用滤纸将洗干净的单标线吸量管尖端内外的水吸干，然后用待吸溶液润洗三次。按洗涤单标线吸量管的方法进行操作，但应注意吸取溶液时勿使溶液流回，即溶液只能上升不能下降，以免稀释溶液。浸润洗涤单标线吸量管整个内壁后，将单标线吸量管直立，使全部溶液由尖嘴放出弃去。每次润洗前都要用滤纸将单标线吸量管尖端内外的水吸干。

移取溶液时，用右手的拇指和中指拿住单标线吸量管或分度吸量管标线以上的部分，将单标线吸量管直接插入待吸溶液液面下 1～2cm 处。管尖不应伸入太浅，以免液面下降后造成吸空；也不应伸入太深，以免单标线吸量管外部附有过多的溶液。吸液时，应注意容器中液面和管尖的位置，应使管尖随液面下降而下降，始终保持 1～2cm 的深度。当洗耳球慢慢放松时，管中的液面徐徐上升，当液面上升至标线以上约 1cm 时，迅速移去洗耳球，并用右手食指堵住管口，将单标线吸量管往上提，使之离开液面，使管的下部沿待吸液容器内壁轻转两圈，以除去单标线吸量管外壁的溶液，再用滤纸擦干单标线吸量管外壁沾附的少量溶液。左手取一洁净小烧杯倾斜成约 30°，将单标线吸量管尖端紧靠烧杯内壁，单标线吸量管保持竖直，停留 30s 后右手食指微微松动，拇指和食指轻轻转动，使溶液慢慢流出，液面缓慢下降。直到视线平视时弯月面与标线相切，这时立即将食指按紧管口，使溶液不再流出。移开小烧杯，左手改拿接受溶液的容器，并将接受容器倾斜成 30°左右，使内壁紧贴单标线吸量管尖端，单标线吸量管保持竖直。然后放松右手食指，使溶液自然地顺壁流下，如图 3-18 所示。待

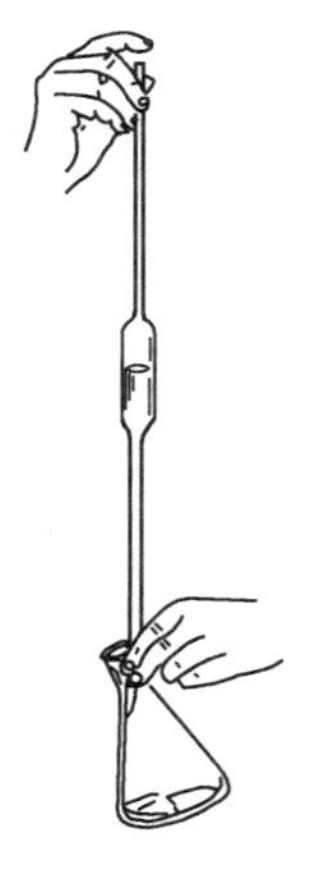

图 3-18　放出溶液的操作

液面下降到管尖后，单标线吸量管尖紧贴内壁轻轻转动等待 15s 左右，移出单标线吸量管。这时，尚可见管尖部位仍留有少量溶液，对此，除特别注明“吹”字的单标线吸量管以外，一般此管尖部位留存的溶液是不能吹入接受容器中的，因为在工厂生产检定单标线吸量管时，没有把这部分体积算进去。但必须指出，由于一些管口尖部做得不够圆滑，因此可能会由于靠接受容器内壁的管尖部位不同而留存在管尖部位的体积有大小的变化，为此，可在等 15s 后，将管身往左右旋动一下，这样管尖部分每次留存的体积将会基本相同，不会导致平行测定时的过大误差。

用分度吸量管吸取溶液时，吸取溶液和调节液面至标线的操作与单标线吸量管操作相同。放出溶液时用食指控制管口，使液面慢慢下降至与所需刻度相切时按紧管口，将溶液移至接受容器。

若分度吸量管上分度刻至管尖，管上标有“吹”字，即吹出式分度吸量管，则在溶液流出管尖后，随即从管口用洗耳球轻轻吹出溶液。若无“吹”字的分度吸量管（完全流出式），则不可吹出残留在管尖的溶液。

还有另一种分度吸量管，如图 3-16（d）的形式，它的分度刻到离管尖尚差 1～2cm 处（不完全流出式），放出溶液时应注意不要使液面下降到刻度以下。

在同一实验中，要尽量使用同一支分度吸量管，以减小或消除体积测定的系统误差。并且尽可能使用上段，而不用尖端部分，以免带来较大误差。

单标线吸量管和分度吸量管不能放在烘箱中烘烤，也不能移取太热或太冷的溶液，溶液应与室温达平衡后再用吸量管移取。

单标线吸量管和分度吸量管用完后应立即用自来水冲洗，再用蒸馏水冲洗干净，放在吸量管架上。

第三节 滴定分析仪器的校准

一、玻璃量器计量性能要求

滴定分析中使用的玻璃量器上所标出的刻度和容量数值叫作标准温度（20℃）时的标称容量。按照量器上标称容量准确度的高低，分为 A 级（较高级）和 B 级（较低级）两种。凡分级的量器，上面都有相应的等级标志。如果无任何标志，则属于 B 级。不同等级的量器，其容量允差也不同，价格上也有较大差异，应根据需要选购。容量允差是指量器实际容量与标称容量之间允许存在的差值。由于制造工艺的限制、温度的变化或化学试剂的侵蚀等原因，量器实际容量与标示容量之间存在或多或少的差值，此值必须符合容量允差。

在标准温度 20℃时，滴定管、分度吸量管的标称容量和零至任意分量，以及任意两检定点之间的最大误差，均应符合表 3-2 和表 3-4 的规定。单标线吸量管和容量瓶的标称容量允差，应符合表 3-3 和表 3-5 的规定。同时，滴定管、分度吸量管和单标线吸量管的流出时间与等待时间应符合表 3-2～表 3-4 的规定和要求。

表 3-2　滴定管计量要求一览表

标称容量/mL		1	2	5	10	25	50	100
分度值/mL		0.01		0.02	0.05	0.1	0.1	0.2
容量允差/mL	A	±0.010		±0.010	±0.025	±0.04	±0.05	±0.10
	B	±0.020		±0.020	±0.050	±0.08	±0.10	±0.20
流出时间/s	A	20～35		30～45		45～70	60～90	70～100
	B	15～35		20～45		35～70	50～90	60～100
等待时间/s		30						
分度线宽度/mm		≤0.3						

表 3-3　单标线吸量管计量要求一览表

标称容量/mL		1	2	3	5	10	15	20	25	50	100
容量允差/mL	A	±0.007	±0.010	±0.015		±0.020	±0.025	±0.030		±0.05	±0.08
	B	±0.015	±0.020	±0.030		±0.040	±0.050	±0.060		±0.10	±0.16
流出时间/s	A	7～12		15～25		20～30		25～35		30～40	35～45
	B	5～12		10～25		15～30		20～35		25～40	30～45
分度线宽度/mm		≤0.4									

表 3-4　分度吸量管计量要求一览表

标称容量/mL	分度值/mL	容量允差/mL				流出时间/s				分度线宽度/mm
		流出式		吹出式		流出式		吹出式		
		A	B	A	B	A	B	A	B	
0.1	0.001 0.005	—	—	±0.002	±0.004	3～7		2～5		A级：≤0.3 B级：≤0.4
0.2	0.002 0.01	—	—	±0.003	±0.006					
0.25	0.002 0.01	—	—	±0.004	±0.008					
0.5	0.005 0.01 0.02	—	—	±0.005	±0.010	4～8				
1	0.01	±0.008	±0.015	±0.008	±0.015	4～10		3～6		
2	0.02	±0.012	±0.025	±0.012	±0.025	4～12				
5	0.05	±0.025	±0.050	±0.025	±0.050	6～14		5～10		
10	0.1	±0.05	±0.10	±0.05	±0.10	7～17				
25	0.2	±0.10	±0.20	—		11～21		—		
50	0.2	±0.10	±0.20	—		15～25				

表 3-5 单标线容量瓶计量要求一览表

标称容量/mL		25	50	100	200	250	500
容量允差/mL	A	±0.03	±0.05	±0.10	±0.15	±0.15	±0.25
	B	±0.06	±0.10	±0.20	±0.30	±0.30	±0.50
分度线宽度/mm		≤0.4					

常用玻璃量器包括滴定管、分度吸量管、单标线吸量管、单标线容量瓶、量筒和量杯。在工业分析中，A级品玻璃量器常用于准确度要求较高的分析，如原材料分析、成品分析及标准溶液的制备等；B级品一般用于生产过程控制分析。对准确度要求较高的分析工作、仲裁分析、科学研究以及长期使用的仪器，必须进行校准。

二、容量仪器的校准

依据JJG 196—2006《中华人民共和国国家计量检定规程 常用玻璃量器》，校正方法采用衡量法和容量比较法两种。滴定管、分度吸量管、A级单标线吸量管和A级容量瓶采用衡量法检定，也可采用容量比较法检定，但以衡量法为仲裁检定方法。衡量法又叫作称量法，属于绝对校准法。容量比较法属于相对校准法。

容量检定前须对量器进行清洗，清洗的方法为：用重铬酸钾的饱和溶液和浓硫酸的混合液（调配比例为1∶1）或20%发烟硫酸进行清洗。然后用水冲净，器壁上不应有挂水等沾污现象，使液面与器壁接触处形成正常弯月面。清洗干净的被检量器须在检定前4h放入实验室（检定室）内。

液面的观察方法为：液面弯月面的最低点应与分度线上边缘的水平面相切，视线应与分度线在同一水平面上；为使弯月面最低点的轮廓清晰地显现，可在玻璃量器的背面衬一黑色纸带，黑色纸袋的上缘放在弯月面的下缘1mm处，见图3-19。有蓝线乳白衬背的玻璃量器，应使蓝色最尖端与分度线的上边缘相重合，见图3-20。

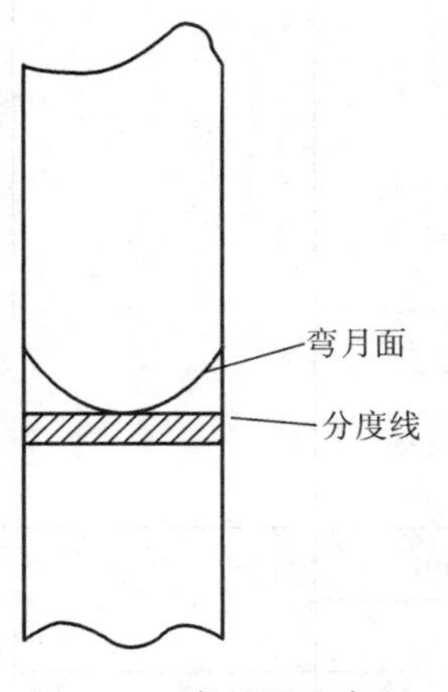

图3-19 弯月面观察图

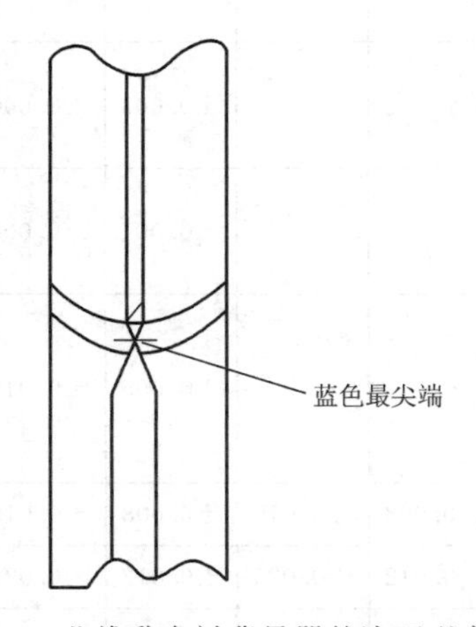

图3-20 蓝线乳白衬背量器的液面观察图

1. 衡量法基本步骤

（1）取一只容量大于被检玻璃量器的清洁有盖量杯，称得空杯质量。

（2）将被检玻璃量器内的纯水放入称量杯后，称得纯水质量。

（3）调整被检玻璃量器液面的同时，应观察测温筒内的水温，读数应准确到0.1℃。

（4）玻璃量器的校准。玻璃量器在标准温度20℃时的实际容量按下式计算：

$$V_{20}=mK(t) \tag{3-1}$$

式中 V_{20}——标准温度20℃时被检玻璃量器的实际容量，mL；

m——被检玻璃量器内所能容纳水的质量，g；

$K(t)$——可查得常数，详见表3-6。

校正值 ΔV= 实际容量－标称容量

表3-6为常用玻璃量器衡量法 $K(t)$ 值表。根据测定的质量值 m 和测定水温所对应的 $K(t)$ 值，即可由式（3-1）求出被检玻璃量器在20℃时的实际容量。

表3-6 常用玻璃量器衡量法 $K(t)$ 值表

（钠钙玻璃体胀系数25×10⁻⁶/℃，空气密度0.0012g/cm³）

水温/℃	0.0	0.1	0.2	0.3	0.4	0.5	0.6	0.7	0.8	0.9
15	1.00208	1.00209	1.0021	1.00211	1.00213	1.00214	1.00215	1.00217	1.00218	1.00219
16	1.00221	1.00222	1.00223	1.00225	1.00226	1.00228	1.00229	1.0023	1.00232	1.00233
17	1.00235	1.00236	1.00238	1.00239	1.00241	1.00242	1.00244	1.00246	1.00247	1.00249
18	1.00251	1.00252	1.00254	1.00255	1.00257	1.00258	1.00260	1.00262	1.00263	1.00265
19	1.00267	1.00268	1.0027	1.00272	1.00274	1.00276	1.00277	1.00279	1.00281	1.00283
20	1.00285	1.00287	1.00289	1.00291	1.00292	1.00294	1.00296	1.00298	1.00300	1.00302
21	1.00304	1.00306	1.00308	1.00310	1.00312	1.00314	1.00315	1.00317	1.00319	1.00321
22	1.00323	1.00325	1.00327	1.00329	1.00331	1.00333	1.00335	1.00337	1.00339	1.00341
23	1.00344	1.00346	1.00348	1.0035	1.00352	1.00354	1.00356	1.00359	1.00361	1.00363
24	1.00366	1.00368	1.0037	1.00372	1.00374	1.00376	1.00379	1.00381	1.00383	1.00386
25	1.00389	1.00391	1.00393	1.00395	1.00397	1.00400	1.00402	1.00404	1.00407	1.00409

（硼硅玻璃体胀系数10×10⁻⁶/℃，空气密度0.0012g/cm³）

水温/℃	0.0	0.1	0.2	0.3	0.4	0.5	0.6	0.7	0.8	0.9
15	1.00200	1.00201	1.00203	1.00204	1.00206	1.00207	1.00209	1.00210	1.00212	1.00213
16	1.00215	1.00216	1.00218	1.00219	1.00221	1.00222	1.00224	1.00225	1.00227	1.00229
17	1.00230	1.00232	1.00234	1.00235	1.00237	1.00239	1.0024	1.00242	1.00244	1.00246
18	1.00247	1.00249	1.00251	1.00253	1.00254	1.00256	1.00258	1.00260	1.00262	1.00264
19	1.00266	1.00267	1.00269	1.00271	1.00273	1.00275	1.00277	1.00279	1.00281	1.00283
20	1.00285	1.00286	1.00288	1.00290	1.00292	1.00294	1.00296	1.00298	1.00300	1.00303
21	1.00305	1.00307	1.00309	1.00311	1.00313	1.00315	1.00317	1.00319	1.00322	1.00324
22	1.00327	1.00329	1.00331	1.00333	1.00335	1.00337	1.00339	1.00341	1.00343	1.00346
23	1.00349	1.00351	1.00353	1.00355	1.00357	1.00359	1.00362	1.00364	1.00366	1.00369
24	1.00372	1.00374	1.00376	1.00378	1.00381	1.00383	1.00386	1.00388	1.00391	1.00394
25	1.00397	1.00399	1.00401	1.00403	1.00405	1.00408	1.00410	1.00413	1.00416	1.00419

①滴定管的校准。详见实验五。

②容量瓶的校准。将洗涤合格，并倒置沥干的容量瓶放在天平上称量。取蒸馏水充入已

称重的容量瓶中至刻度，称量并测水温（准确至0.1℃）。根据该温度下 $K(t)$ 值，计算20℃时被检容量瓶的实际容量和校正值。

③吸量管的校准。将吸量管洗净至内壁不挂水珠，取具塞锥形瓶，擦干外壁、瓶口及瓶塞，称量。按吸量管使用方法量取已测温的纯水，放入已称重的锥形瓶中，在分析天平上称量盛水的锥形瓶，计算20℃时被检容量瓶的实际容量和校正值。

2. 容量比较法基本步骤

（1）将标准玻璃量器用配制好的洗液进行清洗，然后用水冲洗，使标准玻璃量器内无积水现象，液面与器壁能形成正常的弯月面。

（2）将被检玻璃量器和标准玻璃量器安装到容量比较法检定装置上（装置参见JJG 196—2006）。

（3）排除检定装置内的空气，检查所有活塞是否漏水，调整标准玻璃量器的流出时间和零位，使检定装置处于正常工作状态。

（4）将被检玻璃量器的容量与标准玻璃量器的容量进行比较，观察被检玻璃量器的容量示值是否在允差范围内。

容量瓶与吸量管均可用衡量法校准。但在实际分析工作中，容量瓶与吸量管常常配套使用，如经常将一定量的物质溶解后在容量瓶中定容，再用吸量管取出一部分进行定量分析。因此，重要的不是要知道所用容量瓶和吸量管的绝对体积，而是容量瓶与吸量管的容积比是否正确，如用25mL吸量管从250mL容量瓶中移出溶液的体积是否是容量瓶体积的1/10。可见，它们之间容量的相对校准比分别绝对校准显得更为重要。实际常用已校准过的吸量管来校准容量瓶，确定其比例关系。

在分析工作中，滴定管一般采用绝对校准法，对于配套使用的吸量管和容量瓶，可采用相对校准法，用作取样的吸量管，则必须采用绝对校准法。绝对校准法准确，但操作比较麻烦。相对校准法操作简单，但必须配套使用。

三、不同温度下溶液体积的校准

滴定分析仪器都是以20℃为标准温度来标定和校准的，但是使用时往往不是在20℃，温度变化会引起仪器容积和溶液体积的改变。如果在某一温度下配制溶液，并在同一温度下使用，就不必校准，因为这时所引起的误差在计算时可以抵消；如果在不同温度下使用，则需要校准。当温度变化不大时，玻璃仪器容积变化的数值很小，可忽略不计，但溶液体积的变化则不能忽略。溶液体积的改变是由于溶液密度的改变所致，稀溶液密度的变化和水相近。表3-7列出了在不同温度下1000mL水或稀溶液换算到20℃时，其体积应增减的数值（mL）。

【例3-1】 在10℃时，滴定用去26.00mL 0.1mol/L的标准滴定溶液，计算在20℃时该溶液的体积应为多少？

解 查表3-7得，10℃时1L 0.1mol/L溶液的补正值为+1.5mL，则在20℃时该溶液的体积为：

$$26.00+\frac{1.5}{1000}\times 26.00=26.04(\text{mL})$$

表 3-7　不同温度下标准滴定溶液的体积补正值（GB/T 601—2016）

［1000mL 溶液由 t℃换算为 20℃时的补正值/(mL/L)］

温度/℃	水和 0.05mol/L 以下的各种水溶液	0.1mol/L 和 0.2mol/L 各种水溶液	c(HCl) =0.5mol/L 的盐酸溶液	c(HCl) =1mol/L 的盐酸溶液	$c(\frac{1}{2}H_2SO_4)$=0.5mol/L 的硫酸溶液和 c(NaOH)=0.5mol/L 的氢氧化钠溶液	$c(\frac{1}{2}H_2SO_4)$=1mol/L 的硫酸溶液和 c(NaOH)=1mol/L 的氢氧化钠溶液	$c(\frac{1}{2}Na_2CO_3)$ =1mol/L 的碳酸钠溶液	c(KOH) =0.1mol/L 的氢氧化钾乙醇溶液
5	+1.38	+1.7	+1.9	+2.3	+2.4	+3.6	+3.3	
6	+1.38	+1.7	+1.9	+2.2	+2.3	+3.4	+3.2	
7	+1.36	+1.6	+1.8	+2.2	+2.2	+3.2	+3.0	
8	+1.33	+1.6	+1.8	+2.1	+2.2	+3.0	+2.8	
9	+1.29	+1.5	+1.7	+2.0	+2.1	+2.7	+2.6	
10	+1.23	+1.5	+1.6	+1.9	+2.0	+2.5	+2.4	+10.8
11	+1.17	+1.4	+1.5	+1.8	+1.8	+2.3	+2.2	+9.6
12	+1.10	+1.3	+1.4	+1.6	+1.7	+2.0	+2.0	+8.5
13	+0.99	+1.1	+1.2	+1.4	+1.5	+1.8	+1.8	+7.4
14	+0.88	+1.0	+1.1	+1.2	+1.3	+1.6	+1.5	+6.5
15	+0.77	+0.9	+0.9	+1.0	+1.1	+1.3	+1.3	+5.2
16	+0.64	+0.7	+0.8	+0.8	+0.9	+1.1	+1.1	+4.2
17	+0.50	+0.6	+0.6	+0.6	+0.7	+0.8	+0.8	+3.1
18	+0.34	+0.4	+0.4	+0.4	+0.5	+0.6	+0.6	+2.1
19	+0.18	+0.2	+0.2	+0.2	+0.2	+0.3	+0.3	+1.0
20	0.0	0.0	0.0	0.0	0.0	0.0	0.0	0.0
21	−0.18	−0.2	−0.2	−0.2	−0.2	−0.3	−0.3	−1.1

续表

温度/℃	水和0.05mol/L以下的各种水溶液	0.1mol/L和0.2mol/L各种水溶液	$c(HCl)$=0.5mol/L的盐酸溶液	$c(HCl)$=1mol/L的盐酸溶液	$c(\frac{1}{2}H_2SO_4)$=0.5mol/L的硫酸溶液和$c(NaOH)$=0.5mol/L的氢氧化钠溶液	$c(\frac{1}{2}H_2SO_4)$=1mol/L的硫酸溶液和$c(NaOH)$=1mol/L的氢氧化钠溶液	$c(\frac{1}{2}Na_2CO_3)$=1mol/L的碳酸钠溶液	$c(KOH)$=0.1mol/L的氢氧化钾乙醇溶液
22	−0.38	−0.4	−0.4	−0.5	−0.5	−0.6	−0.6	−2.2
23	−0.58	−0.6	−0.7	−0.7	−0.8	−0.9	−0.9	−3.3
24	−0.80	−0.9	−0.9	−1.0	−1.0	−1.2	−1.2	−4.2
25	−1.03	−1.1	−1.1	−1.2	−1.3	−1.5	−1.5	−5.3
26	−1.26	−1.4	−1.4	−1.4	−1.5	−1.8	−1.8	−6.4
27	−1.51	−1.7	−1.7	−1.7	−1.8	−2.1	−2.1	−7.5
28	−1.76	−2.0	−2.0	−2.0	−2.1	−2.4	−2.4	−8.5
29	−2.01	−2.3	−2.3	−2.3	−2.4	−2.8	−2.8	−9.6
30	−2.30	−2.5	−2.5	−2.6	−2.8	−3.2	−3.1	−10.6
31	−2.58	−2.7	−2.7	−2.9	−3.1	−3.5		−11.6
32	−2.86	−3.0	−3.0	−3.2	−3.4	−3.9		−12.6
33	−3.04	−3.2	−3.3	−3.5	−3.7	−4.2		−13.7
34	−3.47	−3.7	−3.6	−3.8	−4.1	−4.6		−14.8
35	−3.78	−4.0	−4.0	−4.1	−4.4	−5.0		−16.0
36	−4.10	−4.3	−4.3	−4.4	−4.7	−5.3		−17.0

注：1. 本表数值是以20℃为标准温度以实测法测出的。

2. 表中带有“+”“−”号的数值以20℃为分界。室温低于20℃的补正值为“+”，高于20℃的补正值为“−”。

【例 3-2】 25℃时，20.00mL $c\left(\frac{1}{2}H_2SO_4\right)=1mol/L$ 的硫酸溶液换算为 20℃时的体积为多少？

解 查表 3-7 得，25℃时 1L $c\left(\frac{1}{2}H_2SO_4\right)=1mol/L$ 的硫酸溶液的补正值为 −1.5mL，则在 20℃时该溶液的体积为：

$$20.00-\frac{1.5}{1000}\times 20.00=19.97(mL)$$

第四节 滴定分析仪器基本操作实验

实验四 滴定分析仪器基本操作

一、实验目的

1. 掌握滴定分析仪器的洗涤方法和使用方法；

2. 初步掌握滴定管、容量瓶和移液管的基本操作方法。

二、仪器与试剂

1. 仪器

滴定管；容量瓶；单标线吸量管；锥形瓶；烧杯；量筒等玻璃仪器；洗耳球。

2. 试剂

Na_2CO_3 固体。

三、实验内容

（一）认领、清点仪器

按实验仪器单认领、清点滴定分析仪器。

（二）滴定分析仪器基本操作练习

1. 滴定管的使用

（1）检查滴定管的质量和有关标志。

（2）洗涤滴定管至不挂水珠。

（3）涂油（酸式滴定管），试漏。

（4）用待装溶液润洗。

（5）装溶液，赶气泡。

（6）调零。

（7）滴定、读数。练习滴定基本操作，最终做到能够控制三种滴定速度。

（8）用毕后洗净，倒置夹在滴定管架上。

2. 容量瓶的使用（练习 250mL 容量瓶的使用）

（1）检查容量瓶的质量和有关标志。容量瓶应无破损，玻璃磨口瓶塞合适不漏水。

（2）洗涤容量瓶至不挂水珠。

（3）试漏。试漏合格后进行以下操作，如漏水应更换容量瓶。

（4）容量瓶的操作。

① 准确称量 1.5～2g 固体 Na_2CO_3。

② 在小烧杯中用约 50mL 水溶解所称量的 Na_2CO_3 样品。

③ 将 Na_2CO_3 溶液沿玻璃棒注入容量瓶中（注意杯嘴和玻璃棒的靠点及玻璃棒和容量瓶颈的靠点），洗涤烧杯并将洗涤液也注入容量瓶中。

④ 初步摇匀。用洗瓶加水稀释至容量瓶总体积的 3/4 左右时，水平摇动容量瓶使溶液初步混匀（不要盖瓶塞，不能颠倒）。

⑤ 定容。加水至距离标线约 1cm 处，放置 1～2min，再小心加水至弯月面最低点和刻度线上缘相切（注意容量瓶应竖直放置，视线应水平）。

⑥ 混匀。塞紧瓶塞，颠倒摇动容量瓶 10 次以上（注意要数次提起瓶塞），混匀溶液。

（5）用毕后洗净，在瓶口和瓶塞间夹一纸片，放在指定位置。

3. 单标线吸量管和分度吸量管的使用

（1）检查单标线吸量管的质量及有关标志　单标线吸量管的上管口应平整，流液口没有破损；主要标志应有商标、标准温度、标称容量及单位、单标线吸量管的级别、有无规定等待时间。

（2）单标线吸量管的洗涤　依次用自来水、洗涤剂或铬酸洗液、自来水洗涤至不挂水珠，再用蒸馏水淋洗 3 次以上。

（3）移液操作　用 25mL 单标线吸量管移取蒸馏水，练习移液操作。

① 用待吸液润洗 3 次。

② 吸取溶液。用洗耳球将待吸液吸至刻度线稍上方（注意正确握持单标线吸量管及洗耳球），堵住管口，用滤纸擦干外壁。

③ 调液面。将弯月面最低点调至与刻度线上缘相切。注意观察视线应水平，单标线吸量管要保持竖直，用一洁净小烧杯在流液口下接取。

④ 放出溶液。将单标线吸量管移至另一接受器（通常为锥形瓶）中，保持单标线吸量管竖直、接受器倾斜，单标线吸量管的流液口紧触接受器内壁。放松手指，让液体自然流出，流完后停留 15s，保持触点，将管尖在靠点处靠壁左右转动。

（4）洗净单标线吸量管，放置在单标线吸量管架上。

（5）分度吸量管的操作与单标线吸量管基本相同。取一支 10mL 分度吸量管，同上述步骤操作，但放出溶液时，可以控制不同的体积把溶液移入锥形瓶中。

以上操作反复练习，直至熟练为止。

四、注意事项

1. 实验前，首先要充分预习本章第一节、第二节的内容，观看滴定分析基本操作录像片。

2. 酸式滴定管涂油量要适当。操作时注意保护酸式滴定管的旋塞。

3. 向容量瓶中定量转移溶液时注意玻璃棒下端和烧杯的位置。

4. 容量瓶稀释至 3/4 左右时应水平摇动，不要塞瓶塞。稀释至近标线下约 1cm 处时应放置 1～2min。

5. 用待吸溶液润洗单标线吸量管时，插入溶液之前要将单标线吸量管内外的水尽量沥干。

6. 单标线吸量管吸取溶液后，用滤纸擦干外壁；调节液面至刻度线后，不可再用滤纸擦外壁和管尖，以免管尖出现气泡。

7. 单标线吸量管放出溶液时注意在接受器中的位置，溶液流完后应停留 15s，同时微微左右旋转。

五、思考题

1. 玻璃仪器洗净的标志是什么？使用铬酸洗液时应注意些什么？

2. 单标线吸量管、滴定管和容量瓶这几种滴定分析仪器，哪些要用操作溶液润洗 3 次？为什么？

3. 润洗前为什么要尽量沥干？

4. 同学之间相互演示讲解滴定管、容量瓶和单标线吸量管的使用方法。

5. 滴定管中存在气泡对分析有何影响？怎样赶除气泡？

6. 单标线吸量管和容量瓶能否烘干、加热？

实验五 50mL 滴定管的校准

一、实验目的

1. 了解滴定分析仪器校准的意义；

2. 掌握滴定管的校准方法（衡量法）。

二、实验原理

滴定管、吸量管和容量瓶等分析实验室常用的玻璃量器，都具有刻度和标称容量，对其存在的容量误差的校准有两种方法：衡量法和容量比较法。其校准值要符合 JJG 196—2006 中规定的容量允差，否则为不合格量器。

三、仪器与试剂

1. 仪器

(1) 50mL 酸式滴定管；

(2) 100mL 具塞锥形瓶，洗净晾干；

(3) 电子分析天平 (0.1mg)；

(4) 温度计 (0.1℃)；

(5) 秒表；

(6) 坐标纸；

(7) 直尺；

(8) 烧杯。

2. 试剂

蒸馏水（提前 4h 放置于检定室）。

四、实验内容

1. 外观检查

(1) 分度线与量的数值应清晰、完整；分度线的宽度和分度值要求见表 3-2。

(2) 玻璃量器应具有下列标记：

① 厂名或商标；

② 标准温度 (20℃)；

③ 型式标记：量入式用“In”，量出式用“Ex”，吹出式用“吹”或“Blow out”；

④ 等待时间：+××s；

⑤ 标称总容量与单位：××mL；

⑥ 准确度等级：A 或 B。有准确度等级而未标注的玻璃量器，按 B 级处理；用硼硅玻璃制成的玻璃量器，应标“B_{Si}”字样。

(3) 结构　玻璃量器的口应与玻璃量器轴线相垂直，口边要平整光滑，不得有粗糙处及未经熔光的缺口。滴定管的流液口，应是逐渐地向管口缩小，流液口必须磨平倒角或熔光，口部不应突然缩小，内孔不应偏斜。

2. 密合性检查

将不涂油脂的活塞芯擦干净后用水润湿，插入活塞套内，滴定管应垂直地夹在检定架上，然后充水至最高标线处，活塞在关闭情况下静置 20min（塑料活塞静置 50min），渗透量应不大于最小分度值。

3. 洗涤

容量检定前须用铬酸洗液对量器进行清洗。然后用水冲净，器壁上不应有挂水等沾污现象，使液面与器壁接触处形成正常弯月面。清洗干净的被检量器须在检定前 4h 放入实验室内。

4. 涂油

活塞芯涂上一层薄而均匀的油脂，不应有水渗出。

5. 流出时间检测

将滴定管垂直稳固地安装到滴定管架上，充蒸馏水至最高标线以上约 5mm 处。缓慢地将液面调整到 0.00mL，同时排出流液口（管尖嘴处）中的气泡，用靠壁杯移去流液口的最后一滴水珠。流液口不应接触接水器壁；将活塞完全开启并计时（对于无塞滴定管应用力挤压玻璃小球），使水充分地从流液口流出，直到液面降至最低标线为止的流出时间应符合表 3-2 的规定。

6. 调零

将滴定管充水至最高标线以上约 5mm 处，缓慢地将液面调整到零位，同时排出流液口中的空气，移去流液口的最后一滴水珠。将滴定管垂直稳固地安装到检定架上。

7. 测定实际容量

取一只容量大于被检滴定管容量的具塞锥形瓶，称得空瓶质量。在天平上称准至 0.001g。完全开启活塞，使水充分地从流液口流出。流液口不应接触锥形瓶壁。

当液面下降至被检定分度线（10.00mL）以上约 5mm 处时，等待 30s，然后 10s 内将液面调至被检分度线（10.00mL），随即用具塞锥形瓶内壁靠去流液口的最后一滴水珠。盖上瓶塞进行称量，称得纯水质量（m）。同时应记录测温筒内的水温，读数应准确到 0.1℃。依次检定 0～20mL、0～30mL、0～40mL、0～50mL 各检测点。

各检测点检定次数至少 2 次，2 次检定数据的差值应不超过被检玻璃容量允差的 1/4，并取 2 次的平均值。

五、数据记录与处理

根据被检玻璃量器的材料和温度查出该温度下的 $K(t)$值，利用 $V_{20}=mK(t)$ 计算出被检滴定管在标准温度 20℃时各检测点的实际容量、各检定点容量误差、任意两检定点之间的最大误差。以滴定管各检测点的标称容量为横坐标，相应的校正值为纵坐标，用直线连接各点绘出校正曲线。

按表 3-8 记录数据和检定结果。

表 3-8 50mL 酸式滴定管校准报告单

被检量器名称		标称容量/mL		检定用介质			检定日期		
外观检查		型号规格		电子天平编号			电子天平测量范围		
容量允差	A级： B级：		编号		玻璃材料	硼硅	环境温度/℃		
检定点/mL	水温/℃	等待时间/s	实测质量/g	$K(t)$ 值	实际容量 V_{20}/mL	实际容量 V_{20}/mL	校准值/mL	任意两检定点之间最大偏差/mL	检定结果

六、注意事项

1. 校准操作要正确、规范，如果由于校准不当引起的校准误差达到或超过允差或量器本身固有的误差，校准就失去了意义。若要使用校准值，校准次数不可少于两次，且两次校准数据的偏差应不超过该量器容量允差的1/4，并以其平均值为校准结果。

2. 量入式量器校准前要进行干燥，可用热气流（最好用气流烘干机）烘干或用乙醇涮洗后晾干。干燥后再放到天平室与室温达到平衡。

3. 仪器的校准应连续、迅速地完成，以避免温度波动和水的蒸发所引起的误差。

七、思考题

1. 容量仪器为什么要进行校准？

2. 称量纯水所用的锥形瓶为什么必须是具塞磨口锥形瓶？为什么要避免将磨口和瓶塞沾湿？在放出纯水时，瓶塞如何放置？

3. 在校准滴定管时，为什么具塞磨口锥形瓶的外壁必须干燥？其内壁是否一定要干燥？

4. 在校准滴定管时，锥形瓶和水的质量是否必须称准至0.0001g，为什么？

5. 如果要用称量法校准一支25mL单标线吸量管，试写出校准的简要步骤。

实验六 滴定终点练习

一、实验目的

1. 学习、掌握滴定分析仪器的洗涤和正确使用方法；

2. 能够正确地测定酸碱体积比；

3. 初步掌握甲基橙和酚酞指示剂滴定终点的判断。

二、实验原理

化学分析利用指示剂的颜色变化判断滴定终点，正确判断滴定终点是保证滴定分析准确度的前提。因此，作为分析工作者，对使用的任何一种指示剂，必须学会正确判断滴定终点的方法。

HCl 和 NaOH 分别为强酸和强碱，使用 0.1mol/L 的 HCl 和 NaOH 相互滴定时，化学计量点的 pH 为 7，滴定突跃范围是 pH 4.3～9.7。选用在突跃范围内变色的指示剂，可保证滴定有足够的准确度。甲基橙指示剂的 pH 变色范围是 3.1（红）～4.4（黄），pH＝4.0 附近为橙色，酚酞指示剂的 pH 变色范围是 8.0（无色）～10.0（红）。

用 NaOH 溶液滴定 HCl 溶液，选择酚酞为指示剂，终点由无色到浅粉红色。

用 HCl 溶液滴定 NaOH 溶液，若以甲基橙为指示剂，终点由黄色转变成橙色（此时 pH 为 4.0，滴定误差为＋0.2%）。判断橙色，对初学者有一定的难度，应反复练习，直至能通过加入半滴溶液而确定终点。

一定浓度的 HCl 溶液和 NaOH 溶液相互滴定时，所消耗的体积之比 V(HCl)/V(NaOH)应是一定的。在指示剂不变的情况下，改变被滴定溶液的体积，此体积之比应基本不变。借此，可以检验滴定操作技术和判断终点的能力。

三、仪器与试剂

1. 仪器

常用滴定分析仪器。

2. 试剂

（1）c(HCl)＝6mol/L 的 HCl 溶液；

（2）NaOH 固体；

（3）ρ＝1g/L 的甲基橙(MO) 溶液；

（4）ρ＝2g/L 酚酞(PP) 乙醇溶液。

四、实验步骤

1. 配制 c(HCl)＝0.1mol/L 的 HCl 溶液 500mL

用洁净量筒量取约 8.5mL 6mol/L 的 HCl 倒入 500mL 烧杯中，加入约 300mL 蒸馏水，摇匀，稀释至 500mL，摇匀。转移到试剂瓶中，盖上瓶塞，贴好标签，标签上写明：试剂名称、浓度、配制日期、配制者姓名。

2. 配制 c(NaOH)＝0.1mol/L 的 NaOH 溶液 500mL

在托盘天平上用表面皿迅速称取 2～2.2g NaOH 固体于 250mL 烧杯中，加入 100mL 水溶解后转移到试剂瓶中，稀释至 500mL，盖上橡胶塞，摇匀。贴好标签。

3. 酸碱溶液相互滴定练习

（1）将酸式滴定管洗净，旋塞涂油、试漏。用 0.1mol/L 的 HCl 溶液润洗 3 次，再装入 HCl 溶液至“0”刻度以上，排除滴定管下端的气泡，调节液面至 0.00mL。

（2）将碱式滴定管洗净，试漏。用 0.1mol/L 的 NaOH 溶液润洗 3 次，再装入 NaOH 溶液至“0”刻度以上，排除玻璃珠下部管中的气泡，调节液面至 0.00mL。

（3）从滴定管中放出溶液操作　从酸式滴定管中准确放出 20mL 0.1mol/L 的 HCl 溶液于 250mL 锥形瓶中。放出溶液时用左手控制旋塞，右手拿锥形瓶颈，使滴定管下端伸入瓶口约 1cm 深，控制 10mL/min 即每秒滴入 3～4 滴的速度滴入溶液，左手不能离开旋塞任溶液自行流下。

（4）滴定 在上述盛 HCl 溶液的锥形瓶中加 2 滴酚酞指示剂，用 NaOH 溶液进行滴定。滴定时左手控制玻璃珠稍上方的乳胶管，逐滴滴出 NaOH 溶液，右手拿锥形瓶颈，边滴边摇动锥形瓶，使其沿同一方向作圆周运动。同时注意观察滴落点周围溶液颜色的变化。

（5）滴定终点的判断 开始滴定时，滴落点周围溶液无明显的颜色变化，滴定速度可稍快。当滴落点周围出现暂时性的颜色变化（浅粉红色）时，应一滴一滴地加入。近终点时，颜色扩散到整个溶液，摇动 1～2 次才消失，此时应加一滴，摇几下，最后加入半滴溶液，并用蒸馏水冲洗瓶壁。到溶液由无色突然变为浅粉红色且 30s 之内不褪色即到终点，记录消耗 NaOH 溶液的体积（读准至 0.01mL）。再放出 2.00mL HCl 溶液（此时酸式滴定管读数为 22.00mL），继续用 NaOH 溶液滴定至粉红色，记录滴定终点读数。如此连续滴定五次，得到五组数据，均为累计体积。计算每次滴定的体积比 $V(HCl)/V(NaOH)$ 及体积比的相对平均偏差。

（6）按上述方法在 250mL 锥形瓶中准确放入 0.1mol/L 的 NaOH 溶液 20mL，加 1 滴甲基橙指示剂，用 HCl 溶液滴定到由黄变橙，记录消耗 HCl 溶液的体积（读准至 0.01mL）。再放出 2.00mL NaOH 溶液（此时碱式滴定管读数为 22.00mL），继续用 HCl 溶液滴定至橙色，记录滴定终点读数。如此连续滴定五次，得到五组数据，均为累计体积。计算每次滴定的体积比 $V(HCl)/V(NaOH)$ 及体积比的相对平均偏差。

上述操作应反复练习，直至无论用碱滴酸还是酸滴碱时，其体积比 $V(HCl)/V(NaOH)$ 的相对平均偏差都不超过 0.2%。

4. NaOH 溶液和 HCl 溶液体积比的测定

（1）以酚酞为指示剂 准确移取 25.00mL HCl 溶液于锥形瓶中，加 2 滴酚酞指示剂，用 NaOH 溶液滴定至溶液由无色变为粉红色且 30s 之内不褪色即到终点，记录读数，平行测定四次。求出消耗 NaOH 溶液体积的极差（R），应不超过 0.04mL，否则应重新测定四次。计算体积比 $V(HCl)/V(NaOH)$ 及其平均值。

（2）以甲基橙为指示剂 准确移取 25.00mL NaOH 溶液于锥形瓶中，加 1 滴甲基橙指示剂，用 HCl 溶液滴定至溶液由黄色恰变为橙色即为终点，记录读数，平行测定四次。求出消耗 HCl 溶液体积的极差（R），应不超过 0.04mL，否则应重新测定四次。计算体积比 $V(HCl)/V(NaOH)$ 及其平均值。

5. 实验结束后将实验仪器洗净，摆放整齐（或按要求放回仪器柜子里）。将滴定管倒置夹在滴定管架上（酸式滴定管的活塞要打开）。

五、数据记录与处理（参照表 3-9～表 3-12）

1. 滴定练习

表 3-9 用 NaOH 溶液滴定 HCl 溶液

指示剂：酚酞

项　目	1	2	3	4	5
$V(HCl)/mL$	20.00	22.00	24.00	26.00	28.00
$V(NaOH)/mL$					
$V(HCl)/V(NaOH)$					

续表

项　目	1	2	3	4	5
$V(HCl)/V(NaOH)$平均值					
相对平均偏差/%					

表 3-10　用 HCl 溶液滴定 NaOH 溶液

指示剂：甲基橙

项　目	1	2	3	4	5
$V(NaOH)/mL$	20.00	22.00	24.00	26.00	28.00
$V(HCl)/mL$					
$V(HCl)/V(NaOH)$					
$V(HCl)/V(NaOH)$平均值					
相对平均偏差/%					

2. 酸碱体积比的测定

表 3-11　酸碱体积比的测定（一）

指示剂：酚酞

项　目	1	2	3	4
$V(HCl)/mL$	25.00	25.00	25.00	25.00
$V(NaOH)/mL$				
极差 R/mL				
$V(HCl)/V(NaOH)$				
$V(HCl)/V(NaOH)$平均值				

表 3-12　酸碱体积比的测定（二）

指示剂：甲基橙

项　目	1	2	3	4
$V(NaOH)/mL$	25.00	25.00	25.00	25.00
$V(HCl)/mL$				
极差 R/mL				
$V(HCl)/V(NaOH)$				
$V(HCl)/V(NaOH)$平均值				

六、注意事项

1. 指示剂不得多加，否则终点难以观察。
2. 注意滴定管在使用过程中不得产生气泡。
3. 滴定过程中要注意观察溶液颜色变化的规律。
4. 单标线吸量管和滴定管的读数方法要正确，读数要准确。
5. 体积比也可用$V(NaOH)/V(HCl)$表示。

七、思考题

1. 锥形瓶使用前是否要干燥？为什么？
2. 单标线吸量管和滴定管是否要用待装溶液润洗？如何润洗？
3. 每次从滴定管放出溶液或开始滴定时，为什么要从“0”刻度开始？

4. 若滴定结束时发现滴定管下端悬挂溶液或有气泡，应如何处理?

5. 单标线吸量管放溶液后残留在管尖的少量溶液是否应吹出? 为什么?

实验七　滴定分析基本操作（考核实验）

一、实验目的

1. 进一步掌握滴定分析基本操作；

2. 熟练掌握甲基橙指示剂终点的判断。

二、实验原理

同实验十五。

三、仪器与试剂

1. 仪器

常用滴定分析仪器。

2. 试剂

（1）$c(HCl)=0.1mol/L$ 的 HCl 溶液；

（2）$c(NaOH)=0.1mol/L$ 的 NaOH 溶液；

（3）$\rho=1g/L$ 的甲基橙（MO）溶液。

四、实验步骤

（1）滴定管、单标线吸量管和锥形瓶的洗涤。

（2）滴定管和单标线吸量管的润洗。

（3）用单标线吸量管移取 25.00mL NaOH 溶液置于锥形瓶中。

（4）在锥形瓶中，加 1 滴 MO 指示剂，然后用 HCl 溶液滴定至溶液由黄色变为橙色即为终点，记录读数。

（5）平行测定三次。计算 $V(HCl)/V(NaOH)$ 及相对平均偏差。

五、评分（参照表 3-13）

表 3-13　滴定分析基本操作考核表

考核项目		考核内容	考核记录		分值	扣分	得分
单标线吸量管的使用（27分）	单标线吸量管的准备（8分）	单标线吸量管洗涤方法（自来水→洗涤剂→自来水→蒸馏水）	正确		2		
			不正确				
		单标线吸量管洗涤效果	不挂水珠		1		
			挂水珠				
		润洗前管尖及外壁水的处理	吸干		1		
			未处理				
		润洗时待吸液用量	合适		1		
			过多或过少				
		用待吸液润洗方法	正确		1		
			不正确				
		用待吸液润洗次数	三次		1		
			少于三次				
		润洗后废液的排放	从下口排出		1		
			从上口放出				

续表

考核项目		考核内容	考核记录		分值	扣分	得分
单标线吸量管的使用（27分）	溶液的移取（12分）	左手握洗耳球、右手持单标线吸量管的姿势	正确		1		
			不正确				
		吸液时管尖插入液面的深度	1～2cm		2		
			过深、过浅或吸空				
		吸液高度	刻度线以上少许		1		
			过高				
		调节液面前外壁的处理	擦干		2		
			未擦				
		调节液面时手指动作	规范自如		2		
			不规范				
		调节液面时视线	水平		1		
			不正确				
		调节液面时溶液排放	正确		1		
			放回原瓶				
		调节液面时管尖是否有气泡	无		2		
			有				
	放出溶液（7分）	放溶液时移液管竖直，盛器倾斜约30°～45°，管尖碰壁	正确		2		
			不正确				
		溶液自然流出	是		1		
			否				
		溶液流完后停靠15s	是		2		
			否				
		最后管尖靠壁左右旋转	是		1		
			否				
		单标线吸量管使用后的处理	洗涤后置架上		1		
			不处理				
滴定管的使用（36分）	使用前的准备（13分）	滴定管的洗涤方法	正确		1		
			不正确				
		洗涤效果	不挂水珠		1		
			挂水珠				
		试漏及试漏方法	正确		2		
			不正确				
		洗净滴定管放置	倒置		1		
			未倒置				
		润洗前摇匀待装溶液	摇		1		
			不摇				

续表

考核项目		考核内容	考核记录		分值	扣分	得分
滴定管的使用(36分)	使用前的准备(13分)	润洗时溶液用量	合适		1		
			随意				
		润洗方法、次数	正确		2		
			不正确				
		赶气泡	赶		1		
			不赶				
		赶气泡方法	正确		2		
			不正确				
		调节液面前静置 1～2min	静置		1		
			未静置				
	滴定操作(20分)	从 0.00mL 开始	是		1		
			否				
		滴定前管尖悬挂液的处理	正确		1		
			不正确				
		滴定管的握持姿势	正确		1		
			不正确				
		滴定时管尖插入锥形瓶口的距离	合适		1		
			过深或过浅				
		滴定速度	合适		1		
			过快				
		滴定时左右手的配合	熟练、自如		1		
			差				
		近终点时的半滴操作	控制熟练		2		
			不熟练				
		是否有挤松活塞漏液的现象	是		3		
			否				
		是否有滴出锥形瓶外的现象	是		3		
			否				
		终点判断和终点控制	正确		3		
			不正确				
		终点后滴定管尖是否有气泡或悬挂液	无		3		
			有				
	读数(3分)	终点后停 30s 读数	是		1		
			否				
		读数方法(取下滴定管,保持自然竖直,视线水平,读数准确)	正确		2		
			不正确				

续表

考核项目	考核内容	考核记录		分值	扣分	得分
数据记录及处理（31分）	数据记录及时、真实、准确、清晰、整洁	是		3		
		否				
	数字用仿宋体书写	是		1		
		否				
	计算方法及结果	正确		3		
		不正确				
	有效数字	正确		3		
		不正确				
	精密度	符合要求		10		
		不符合要求				
	准确度	符合要求		11		
		不符合要求				
结束工作（3分）	滴定完毕滴定管内剩余溶液的处理	倒入废液杯		1		
		倒入原试剂瓶				
	滴定管及时洗涤	清洗		1		
		未清洗				
	洗净后滴定管放置	倒置架上		1		
		随意放置				
其他（3分）	统筹安排			3		
总分						

第四章
酸碱滴定法

以质子传递反应为基础的滴定分析方法称为酸碱滴定法，是常用四大类滴定分析方法之一。酸碱滴定法中，利用 HCl、H_2SO_4、NaOH 等标准溶液直接测定具有一定强度的酸性或碱性物质，或间接测定能与酸或碱定量反应的其他物质，以及经过某些化学反应后能定量生成酸或碱的物质。因此，酸碱滴定法在滴定分析中占有重要地位，应用非常广泛。

第一节 酸碱标准溶液的制备

一、酸标准溶液的制备

酸标准溶液常用 HCl 和 H_2SO_4 标准溶液，最常用的是 HCl 溶液，当需加热或浓度较高的情况下宜用 H_2SO_4 溶液。H_2SO_4 标准溶液稳定性好，但它的第二步电离常数较小，因此，滴定突跃相应要小些，指示剂终点变色的敏锐性稍差，另外，H_2SO_4 能与某些阳离子生成硫酸盐沉淀。HNO_3 具有氧化性，本身稳定性较差，能破坏某些指示剂，所以应用较少。$HClO_4$ 是一种很好的标准溶液，但其价格贵，一般不使用，只有在非水滴定中才常用到 $HClO_4$ 标准溶液。

配制酸标准溶液一般用间接法，即先配成近似浓度的溶液，再用基准物标定。常用酸标准溶液浓度为 0.1mol/L，根据需要有时也配成 1mol/L、0.5mol/L 或 0.01mol/L。

1. 盐酸标准溶液的配制

市售盐酸密度 ρ=1.19g/mL，HCl 的质量分数 w(HCl) 约为 37%，物质的量浓度约为 12mol/L。配制时取一定体积浓 HCl 稀释成近似浓度，然后用基准物质标定，以获得准确浓度。

因浓盐酸具有挥发性，配制时所取浓盐酸的量应适当多于计算量。例如配制 c(HCl)= 0.1mol/L 的 HCl 溶液 500mL，计算需ρ=1.19g/mL 的浓盐酸 4.2mL，实际可量取 4.5mL，用水稀释至 500mL。

2. 盐酸标准溶液的标定

(1) 用基准物质标定　标定 HCl（或 H_2SO_4）溶液，可用无水碳酸钠（Na_2CO_3）或硼砂（$Na_2B_4O_7 \cdot 10H_2O$）作基准物质。当使用无水碳酸钠标定 HCl 溶液时，反应达化学计量点时 pH=3.89，突跃范围是 5.3～3.5。可选甲基橙为指示剂，但由于溶液中 H_2CO_3 的影响，甲基橙由黄色变为橙色不易观察。为减小滴定终点误差，用 HCl 滴定 Na_2CO_3，当滴定至溶液刚变为黄色时（约化学计量点前 1%），暂停滴定，将溶液煮沸赶除 CO_2，溶液又呈黄色，冷却至室温，再继续用 HCl 滴至橙色为终点。

国家标准 GB/T 601—2016 中用无水硫酸钠标定 HCl 溶液，用溴甲酚绿-甲基红混合指示剂，变色点 pH=5.1。用 HCl 滴定至溶液由绿色刚变为暗红色时，加热煮沸赶除 CO_2，溶液又呈绿色，再继续用 HCl 滴至暗红色为终点。

Na_2CO_3 易吸潮，使用前应该在 180℃烘箱中干燥 2～3h，或放在坩埚中于 270～300℃灼烧至恒重（GB/T 601—2016），置于干燥器中冷却备用。

用硼砂标定 HCl 溶液，反应式为：

$$Na_2B_4O_7 \cdot 10H_2O + 2HCl \xlongequal{} 4H_3BO_3 + 2NaCl + 5H_2O$$

由反应式可知，硼砂和 HCl 的基本单元分别为：$\frac{1}{2}Na_2B_4O_7 \cdot 10H_2O$，HCl。

硼砂在水溶液中发生如下反应使溶液呈碱性：

$$Na_2B_4O_7 + 5H_2O \xlongequal{} 2H_3BO_3 + 2NaH_2BO_3$$

用盐酸溶液滴定至化学计量点时，由于产物有 H_3BO_3，溶液的 pH 约为 5，滴定突跃范围约为 6.0～4.3，故选用甲基红为指示剂最合适，终点变色明显。此外，硼砂的摩尔质量大，标定时称取量大，称量误差小，而且容易精制，不会吸潮，是标定盐酸溶液较好的基准物，但其价格较昂贵。硼砂应放在置有 NaCl 和蔗糖的饱和溶液的干燥器中保存，以使相对湿度为 60%，防止失去结晶水。

（2）用已知浓度的 NaOH 标准溶液标定　这种以一种标准溶液来标定另一种溶液准确浓度的方法称为“比较法”。准确量取一定体积的 NaOH 标准溶液，用 HCl 溶液滴定，以酚酞为指示剂，滴定至溶液呈浅粉红色为终点。由消耗 HCl 溶液的体积和 NaOH 标准溶液的浓度和体积即可计算出 HCl 溶液的准确浓度。但这种方法不如前者好，因为标准溶液浓度的误差会影响待标溶液浓度的准确度。

二、碱标准溶液的制备

常用的碱标准溶液是 NaOH 标准溶液，有时也用 KOH 标准溶液。常用浓度为 0.1mol/L，根据需要有时也配成 1mol/L、0.5mol/L 或 0.01mol/L。

1. NaOH 标准溶液的配制

固体氢氧化钠具有很强的吸湿性，且易吸收空气中的水分和二氧化碳，因而常含有 Na_2CO_3，且含少量的硅酸盐、硫酸盐和氯化物等，因此需用间接法配制标准溶液。

由于氢氧化钠溶液中碳酸钠的存在，会影响酸碱滴定的准确度，在精确的测定中应配制不含 Na_2CO_3 的 NaOH 溶液并妥善保存。

制备不含 Na_2CO_3 的 NaOH 溶液可以采用下列任一方法。

① 将市售 NaOH 制成饱和溶液，即一份固体氢氧化钠加一份水制备成溶液，约 16mol/L。在这样浓的碱溶液中，Na_2CO_3 几乎不溶解而沉降下来，吸取上层澄清液，用无 CO_2 的蒸

馏水稀释至所需浓度。该法为国家标准中采用的方法。

② 预先配制一种较浓的 NaOH 溶液（如 1mol/L），加入$Ba(OH)_2$或 $BaCl_2$ 使 Na_2CO_3 生成 $BaCO_3$ 沉淀。放置后取上层澄清液，用无 CO_2 的蒸馏水稀释至所需浓度。

③ 如分析测定要求准确度不高，可用较简便的方法配制：称取比需要量稍多的 NaOH，用少量水迅速清洗 2～3 次，除去固体表面形成的碳酸盐，然后溶解在无 CO_2 的蒸馏水中。

由于 NaOH 溶液易侵蚀玻璃，因此浓碱液最好贮存于聚乙烯塑料瓶中。一般的滴定剂、浓度稍稀的碱溶液如要久置，为避免吸收空气中的 CO_2 和水，应该保存在带橡胶塞和碱石灰吸收管的试剂瓶中，如图 4-1 所示。

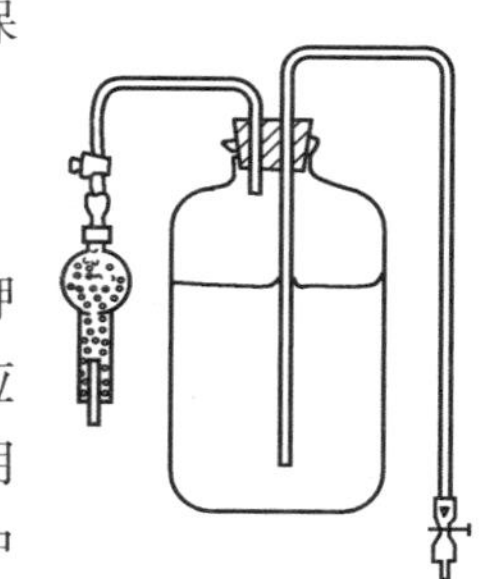

图 4-1　NaOH 溶液的保存

2. NaOH 标准溶液的标定

（1）用基准物质邻苯二甲酸氢钾标定　邻苯二甲酸氢钾（$KHC_8H_4O_4$，简称 KHP）是标定 NaOH 溶液最常用的基准物，反应产物邻苯二甲酸钾钠在水中呈弱碱性，化学计量点 pH＝9.1，可选用酚酞为指示剂，滴定至溶液呈浅粉红色不褪为终点。该法为国家标准中采用的方法。

邻苯二甲酸氢钾容易提纯，无吸湿性，性质稳定，且摩尔质量大，标定时称取量大，称量误差小，是标定氢氧化钠溶液较好的基准物。使用前在 110～120℃干燥 2h。干燥温度超过 125℃时，脱水形成邻苯二甲酸酐，不能再用于标定 NaOH 溶液的浓度。

（2）用基准物质草酸标定　草酸（$H_2C_2O_4 \cdot 2H_2O$）是二元弱酸，两步电离常数分别为 $K_{a_1}=5.9\times10^{-2}$，$K_{a_2}=6.4\times10^{-5}$，两个 K_a 值相差较小，不能分步滴定。用 NaOH 溶液滴定时，出现一个突跃，反应式为：

$$H_2C_2O_4+2NaOH \longrightarrow Na_2C_2O_4+2H_2O$$

化学计量点 pH＝9.1，也可选用酚酞为指示剂。

$H_2C_2O_4 \cdot 2H_2O$ 易制得纯品，稳定性较好，但草酸溶液不稳定，能自行分解，见光也容易分解（$H_2C_2O_4 \longrightarrow H_2O+CO\uparrow+CO_2$），制成溶液后应立即用 NaOH 溶液滴定，不宜长期保存。

（3）用 HCl 标准溶液标定　准确量取一定体积的 NaOH 溶液，用 HCl 标准溶液滴定，可用酚酞为指示剂（为减小测定系统误差，选用与测定试样时相同的指示剂），滴定至溶液呈浅粉红色为终点。由 NaOH 溶液的体积和 HCl 标准溶液的浓度及消耗的体积即可计算出 NaOH 溶液的准确浓度。

三、酸碱标准溶液浓度的调整

标定后，如果酸碱标准溶液浓度不能满足要求，可根据标定结果将配制的酸、碱溶液加以调整，再重新标定，直至合乎要求为止。如配制 $c(HCl)=0.1000mol/L$ 的 HCl 标准溶液，经调整后浓度应是（0.1000±0.0001）mol/L。

调整的方法是先计算出需增补的酸、碱或水的体积，加入该体积的酸、碱或水，再进行标定。计算方法如下。

（1）若 $c(HCl)<0.1000mol/L$，按下式计算需加浓盐酸溶液的体积：

$$0.1000(V_1+V_2)=c_1V_1+c_2V_2 \tag{4-1}$$

式中 c_1——标定出的盐酸溶液的浓度，mol/L；

c_2——需补加浓盐酸溶液的浓度，mol/L；

V_1——已配制成的盐酸溶液的体积，mL；

V_2——需补加浓盐酸溶液的体积，mL。

（2）若 $c(HCl)>0.1000mol/L$，按下式计算需加水的体积：

$$0.1000(V_1+V)=c_1V_1 \tag{4-2}$$

式中 c_1——标定出的盐酸溶液的浓度，mol/L；

V_1——已配制成的盐酸溶液的体积，mL；

V——需补加水的体积，mL。

以上公式也适合于其他酸标准溶液以及碱标准溶液浓度的调整。

（3）若标准溶液是用固体物质（如 NaOH、$AgNO_3$、NH_4SCN、EDTA 等）配制的，在浓度低于 0.1000mol/L 时，需要补加固体物质的质量为：

$$m=(0.1000-c_1)V_1M \tag{4-3}$$

式中 m——需要补加固体物质的质量，g；

M——需要补加固体物质的摩尔质量，g/mol；

c_1——测得溶液的浓度，mol/L；

V_1——已配制成溶液的体积，mL。

第二节 酸碱滴定法的应用

酸碱滴定法的应用比较广泛。强酸、强碱以及满足条件 $cK_a\geqslant10^{-8}$ 或 $cK_b\geqslant10^{-8}$ 的弱酸、弱碱可用直接法测定。例如工业硫酸纯度、氨水中氨含量、食醋总酸量的测定等。直接法也可用于测定混合酸、混合碱中的各成分，只要满足能被准确滴定的条件即可，如烧碱中 NaOH、Na_2CO_3 含量的测定。有些弱酸或弱碱的 $cK_a<10^{-8}$ 或 $cK_b<10^{-8}$，不能用碱或酸标准溶液直接滴定，如 NH_4Cl、H_3BO_3 等，还有些物质虽有能与酸或碱反应的性质，但难溶于水，如 $CaCO_3$、ZnO 等，都无法直接测定，这些物质可以用间接滴定法测定。

一、工业硫酸纯度的测定

硫酸是重要的化学工业产品，广泛应用于化工、轻工、制药、国防、科研等部门中。因此，硫酸又是基本工业原料，在国民经济中占有重要地位。纯 H_2SO_4 是一种无色透明的油状黏稠液体，比水几乎重一倍。硫酸的纯度用硫酸的质量分数 $w(H_2SO_4)$ 表示。

1. 测定原理

硫酸是强酸，可以用 NaOH 标准溶液直接滴定，化学计量点时 pH＝7，可选用甲基橙、甲基红或甲基红-亚甲基蓝（pH＝5.2 红紫色，pH＝5.6 绿色）等指示滴定终点。GB/T 534—2014 中规定使用甲基红-亚甲基蓝混合指示剂指示终点。

2. 注意事项

（1）硫酸具有腐蚀性，而且能够灼伤皮肤，使用和称量时严禁溅出。

（2）用正确的方法稀释硫酸，将硫酸注入适量水中，严禁将水倒入浓硫酸中。稀释时放出大量的热，应冷却后再滴定或冷却后转入容量瓶中。

（3）称取工业硫酸试样量可根据测出的密度，查出大概的质量分数，再按碱标准溶液的浓度计算。

二、混合碱的分析

无机混合碱的组成主要有 NaOH、Na_2CO_3、$NaHCO_3$，由于 NaOH 和 $NaHCO_3$ 不可能共存($OH^- + HCO_3^- \longrightarrow CO_3^{2-} + H_2O$)，因此混合碱的组成有五种组合形式：三种组分中任一种单独存在，或者是 NaOH 和 Na_2CO_3 或 Na_2CO_3 和 $NaHCO_3$ 的混合物。如是单一组分化合物，可用 HCl 标准溶液直接滴定；如是两种组分的混合物，测定其中各组分的含量可用双指示剂法和氯化钡法。

以烧碱中 NaOH 和 Na_2CO_3 含量的测定为例。氢氧化钠俗称烧碱，在生产和存放过程中易吸收空气中的 CO_2，因而常含少量杂质 Na_2CO_3。

1. 氯化钡法

准确称取一定量试样，溶解后稀释至一定体积，准确移取两份相同体积的试液分别测定如下。

一份溶液中加入甲基橙作指示剂，用 HCl 标准溶液滴定至橙色，消耗 HCl 标准溶液 V_1(mL)，溶液中 NaOH 和 Na_2CO_3 完全被中和。反应式为：

$$NaOH + HCl \longrightarrow NaCl + H_2O$$

$$Na_2CO_3 + 2HCl \longrightarrow 2NaCl + H_2O + CO_2\uparrow$$

另一份溶液中加入过量的 $BaCl_2$ 溶液，使 Na_2CO_3 完全转化成 $BaCO_3$ 沉淀，在沉淀存在下，以酚酞为指示剂，用 HCl 标准溶液滴定至红色刚褪，消耗 HCl 标准溶液 V_2(mL)，溶液中 NaOH 完全被中和（注意此时不能用甲基橙作指示剂，否则 $BaCO_3$ 部分溶解）。反应式为：

$$Na_2CO_3 + BaCl_2 \longrightarrow 2NaCl + BaCO_3\downarrow$$

$$NaOH + HCl \longrightarrow NaCl + H_2O$$

显然 NaOH 消耗 HCl 标准溶液的体积为 V_2(mL)，Na_2CO_3 消耗 HCl 标准溶液的体积为 $V_1 - V_2$(mL)。因此

$$w(NaOH) = \frac{c(HCl)V_2M(NaOH)}{m_s \times 1000} \times 100\% \tag{4-4}$$

$$w(Na_2CO_3) = \frac{c(HCl)(V_1 - V_2)M\left(\frac{1}{2}Na_2CO_3\right)}{m_s \times 1000} \times 100\% \tag{4-5}$$

式中，m_s 为称取试样的质量，g；$w(NaOH)$、$w(Na_2CO_3)$分别为 NaOH 和 Na_2CO_3 的质量分数。

此法测定结果较准确，但比较费时，所以在工业分析中多采用双指示剂法。

2. 双指示剂法

双指示剂法是用两种不同的指示剂分别确定第一、第二化学计量点，混合碱测定中使用的双指示剂为酚酞和甲基橙。

试液中先加酚酞作指示剂，以 HCl 标准溶液滴定至溶液红色消失（略带粉红色，近于无色）为第一化学计量点（pH=8.3），消耗 HCl 标准溶液 V_1(mL)。此时，NaOH 完全被中和，Na_2CO_3 则被中和为 $NaHCO_3$。再加入甲基橙作指示剂，继续用 HCl 标准溶液滴定至溶液由黄色变为橙色为第二化学计量点（pH=3.89），又消耗 HCl 标准溶液 V_2(mL)。显然，V_2 是滴定溶液中 $NaHCO_3$ 所消耗 HCl 的体积。

将 Na_2CO_3 滴定到 $NaHCO_3$ 和将 $NaHCO_3$ 滴定到 H_2CO_3 消耗 HCl 标准溶液的体积相等，因此，Na_2CO_3 完全被中和消耗的 HCl 标准溶液的体积为 $2V_2$(mL)；NaOH 被中和消耗的 HCl 标准溶液体积为 V_1-V_2(mL)。根据 HCl 标准溶液的浓度和两步消耗的体积进行计算。

双指示剂法中，若将第一化学计量点的酚酞改用甲酚红-百里酚蓝混合指示剂，用 HCl 标准溶液滴定由红紫色变为樱桃色指示终点，可以获得较为准确的结果。而将第二化学计量点的甲基橙改用溴甲酚绿-甲基红混合指示剂，用 HCl 标准溶液滴定由绿色变为暗红色指示终点，则更为灵敏。

其他组成的混合碱均可用双指示剂法测定。根据 V_1、V_2 的大小，判断混合碱的组成，然后计算出所含组分的含量。滴定时有五种情况，见表 4-1。

表 4-1 双指示剂法测定混合碱的五种滴定结果

滴定结果	存在的离子	各存在形式的物质的量/mmol		
		OH^-	$\frac{1}{2}CO_3^{2-}$	HCO_3^-
$V_1>0, V_2=0$	OH^-	cV_1	0	0
$V_1=V_2>0$	CO_3^{2-}	0	$2cV_1$ 或 $2cV_2$	0
$V_1=0, V_2>0$	HCO_3^-	0	0	cV_2
$V_1>V_2>0$	OH^-、CO_3^{2-}	$c(V_1-V_2)$	$2cV_2$	0
$V_2>V_1>0$	CO_3^{2-}、HCO_3^-	0	$2cV_1$	$c(V_2-V_1)$

注：c 为 HCl 标准溶液的浓度，mol/L；V_1、V_2 分别为酚酞终点和从酚酞终点到甲基橙终点消耗 HCl 标准溶液的体积，mL。

三、氨水中氨含量的测定

氨水为氨气（NH_3）的水溶液，其主要用途是氮肥或化工生产的原料，实验室用的氨水是试剂氨水，不含有害杂质。氨水为无色液体，有刺激性臭味。

氨水容易挥发，不能直接用酸滴定，可用过量的硫酸标准溶液中和氨水中的氨，剩余的酸用碱标准溶液回滴。选用甲基红作指示剂，溶液由红色变为橙黄色；也可用甲基红-亚甲基蓝混合指示剂，变色更为敏锐。

注意：由于氨易挥发，称样时需用安瓿球（见图 2-16）吸取试样再进行称量。

四、铵盐中铵态氮含量的测定

常见的铵盐有硫酸铵、氯化铵、硝酸铵及碳酸氢铵等，其中只有 NH_4HCO_3 可以用酸标准溶液直接进行滴定，其他铵盐中的 NH_4^+ 虽具有酸性，但 $cK_a<10^{-8}$，酸性太弱而不能直接用 NaOH 滴定，常用蒸馏法和甲醛法进行测定。这两种方法也可用于测定肥料、土壤和有机化合物中氮的含量。

1. 蒸馏法

准确称取一定量铵盐试样，置于蒸馏瓶中，加入过量的浓 NaOH 溶液，加热使氨蒸馏出来。蒸出的氨用 H_3BO_3 溶液吸收，然后用酸标准溶液滴定 H_3BO_3 吸收液。反应式为：

$$NH_4^+ + OH^- \xlongequal{\triangle} NH_3\uparrow + H_2O$$

$$NH_3 + H_3BO_3 \xlongequal{} NH_4^+ + H_2BO_3^-$$

$$NH_4^+ + H_2BO_3^- + HCl \xlongequal{} H_3BO_3 + NH_4Cl$$

用溴甲酚绿-甲基红混合指示剂，用 HCl 标准溶液滴定由绿色经蓝灰色变为粉红色。

蒸馏出来的氨还可以用过量的酸标准溶液吸收，用碱标准溶液回滴剩余的酸，以甲基橙或甲基红为指示剂。

该法测有机物中的氮时，试样在 $CuSO_4$ 的催化下用浓 H_2SO_4 消化分解使其转化为 NH_4^+，然后再用蒸馏法测定。这种方法称为凯氏（Kjeldahl）定氮法。

2. 甲醛法

甲醛与 NH_4^+ 反应定量生成质子化的六亚甲基四胺 $(CH_2)_6N_4H^+$（$pK_a=5.15$）和 H^+，用 NaOH 标准溶液滴定。反应式为：

$$4NH_4^+ + 6HCHO \xlongequal{} (CH_2)_6N_4H^+ + 3H^+ + 6H_2O$$

$$(CH_2)_6N_4H^+ + 3H^+ + 4OH^- \xlongequal{} (CH_2)_6N_4 + 4H_2O$$

滴定产物六亚甲基四胺 $(CH_2)_6N_4$ 是一种弱碱（$K_b=1.4\times10^{-9}$），化学计量点时 pH 约为 8.7，故通常采用酚酞作指示剂。应注意市售 40%甲醛溶液中常含有微量游离酸，必须预先以酚酞为指示剂，用碱中和至浅红色，再用它与铵盐试样作用。

甲醛法准确度稍差，其优点是简单快速，故在生产上应用较多。此法适用于单纯含 NH_4^+ 样品（化肥）中氮含量的测定。但样品中不能有钙镁或其他重金属离子存在。

五、醋酸总酸度的测定

醋酸是一种有机化工产品，也是重要的基本有机化工原料，主要用于有机合成工业生产醋酸纤维、合成树脂、有机溶剂、合成药物等。

醋酸为无色液体，有强烈的刺激性酸味，与水以任意比互溶。当浓度达 99%以上时，在 14.8℃便可成为结晶，故称之为冰醋酸。冰醋酸对皮肤有腐蚀作用。

醋酸的 $K_a=1.8\times10^{-5}$，浓度不太稀时可以用 NaOH 标准溶液直接滴定，以酚酞为指示剂，溶液由无色变为粉红色且半分钟不褪为终点。反应式为：

$$HAc + NaOH \xlongequal{} NaAc + H_2O$$

结果以 HAc 质量浓度（如 g/L、g/100mL）表示。

六、醋酸钠含量的测定

在酸碱滴定中，如果酸或碱太弱，$cK_a<10^{-8}$或$cK_b<10^{-8}$时，不能直接准确滴定。有些有机酸或碱在水中溶解度很小，也不能直接准确滴定。这些情况除考虑采用间接滴定外，有些可采用非水酸碱滴定。例如醋酸钠在水溶液中是一种很弱的碱（$K_b=5.6\times10^{-10}$），无法用强酸标准滴定溶液直接准确滴定而测定其含量。可以改用非水溶剂，以冰醋酸为溶剂，强化其碱性，用强酸高氯酸标准滴定溶液为滴定剂，结晶紫（或甲基紫）为指示剂，则能准确滴定。

实验八　盐酸标准溶液的配制与标定

一、实验目的

1. 掌握 HCl 标准溶液的配制方法；

2. 掌握用无水 Na_2CO_3 为基准物标定 HCl 溶液的基本原理、操作方法和计算；

3. 熟练滴定操作、减量法称量操作和甲基橙指示剂、溴甲酚绿-甲基红混合指示剂滴定终点的判断；

4. 学会调整标准溶液浓度的方法。

二、实验原理

量取稍多于计算量的浓盐酸配成溶液。

准确称量适量基准物无水 Na_2CO_3，以蒸馏水溶解后用 HCl 溶液直接滴定，以甲基橙为指示剂，滴定至溶液由黄色变为橙色为滴定终点。反应式为：

$$2HCl+Na_2CO_3 \longrightarrow 2NaCl+CO_2\uparrow+H_2O$$

三、试剂

1. 浓盐酸（1.19g/mL）；

2. 基准物质无水 Na_2CO_3（预处理方法：于 270～300℃灼烧至恒重）；

3. ρ=1g/L 的甲基橙指示剂；

4. 溴甲酚绿-甲基红混合指示剂（ρ=1g/L 溴甲酚绿乙醇溶液与 ρ=2g/L 甲基红乙醇溶液按 3+1 的体积混合）；

5. 酚酞指示剂（ρ=1g/L 的乙醇溶液）。

四、实验步骤

1. 配制 c(HCl)=0.1mol/L 的 HCl 溶液 500mL

用 10mL 洁净小量筒量取 4.5mL 浓盐酸（约 12mol/L），小心倒入已加有 300mL 蒸馏水的 500mL 烧杯中，摇匀，再稀释至 500mL。转入试剂瓶中，盖好瓶塞，摇匀并贴上标签，待标定。

2. c(HCl)=0.1mol/L 的 HCl 溶液的标定

（1）用甲基橙指示剂指示终点　用称量瓶按减量法准确称取已烘干的基准物质无水碳酸钠 0.15～0.2g，放入 250mL 锥形瓶中，加入 25mL 蒸馏水使其溶解，加甲基橙指示剂 1 滴，用 HCl 溶液滴至溶液由黄色变为橙色即为终点（临近终点时，可将溶液煮沸除去 CO_2，冷却后继续滴定）。记录消耗 HCl 溶液的体积。

（2）用溴甲酚绿-甲基红混合指示剂指示终点　准确称取已烘干的基准物质无水碳酸钠

0.15～0.2g，放入 250mL 锥形瓶中，加入 50mL 蒸馏水溶解，加 10 滴溴甲酚绿-甲基红混合指示剂，用欲标定的 0.1mol/L 的 HCl 溶液滴定至溶液由绿色变成暗红色，煮沸 2min，冷却后继续滴定至溶液呈暗红色，记录消耗 HCl 溶液的体积。

3. 浓度调整

根据标定结果计算 HCl 标准溶液的浓度。若大于0.1000mol/L，应加水稀释；若小于 0.1000mol/L，应加浓 HCl 进行浓度调整。调整后再重新标定。

经调整后 HCl 溶液的浓度应为（0.1000±0.0001)mol/L。标定好的 HCl 溶液应贴好标签，标明准确浓度，妥善保存。

五、计算公式

$$c(\mathrm{HCl})=\frac{m(\mathrm{Na_2CO_3})}{V(\mathrm{HCl})\times 10^{-3}\times M\left(\frac{1}{2}\mathrm{Na_2CO_3}\right)} \tag{4-6}$$

式中　$c(\mathrm{HCl})$——HCl 标准溶液的浓度，mol/L；

$V(\mathrm{HCl})$——滴定时消耗 HCl 标准溶液的体积，mL；

$m(\mathrm{Na_2CO_3})$——Na_2CO_3 基准物的质量，g；

$M\left(\frac{1}{2}\mathrm{Na_2CO_3}\right)$——以$\frac{1}{2}Na_2CO_3$ 为基本单元的 Na_2CO_3 的摩尔质量，g/mol。

六、注意事项

1. 定量分析实验中，一般标准溶液浓度的标定做四个平行样，测定试样时做三个平行样，如无特别说明，以下实验同。

2. 标定时，一般采用小份标定❶。在标准溶液浓度较稀（如 0.01mol/L)、基准物质摩尔质量较小时，若采用小份标定称量误差较大，可采用大份标定，即稀释法标定。

3. 用无水碳酸钠标定 HCl 溶液，在接近滴定终点时，应剧烈摇动锥形瓶加速 H_2CO_3 分解；或将溶液加热至沸，以赶除 CO_2，冷却后再滴定至终点。

七、思考题

1. HCl 标准溶液能否采用直接法配制？为什么？

2. 配制 0.1mol/L 的 HCl 溶液 500mL，计算量取浓盐酸的体积。

3. 标定盐酸溶液时，基准物质无水 Na_2CO_3 的质量是如何计算的？若用稀释法标定，需称取 Na_2CO_3 的质量又如何计算？

4. HCl 溶液应装在哪种滴定管中？

5. 用无水 Na_2CO_3 作为基准物质标定盐酸溶液时，能否用酚酞作指示剂？为什么？

6. 除用基准物质 Na_2CO_3 标定盐酸溶液外，还可用什么作基准物？比较两者的优缺点。

7. Na_2CO_3 基准物为什么要放在称量瓶中称量？称量瓶是否要预先称准？称量时盖子是否要盖好？

8. 无水 Na_2CO_3 保存不当，吸水 1%，用此基准物质标定盐酸溶液的浓度，对结果有何影响？锥形瓶是否需要用所装溶液润洗？

---

❶“小份标定”又称“称小样”，即准确称取一定量基准物质溶解后进行标定。“大份标定”又称“称大样”或稀释法，即准确称取一定量基准物质溶解后定量转移到一定体积容量瓶中配制，从中移取一定量进行标定（如配成 250mL，移取 25mL)。

9. 甲基橙、甲基红及溴甲酚绿-甲基红混合指示剂的变色范围各为多少？混合指示剂的优点有哪些？

实验九 氢氧化钠标准溶液的配制与标定

一、实验目的

1. 掌握氢氧化钠溶液的配制方法；
2. 掌握用邻苯二甲酸氢钾标定氢氧化钠溶液的基本原理、操作方法和计算；
3. 熟练滴定操作、减量法称量操作和酚酞指示剂滴定终点的判断；
4. 学会调整标准溶液浓度的方法。

二、实验原理

计算需要 NaOH 的质量，粗称 NaOH 并以适当的方法配成溶液。

准确称量适量邻苯二甲酸氢钾（$KHC_8H_4O_4$），溶解后用 NaOH 溶液直接滴定，以酚酞为指示剂，滴定至溶液由无色变为微红色，30s 内不褪即为滴定终点。反应式为：

$$C_6H_4(COOK)(COOH) + NaOH \longrightarrow C_6H_4(COOK)(COONa) + H_2O$$

三、试剂

1. 氢氧化钠固体；
2. 酚酞指示剂（ρ=10g/L 的乙醇溶液）；
3. 基准物质邻苯二甲酸氢钾（于 105～110℃干燥 2h）；
4. ρ=1g/L 的甲基橙指示剂；
5. c(HCl)=0.1mol/L 的 HCl 标准溶液。

四、实验步骤

1. 配制 c(NaOH)=0.1mol/L 的 NaOH 溶液 500mL

在托盘天平上用表面皿迅速称取 2.2～2.5g NaOH 固体于小烧杯中，用少量蒸馏水洗去表面可能含有的 Na_2CO_3，再加无 CO_2 的蒸馏水溶解，倾入 500mL 试剂瓶中，加水稀释到 500mL，用橡胶塞盖紧，摇匀［或加入 0.1g $BaCl_2$ 或 $Ba(OH)_2$ 以除去溶液中可能含有的 Na_2CO_3］，贴上标签，待标定。

2. 用基准物质邻苯二甲酸氢钾标定 NaOH 溶液

准确称取基准物质邻苯二甲酸氢钾 0.4～0.6g 于 250mL 锥形瓶中，加 25mL 煮沸并冷却的蒸馏水使之溶解（如没有完全溶解，可稍微加热）。滴加 2 滴酚酞指示剂，用 NaOH 溶液滴定至溶液由无色变为微红色 30s 内不消失即为终点。记录消耗 NaOH 溶液的体积。

3. 用 HCl 标准溶液标定 NaOH 溶液

（1）甲基橙作指示剂 从碱式滴定管中以每秒 3～4 滴的速度放出 20mL 0.1mol/L 的 NaOH 溶液于锥形瓶中，加 1 滴甲基橙指示剂，用 0.1mol/L 的 HCl 标准溶液滴定到终点，记录体积读数。计算酸碱溶液体积比 V(HCl)/V(NaOH)，根据体积比和 HCl 标准溶液的准确浓度计算 NaOH 溶液的准确浓度。

（2）酚酞作指示剂 从酸式滴定管中以每秒 3～4 滴的速度放出 20mL 0.1mol/L 的 HCl 标准溶液于锥形瓶中，加 1～2 滴酚酞指示剂，用 0.1mol/L 的 NaOH 溶液滴定到终点，记录体积读数。计算酸碱溶液体积比 V(NaOH)/V(HCl)，根据体积比和 HCl 标准溶液的准确浓度计算 NaOH 溶液的准确浓度。

4. 浓度调整

根据标定结果计算 NaOH 标准溶液的浓度。若大于 0.1000mol/L，应加水稀释；小于 0.1000mol/L，应加固体 NaOH（或浓 NaOH 溶液）进行浓度调整。调整后再重新标定。

经调整后 NaOH 溶液的浓度应为（0.1000±0.0001)mol/L。标定好的 NaOH 溶液应贴好标签，标明准确浓度，妥善保存。

五、计算公式

1. 用邻苯二甲酸氢钾标定

$$c(\mathrm{NaOH})=\frac{m(\mathrm{KHC_8H_4O_4})}{V(\mathrm{NaOH})\times 10^{-3}\times M(\mathrm{KHC_8H_4O_4})} \tag{4-7}$$

式中 $c(\mathrm{NaOH})$——NaOH 标准溶液的浓度，mol/L；

$m(\mathrm{KHC_8H_4O_4})$——邻苯二甲酸氢钾的质量，g；

$M(\mathrm{KHC_8H_4O_4})$——邻苯二甲酸氢钾的摩尔质量，204.22g/mol；

$V(\mathrm{NaOH})$——滴定时消耗 NaOH 标准溶液的体积，mL。

2. 用 HCl 标准溶液标定

$$c(\mathrm{NaOH})=c(\mathrm{HCl})\times\frac{V(\mathrm{HCl})}{V(\mathrm{NaOH})} \tag{4-8}$$

式中 $c(\mathrm{NaOH})$——NaOH 标准溶液的浓度，mol/L；

$c(\mathrm{HCl})$——HCl 标准溶液的浓度，mol/L；

$V(\mathrm{HCl})$——HCl 标准溶液的体积，mL；

$V(\mathrm{NaOH})$——NaOH 溶液的体积，mL。

六、注意事项

配制 NaOH 溶液，以少量蒸馏水洗去固体 NaOH 表面可能含有的碳酸钠时，不能用玻璃棒搅拌，操作要迅速，以免氢氧化钠溶解过多而减小溶液浓度。

七、思考题

1. 称取氢氧化钠固体时，为什么要迅速？

2. 怎样得到不含 CO_2 的蒸馏水？

3. NaOH 溶液应装在哪种滴定管中？贮存 NaOH 溶液的试剂瓶能否用磨口瓶？为什么？

4. 标定 NaOH 溶液时，可用基准物邻苯二甲酸氢钾，也可用盐酸标准溶液作比较。试比较两种方法的优缺点。

5. 标定 NaOH 溶液用的邻苯二甲酸氢钾称取量如何计算？

6. 用 $KHC_8H_4O_4$ 标定 NaOH 为什么用酚酞而不用甲基橙作指示剂？

7. 如果 NaOH 标准溶液在保存过程中吸收了空气中的 CO_2，以甲基橙为指示剂，用该标准溶液标定 HCl 溶液，对标定结果会产生什么影响？为什么？

8. 烘干邻苯二甲酸氢钾时，温度超过 125℃会有部分变成酸酐，如仍使用此基准物质标定 NaOH 溶液时，对标定结果会产生什么影响？

实验十 工业硫酸纯度的测定

一、实验目的

1. 掌握硫酸试样的称量方法；

2. 掌握酸碱滴定法测定硫酸含量的基本原理、操作方法和计算；

3. 掌握甲基红-亚甲基蓝混合指示剂的使用和滴定终点判断。

二、实验原理

硫酸是强酸，可以用碱标准溶液直接滴定。准确称量适量硫酸试样，稀释后用 NaOH 标准溶液滴定。以甲基红-亚甲基蓝混合指示剂指示终点，反应式为：

$$H_2SO_4 + 2NaOH \xlongequal{} Na_2SO_4 + 2H_2O$$

由反应式可知，硫酸的基本单元为$\frac{1}{2}H_2SO_4$。

三、试剂

1. 工业 H_2SO_4 试样；

2. $c(NaOH)=0.1mol/L$ 的 NaOH 标准溶液；

3. 甲基红-亚甲基蓝混合指示剂［$\rho=1g/L$ 的甲基红乙醇溶液与 $\rho=1g/L$ 的亚甲基蓝乙醇溶液按 1+2（体积比）混合］。

四、实验步骤

将约 10mL H_2SO_4 试样装于一洁净的胶帽滴瓶中，用减量法准确称取 1.5～2.0g（约 25～30 滴），注入盛有 50mL 水的烧杯中，盖上表面皿，冷却至室温。定量转移到 250mL 容量瓶中，稀释至刻度，摇匀。准确移取 25.00mL 试液于 250mL 锥形瓶中，加 25mL 水摇匀，加 2～3 滴甲基红-亚甲基蓝混合指示剂，用 0.1mol/L 的 NaOH 标准溶液滴定至溶液由红紫色变为灰绿色为终点。记录消耗 NaOH 溶液的体积。

五、计算公式

$$w(H_2SO_4)=\frac{c(NaOH)V(NaOH)\times 10^{-3}\times M\left(\frac{1}{2}H_2SO_4\right)}{m\times\frac{25}{250}}\times 100\% \qquad (4\text{-}9)$$

式中 $c(NaOH)$——NaOH 标准溶液的浓度，mol/L；

$V(NaOH)$——滴定消耗 NaOH 标准溶液的体积，mL；

$M\left(\frac{1}{2}H_2SO_4\right)$——$\frac{1}{2}H_2SO_4$ 的摩尔质量，49.035g/mol；

m——H_2SO_4 试样的质量，g。

六、注意事项

浓硫酸具有强腐蚀性，操作时应注意安全。

七、思考题

1. 称取具有腐蚀性的试液应怎样进行？

2. 称取 H_2SO_4 试样时，为什么要先在烧杯中放一些水，再注入 H_2SO_4 试样？

3. 称取 H_2SO_4 试样的质量应如何计算？

4. 用 NaOH 标准溶液滴定 H_2SO_4，除甲基红-亚甲基蓝混合指示剂外，还可选用哪些酸碱指示剂？终点颜色如何变化？

实验十一 烧碱中 NaOH、Na_2CO_3 含量的测定（双指示剂法）

一、实验目的

1. 掌握双指示剂法测定烧碱中 NaOH、Na_2CO_3 含量的原理、方法和计算；
2. 掌握双指示剂法判断混合碱的组成；
3. 了解混合指示剂法应用于烧碱中 NaOH、Na_2CO_3 含量的测定。

二、实验原理

在烧碱试液中，先以酚酞为指示剂，用 HCl 标准溶液滴定至近于无色，这是第一化学计量点（pH=8.3），消耗 HCl 标准溶液 V_1(mL)。此时，溶液中 NaOH 全部被中和，Na_2CO_3 被中和至 $NaHCO_3$。

$$NaOH+HCl = NaCl+H_2O$$

$$Na_2CO_3+HCl = NaHCO_3+NaCl$$

再以甲基橙为指示剂，继续用 HCl 标准溶液滴定至溶液由黄色变为橙色，这是第二化学计量点（pH=3.89），消耗 HCl 标准溶液 V_2(mL)。此时，溶液中 $NaHCO_3$ 被中和。

$$NaHCO_3+HCl = NaCl+CO_2\uparrow+H_2O$$

三、试剂

1. 烧碱试样；
2. c(HCl)=0.1mol/L 的 HCl 标准溶液；
3. 酚酞指示剂（ρ=10g/L 的乙醇溶液）；
4. ρ=1g/L 的甲基橙指示剂；
5. 甲酚红-百里酚蓝混合指示剂（0.1g 甲酚红溶于 100mL 50%的乙醇中，0.1g 百里酚蓝指示剂溶于 100mL 20%的乙醇中。甲酚红和百里酚蓝按 1∶3 的体积比混合）。

四、实验步骤

1. 双指示剂法

准确称取烧碱试样 1.5～2.0g 于 250mL 烧杯中，加水使之溶解后，定量转入 250mL 容量瓶中，用水稀释至刻度，充分摇匀。移取试液 25.00mL 于 250mL 锥形瓶中，加入 2～3 滴酚酞指示剂，用 0.1mol/L 的 HCl 标准溶液滴定，边滴加边充分摇动（避免局部 Na_2CO_3 直接被滴至 H_2CO_3）。滴定至溶液由红色恰好褪至无色，记录消耗 HCl 标准溶液的体积 V_1。再加 1～2 滴甲基橙指示剂，并重新调节滴定管零点，继续用上述 HCl 标准溶液滴定，至溶液由黄色恰好变为橙色即为终点，记录消耗 HCl 标准溶液的体积 V_2。

2. 混合指示剂法

移取上述试液 25.00mL 于 250mL 锥形瓶中，加入 5 滴甲酚红-百里酚蓝混合指示剂，用 0.1mol/L 的盐酸标准溶液滴定，溶液由蓝色变为粉红色即为终点，记录消耗 HCl 标准溶液的体积 V_1；再加 1～2 滴甲基橙指示剂，继续用上述盐酸标准溶液滴定，溶液由黄色变为橙色（也可利用溴甲酚绿-甲基红混合指示剂，由绿色滴至暗红色为终点），记录又消耗 HCl 标准溶液的体积 V_2。

五、计算公式

$$w(\mathrm{NaOH})=\frac{c(\mathrm{HCl})(V_1-V_2)\times 10^{-3}\times M(\mathrm{NaOH})}{m\times\frac{25}{250}}\times 100\% \tag{4-10}$$

$$w(\mathrm{Na_2CO_3})=\frac{c(\mathrm{HCl})\times 2V_2\times 10^{-3}\times M\left(\frac{1}{2}\mathrm{Na_2CO_3}\right)}{m\times\frac{25}{250}}\times 100\% \tag{4-11}$$

式中 $w(\mathrm{NaOH})$——NaOH 的质量分数；

$w(\mathrm{Na_2CO_3})$——Na_2CO_3 的质量分数；

$c(\mathrm{HCl})$——HCl 标准溶液的浓度，mol/L；

V_1——酚酞终点消耗 HCl 标准溶液的体积，mL；

V_2——酚酞终点后又滴至甲基橙终点消耗 HCl 标准溶液的体积，mL；

$M(\mathrm{NaOH})$——NaOH 的摩尔质量，40.00g/mol；

$M\left(\frac{1}{2}\mathrm{Na_2CO_3}\right)$——$\frac{1}{2}Na_2CO_3$ 的摩尔质量，52.994g/mol；

m——试样的质量，g。

六、注意事项

1. 烧碱具有腐蚀性，使用时应注意安全。

2. 滴定接近第一终点时，要充分摇动锥形瓶，滴定速度不能太快，防止滴定剂 HCl 局部过浓，使 Na_2CO_3 直接被滴定成 CO_2。

七、思考题

1. 欲测定烧碱的总碱度，应选用何种指示剂？

2. 采用双指示剂法测定混合碱，在同一份溶液中滴定，结果如下，试判断各混合碱的组成。

(1) $V_1=0$，$V_2>0$；(2) $V_2=0$，$V_1>0$；(3) $V_1=V_2>0$；(4) $V_1>V_2>0$；(5) $V_2>V_1>0$。

3. 如何称取混合碱试样？如果样品是 Na_2CO_3 和 $NaHCO_3$ 的混合物，应如何测定其含量？总结计算公式。

实验十二 氨水中氨含量的测定

一、实验目的

1. 掌握用安瓿球称挥发性液体试样的方法；

2. 掌握返滴定法测定氨水中氨含量的基本原理、操作方法和计算。

二、实验原理

$NH_3\cdot H_2O$ 是一种弱碱，$K_a=1.8\times 10^{-5}$，在一般浓度下，能够被酸标准溶液准确滴定。但因其具有挥发性，故使用返滴定法进行测定。

氨水试液中，首先加入过量的 H_2SO_4 标准溶液，然后以甲基红为指示剂，用 NaOH 标准溶液返滴定剩余的 H_2SO_4。

$$2NH_3\cdot H_2O+H_2SO_4(过量)=\!=\!=(NH_4)_2SO_4+2H_2O$$

$$H_2SO_4(剩余)+2NaOH=\!=\!=Na_2SO_4+2H_2O$$

三、仪器与试剂

1. 仪器

除常用定量化学分析仪器外，还有以下仪器：

（1）磨口具塞锥形瓶 250mL（三个）；

（2）安瓿球（三个）；

（3）表面皿；

（4）酒精灯；

（5）小片滤纸。

2. 试剂

（1）工业氨水试液；

（2）$c(NaOH)=1mol/L$ 的 NaOH 标准溶液；

（3）浓 H_2SO_4 溶液；

（4）基准物质无水 Na_2CO_3（于 270～300℃灼烧至恒重）；

（5）溴甲酚绿-甲基红混合指示剂；

（6）甲基红指示剂（$\rho=1g/L$ 的 20%乙醇溶液）。

四、实验步骤

1. $c\left(\frac{1}{2}H_2SO_4\right)=1mol/L$ 的 H_2SO_4 标准溶液的配制与标定

用量筒量取 15mL 浓硫酸，缓缓注入 500mL 水中，冷却，摇匀。

准确称取基准物质无水碳酸钠 1.5～2g，放入 250mL 锥形瓶中，加入 50mL 蒸馏水溶解，加 10 滴溴甲酚绿-甲基红混合指示剂，用欲标定的 1mol/L 的 H_2SO_4 溶液滴定至溶液由绿色变成暗红色，煮沸 2min，冷却后继续滴定至溶液呈暗红色，记录消耗 H_2SO_4 溶液的体积。

同时做空白试验。

2. 氨含量的测定

将已准确称量的安瓿球在酒精灯上微微加热，稍冷，吸入约 1.2～2mL 氨水试液，用小片滤纸将毛细管口擦干，在酒精灯上封口，准确称出质量，然后将安瓿球小心放入盛有 40.00mL 1mol/L 的 H_2SO_4 标准溶液的磨口具塞锥形瓶中，用塞塞紧，用力振摇，使安瓿球破碎（必要时可用玻璃棒捣碎安瓿球）。用洗瓶冲洗瓶塞及瓶内壁，摇匀，加入 2 滴甲基红指示剂（此时溶液应为红色），用 1mol/L 的 NaOH 标准溶液滴定至橙色即为终点。记录消耗 NaOH 溶液的体积。

五、计算公式

1. H_2SO_4 标准溶液浓度的计算

$$c\left(\frac{1}{2}H_2SO_4\right)=\frac{m\times1000}{(V-V_0)M} \tag{4-12}$$

式中　m——无水碳酸钠的质量，g；

V——滴定消耗 H_2SO_4 溶液的体积，mL；

V_0——空白试验消耗 H_2SO_4 溶液的体积，mL；

M——$\frac{1}{2}Na_2CO_3$ 的摩尔质量，52.994g/mol。

2. 氨含量的计算

$$w(NH_3)=\frac{\left[c\left(\frac{1}{2}H_2SO_4\right)V(H_2SO_4)-c(NaOH)V(NaOH)\right]\times 10^{-3}\times M(NH_3)}{m}\times 100\% \tag{4-13}$$

式中 $c\left(\frac{1}{2}H_2SO_4\right)$——$H_2SO_4$ 标准溶液的浓度，mol/L；

$V(H_2SO_4)$——加入 H_2SO_4 标准溶液的体积，mL；

$c(NaOH)$——NaOH 标准溶液的浓度，mol/L；

$V(NaOH)$——滴定消耗 NaOH 标准溶液的体积，mL；

$M(NH_3)$——NH_3 的摩尔质量，17.03g/mol；

m——氨水试液的质量，g。

六、注意事项

1. 浓硫酸具有强腐蚀性，操作时应注意安全。
2. 使用安瓿球吸取氨水后进行封口时，注意毛细管口不准对着自己和他人。

七、思考题

1. 在什么情况下需用安瓿球称取试样？
2. 氨水的浓度如果低于 10^{-4}mol/L，能否用酸碱滴定法准确滴定？
3. 本实验在安瓿球破碎后，加入甲基红指示剂，混匀后溶液呈黄色，说明什么问题？实验能否继续进行？

实验十三　铵盐中铵态氮含量的测定（甲醛法）

一、实验目的

1. 了解弱酸强化的方法原理；
2. 了解试样中游离酸对测定结果的影响及处理方法；
3. 掌握甲醛法间接测定铵盐中铵态氮含量的原理、操作方法和计算。

二、实验原理

甲醛与 NH_4^+ 反应定量生成质子化的六亚甲基四胺 $(CH_2)_6N_4H^+$ 和 H^+，两者均可用 NaOH 标准溶液滴定。以酚酞为指示剂，反应式为：

$$4NH_4^+ + 6HCHO = (CH_2)_6N_4H^+ + 3H^+ + 6H_2O$$

$$(CH_2)_6N_4H^+ + 3H^+ + 4OH^- = (CH_2)_6N_4 + 4H_2O$$

由反应式可知，NH_4^+ 和 NaOH 的基本单元分别为 NH_4^+、NaOH。所以 N 的基本单元为 N。

三、试剂

1. $c(NaOH)=0.1$mol/L 的 NaOH 标准溶液；
2. 酚酞指示剂（$\rho=10$g/L 乙醇溶液）；
3. 甲基红指示剂（$\rho=1$g/L 20%乙醇溶液）；
4. 硝酸铵（或其他铵盐如硫酸铵）试样。
5. 中性甲醛溶液（1+1）：甲醛中常含有微量酸，应预先中和。取原瓶装甲醛上层清液于烧杯中，用蒸馏水稀释一倍，加入1～2 滴酚酞指示剂，用 0.1mol/L NaOH 标准溶液中和至呈淡粉红色，再用未中和的甲醛滴至刚好无色。

四、实验步骤

准确称取硝酸铵试样 2～3g 于 100mL 小烧杯中，加入 20～30mL 蒸馏水溶解。将溶液定量转移至 250mL 容量瓶中，用蒸馏水稀释至刻度，摇匀。用移液管移取 25.00mL 试液于锥形瓶中，加 1 滴甲基红指示剂，如呈红色，需用 NaOH 标准溶液滴定至橙色[1]。加入 10mL（1+1）中性甲醛溶液，充分摇匀，放置 1min，加入 1～2 滴酚酞指示剂，用 0.1mol/L NaOH 标准溶液滴定至溶液呈微橙红色，并保持 30s 不褪即为终点。记录消耗 NaOH 标准溶液的体积。

五、计算公式

$$w(\mathrm{N})=\frac{c(\mathrm{NaOH})V(\mathrm{NaOH})\times 10^{-3}\times M(\mathrm{N})}{m\times\frac{25}{250}}\times 100\% \qquad (4\text{-}14)$$

式中　w（N）——试样中铵态氮的质量分数，%；

c(NaOH)——NaOH 标准溶液的浓度，mol/L；

V(NaOH)——滴定消耗 NaOH 标准溶液的体积，mL；

M(N)——N 的摩尔质量，14.0067g/mol；

m——试样质量，g。

六、思考题

1. NH_4^+ 为什么不能用 NaOH 标准溶液直接滴定？

2. 实验中加入甲醛的作用是什么？为什么需使用中性甲醛？甲醛未经中和对测定结果有何影响？

3. 如何计算铵盐试样中的氮含量？

4. 用 NaOH 标准溶液中和硝酸铵试样中的游离酸时，能否选酚酞作为指示剂？为什么？

5. 本实验测定 NH_4NO_3 试样，所得结果 w(N) 中是否包括 NH_4NO_3 中所有的 N？

6. 利用甲醛法能否测定 $(NH_4)_2SO_4$、NH_4Cl 或 NH_4HCO_3 中氮含量？

7. 利用甲醛法能否测定尿素 $CO(NH_2)_2$ 中氮含量？如何进行？

8. 通过查阅资料，总结甲醛法的适用范围。

实验十四　食醋中总酸量的测定（设计实验）

一、实验目的

1. 巩固酸碱滴定法的基础理论知识、基本操作技能；

2. 加深理解酸碱滴定法在生产、生活实际中的应用；

3. 培养学生查阅分析资料的能力。

二、设计实验要求

要求学生在查阅分析资料、进行必要的计算等基础上独立完成实验方案设计，包括以下方面：

（1）实验方法、原理（反应式、测定方法、滴定方式、指示剂及终点颜色变化）；

[1] 这是中和游离酸消耗的 NaOH 溶液，体积不计。

（2）需用的仪器（规格、数量）和试剂（浓度及配制、标定方法）；

（3）实验步骤（试样的称取或量取方法、各步加入试剂及加入量、产生的现象等）；

（4）实验数据记录及结果计算（写出计算公式、实验数据列表、计算结果并求出相对平均偏差）；

（5）注意事项。

学生在实验前设计实验方案，交教师审阅批准后才可进行实验。要求独立完成实验，并对实验结果加以讨论，完成实验报告。

三、有关提示

1. 食醋的主要组分是醋酸，此外还含有少量其他有机弱酸如乳酸等。以酚酞作指示剂，用 NaOH 标准溶液滴定，测出的是食醋中的总酸量，以醋酸（g/100mL）来表示。

2. 食醋中醋酸的含量一般为 3%～5%，浓度较大时，如醋精或工业醋酸，滴定前要在容量瓶中适当稀释，准确移取再滴定。稀释会使食醋本身颜色变浅，便于观察终点颜色变化。也可以选择白醋作试样。

3. CO_2 存在时溶于水形成 H_2CO_3，干扰测定。因此，本实验使用的蒸馏水应经过煮沸。

实验十五　醋酸钠含量的测定（非水酸碱滴定法）

一、实验目的

1. 掌握非水溶液酸碱滴定的原理及操作；

2. 掌握高氯酸标准滴定溶液的配制和标定方法；

3. 掌握结晶紫指示剂的滴定终点判断方法。

二、实验原理

醋酸钠在水溶液中，是一种很弱的碱（$K_b=5.6\times10^{-10}$），无法用强酸标准滴定溶液直接准确滴定。选择适当的溶剂如冰醋酸则可大大提高醋酸钠的碱性，在冰醋酸中高氯酸的酸性最强，可以用 $HClO_4$ 的冰醋酸溶液作为标准滴定溶液进行滴定，其滴定反应式为：

$$HClO_4 + NaAc = HAc + NaClO_4$$

选择结晶紫为指示剂，溶液紫色刚好消失初现蓝色即为终点。

由于高氯酸的浓溶液仅含 $HClO_4$ 70%～72%，还含有不少水分，在非水酸碱滴定中，水的存在影响质子的传递，也会影响滴定终点的观察。因此在配制高氯酸-冰醋酸标准滴定溶液时，常加入一定量的酸酐以除去水分。

邻苯二甲酸氢钾常作为标定 $HClO_4$-HAc 标准滴定溶液的基准物，其反应如下：

$$C_6H_4(COOK)(COOH) + HClO_4 = C_6H_4(COOH)(COOH) + KClO_4$$

由于测定和标定的产物为 $NaClO_4$ 和 $KClO_4$，它们在非水介质中的溶解度都较小，故滴定过程中随着 $HClO_4$-HAc 标准溶液的不断加入，慢慢有白色混浊物产生，但并不影响滴定结果。本实验选用醋酐-冰醋酸混合溶剂，以结晶紫为指示剂，用高氯酸-冰醋酸标准滴定溶液滴定。

三、试剂

1. 高氯酸-冰醋酸标准滴定溶液［$c(HClO_4)=0.1mol/L$］；

2. 结晶紫-冰醋酸溶液（$\rho=5g/L$）：0.5g 结晶紫溶于 100mL 冰醋酸溶液中；

3. 冰醋酸；

4. 基准物质邻苯二甲酸氢钾（KHP）（于105～110℃干燥2h）；

5. 醋酸酐（乙酸酐A.R）；

6. 无水醋酸钠试样。

四、实验步骤

1. $c(HClO_4)$ =0.1mol/L高氯酸-冰醋酸标准滴定溶液的配制与标定

在350mL冰醋酸中缓缓加入72%的高氯酸4.2mL，摇匀，在室温下缓缓滴加乙酸酐12mL，边加边摇，加完后再振摇均匀，冷却后用无水冰醋酸稀释至500mL，摇匀，放置24h（使乙酸酐与溶液中水充分反应）。

准确称取KHP 0.4～0.6g于干燥锥形瓶中，加入冰醋酸20mL，温热使其溶解，加1～3滴结晶紫指示剂，用高氯酸-冰醋酸溶液缓缓滴定至溶液由紫色刚好变为蓝色（微带紫色）即为终点。记录消耗高氯酸-冰醋酸溶液的体积。

取相同量的冰醋酸进行空白试验校正。

2. 醋酸钠含量的测定

准确称取0.2g无水醋酸钠试样，置于洁净且干燥的250mL锥形瓶中，加入20mL冰醋酸，温热使之完全溶解，加结晶紫指示剂1～2滴，用高氯酸-冰醋酸标准滴定溶液滴定至溶液紫色消失，刚好出现蓝色即为终点。记录消耗高氯酸-冰醋酸溶液体积。

五、计算公式

1. 计算高氯酸-冰醋酸标准滴定溶液浓度

$$c(HClO_4)=\frac{m(KHC_8H_4O_4)}{[V(HClO_4)-V_0]\times 10^{-3}\times M(KHC_8H_4O_4)}$$

式中 $c(HClO_4)$——高氯酸-冰醋酸标准滴定溶液的浓度，mol/L；

$m(KHC_8H_4O_4)$——邻苯二甲酸氢钾的质量，g；

$M(KHC_8H_4O_4)$——邻苯二甲酸氢钾的摩尔质量，g/mol；

$V(HClO_4)$——滴定时消耗$HClO_4$标准溶液的体积（校正后），mL；

V_0——空白试验时消耗$HClO_4$标准溶液的体积，mL。

2. 计算醋酸钠含量

$$w(NaAc)=\frac{c(HClO_4)V(HClO_4)\times 10^{-3}\times M(NaAc)}{m(NaAc)}\times 100\%$$

式中 $c(HClO_4)$——高氯酸-冰醋酸标准滴定溶液的浓度，mol/L；

$V(HClO_4)$——滴定时消耗高氯酸-冰醋酸标准滴定溶液的体积（校正后），mL；

$M(NaAc)$——NaAc的摩尔质量，82.03g/mol；

$m(NaAc)$——NaAc试样的质量，g。

六、注意事项

1. 乙酸酐$(CH_3CO)_2O$是由2个醋酸分子脱去1分子H_2O而成，它与$HClO_4$作用发生剧烈反应，反应式为：

$$5(CH_3CO)_2O+2HClO_4+5H_2O=10CH_3COOH+2HClO_4$$

同时放出大量的热，过热易引起$HClO_4$爆炸。因此，配制时不可使高氯酸与乙酸酐直接混合，只能将 $HClO_4$缓缓滴入到冰醋酸中，再滴加乙酸酐。

2. 本实验为非水酸碱滴定，烧杯、量筒等所有玻璃仪器均需干燥。

七、思考题

1. 在配制高氯酸-冰醋酸标准滴定溶液时为什么要加入醋酸酐？如何加入？

2. 说明通过非水滴定测定醋酸钠含量的基本原理。

第五章
配位滴定法

利用金属离子与配位体形成配合物的反应进行滴定分析的方法称为配位滴定法。配位滴定法是常用四大类滴定分析方法之一。目前，配位滴定法主要是指以 EDTA（乙二胺四乙酸二钠盐）为滴定剂的配位滴定法。在配位滴定中，溶液酸度是主要测定条件，因此在实验中要严格控制溶液酸度。

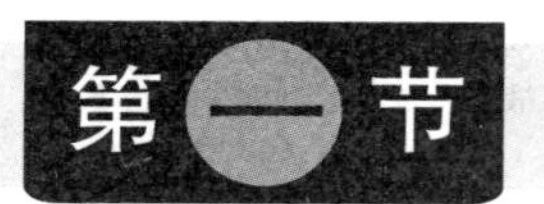

第一节 EDTA 标准溶液的制备

一、EDTA 标准溶液的配制

乙二胺四乙酸（简称 EDTA，以 H_4Y 表示）难溶于水，通常采用其二钠盐（也简称 EDTA，以 $Na_2H_2Y \cdot 2H_2O$ 表示）配制标准溶液。乙二胺四乙酸二钠盐是白色微晶粉末，易溶于水，试剂中常含少量杂质且易吸收少量水分，故在工厂和实验室中常用间接法配制 EDTA 标准溶液。

配位滴定法对蒸馏水的质量要求较高，配制溶液用的蒸馏水中若含有某些金属离子会消耗 EDTA，使测定结果产生误差，有些金属离子还会使指示剂受到封闭，如 Al^{3+} 对二甲酚橙有封闭作用，使终点难以判断。故在配位滴定中必须对所用蒸馏水的质量进行检验。

为了防止 EDTA 溶液溶解软质玻璃中的 Ca^{2+} 形成 CaY^{2-}，应将 EDTA 溶液贮存在聚乙烯塑料瓶中或硬质玻璃瓶中，并在使用一段时间后，进行一次检查性的标定。

二、标定 EDTA 溶液的基准试剂

标定 EDTA 溶液的基准试剂很多，如纯金属 Zn、Cu、Bi、Pb、Mg、Ni 等，它们的纯度一般应在 99.95%以上。金属表面有一层氧化膜，应先用酸洗去，再用水或乙醇清洗，待乙醇挥发掉后，在 105℃烘干数分钟，备用。

金属氧化物或其盐类也可作基准物，如 ZnO、MgO、$CaCO_3$、$MgSO_4 \cdot 7H_2O$ 等，有些试剂在使用之前应预先处理，如重结晶、烘干、灼烧和在一定湿度的干燥器中保存等。

标定 EDTA 溶液常用的基准试剂及其预处理方法、测量条件列于表 5-1 中。

表 5-1 标定 EDTA 溶液常用的基准试剂

基准试剂	基准试剂的预处理	测量条件		终点颜色变化
		pH	指示剂	
铜片	用稀 HNO_3 溶解，除去表面氧化层后，用水和无水乙醇充分洗涤，再于 105℃烘箱中烘 3min，取出冷却，称量，以 1+1 HNO_3 溶解，再加 H_2SO_4 蒸发除去 NO_2	4.3($HAc-NaAc$ 缓冲溶液)	PAN	红→黄
铅粒	处理方法同上，加热除去 NO_2	10(NH_3-NH_4Cl 缓冲溶液) 5～6(六亚甲基四胺)	铬黑 T(EBT) 二甲酚橙(XO)	红→蓝 红→黄
锌片	用 1+5 HCl 溶解，除去表面氧化层，用水和乙醇洗涤，再于 105℃烘箱中烘 3min，冷却，称量，以 1+1 HCl 溶解	与铅粒相同	与铅粒相同	红→蓝 红→黄
ZnO	于 900℃灼烧至恒重，称量，以1+1 HCl 溶解	与铅粒相同	与铅粒相同	红→蓝 红→黄
$CaCO_3$	于 110℃烘箱中烘 2h，取出冷却，称量，以 1+1 HCl 溶解	≥12.5	钙指示剂(N. N)	酒红→蓝
MgO	于 1000℃灼烧，取出冷却，称量，以 1+1 HCl 溶解	10(NH_3-NH_4Cl 缓冲溶液)	铬黑 T 或酸性铬蓝 K-萘酚绿 B	红→蓝

为了消除系统误差，提高测定准确度，标定条件和测定条件应尽可能一致。例如，测定 Ca^{2+}、Mg^{2+} 用的 EDTA 最好用 $CaCO_3$ 标定，标定时控制 pH≥12；而测定 Pb^{2+}、Bi^{3+} 用 EDTA 最好用 Pb 来标定，以减小方法的系统误差。

三、EDTA 溶液的标定

1. 用 Zn^{2+} 标准溶液标定 EDTA

实验室常以 Zn^{2+} 标准溶液标定 EDTA。Zn^{2+} 标准溶液可用金属锌、氧化锌或硫酸锌等基准物直接配制。通常先配制成较大量的溶液，再取一定量来标定 EDTA。

(1) 在 pH=10 的 NH_3-NH_4Cl 缓冲溶液中以铬黑T(EBT) 为指示剂直接滴定　在 pH=10 时，铬黑 T 自身呈蓝色，与 Zn^{2+} 形成的配合物 $ZnIn^-$ 呈红色。滴加 EDTA 时，溶液中游离的 Zn^{2+} 首先与 EDTA 阴离子配合。到达化学计量点时，EDTA 阴离子夺取 $ZnIn^-$ 配合物中的 Zn^{2+}，释放出指示剂，溶液由红色变为蓝色即为终点。

(2) 在 pH=5～6 的 $(CH_2)_6N_4$ 缓冲溶液中以二甲酚橙（XO）为指示剂直接滴定　在 pH=5～6 时，二甲酚橙呈黄色，它与 EDTA 的配合物呈紫红色。用 EDTA 进行滴定，到达化学计量点时，溶液由紫红色变为亮黄色即为终点。

2. 以 $CaCO_3$ 为基准物标定 EDTA

EDTA 若用于测定石灰石或白云石中 CaO、MgO 的含量，则宜用 $CaCO_3$ 为基准物。先加 HCl 溶液将 $CaCO_3$ 溶解，反应式如下：

$$CaCO_3 + 2HCl \longrightarrow CaCl_2 + CO_2\uparrow + H_2O$$

然后将溶液定量转移到容量瓶中，稀释至刻度，制成钙标准溶液。准确吸取一定量钙标准溶液，调节 pH≥12，用钙指示剂（N. N.）指示滴定终点，以 EDTA 溶液滴定至溶液由酒红色变为纯蓝色，原理如下：

钙指示剂（以 H_3In 表示）在水溶液中有如下离解平衡。

$$H_3In \rightleftharpoons 2H^+ + HIn^{2-}$$

在 pH≥12 的溶液中，HIn^{2-} 与 Ca^{2+} 形成比较稳定的配离子。

$$\underset{\text{(纯蓝色)}}{HIn^{2-}} + Ca^{2+} \rightleftharpoons \underset{\text{(酒红色)}}{CaIn^-} + H^+$$

所以在钙标准溶液中加入钙指示剂时，溶液呈酒红色。当用 EDTA 溶液滴定时，由于 EDTA 能与 Ca^{2+} 形成比 $CaIn^-$ 更稳定的配离子，因此近终点时，$CaIn^-$ 不断转为 CaY^{2-}，使钙指示剂释放出来，溶液由酒红色变为纯蓝色。

$$\underset{\text{(酒红色)}}{CaIn^-} + H_2Y^{2-} + OH^- \rightleftharpoons \underset{\text{(无色)}}{CaY^{2-}} + \underset{\text{(纯蓝色)}}{HIn^{2-}} + H_2O$$

第二节 配位滴定法的应用

由于 EDTA 具有相当强的配位能力，能与许多金属形成配合物，因此，EDTA 配位滴定法应用比较广泛。在配位滴定中采用直接滴定法、返滴定法、置换滴定法和间接滴定法等不同的滴定方式，不仅可以扩大配位滴定的应用范围，而且还可以提高配位滴定的选择性。

一、直接滴定法

直接滴定法是配位滴定中最基本的滴定方式。这种方法是将试样处理成溶液后，调节至所需要的酸度，加入必要的其他试剂（如加掩蔽剂掩蔽干扰离子）和金属指示剂，用 EDTA 直接滴定。该法操作简便、快速，引入误差少，结果也较准确，目前约有 40 种以上的金属可用直接法滴定。在可能的情况下应尽量选用直接滴定法。表 5-2 列出了部分用直接法测定的离子。

表 5-2 EDTA 直接滴定法测定实例

金属离子	pH	指示剂	其他主要条件
Bi^{3+}	1	二甲酚橙	HNO_3 介质
Fe^{3+}	2	磺基水杨酸	加热至 50～60℃
Th^{4+}	2.5～3.5	二甲酚橙	
Cu^{2+}	2.5～10	PAN	加酒精或加热
	8	紫脲酸铵	
Zn^{2+}、Cd^{2+}	约 5.6	二甲酚橙	
Pb^{2+}、稀土	9～10	铬黑 T	氨性缓冲溶液，滴定 Pb^{2+} 时，需加酒石酸作辅助配合剂
Ni^{2+}	9～10	紫脲酸铵	氨性缓冲溶液，加热至 50～60℃
Mg^{2+}	10	铬黑 T	
Ca^{2+}	12～13	钙指示剂或紫脲酸铵	

例如水硬度的测定。水的硬度是指水中除碱金属以外的全部金属离子浓度之和。由于水中 Ca^{2+}、Mg^{2+} 含量远比其他金属离子高，所以通常以水中 Ca^{2+}、Mg^{2+} 总量表示水的硬度。它们主要以碳酸氢盐、氯化物、硫酸盐等形式存在。测定水的总硬度，一般就是指测定水中 Ca^{2+}、Mg^{2+} 总量，单独测 Ca^{2+} 含量用硬度表示为钙硬度，Mg^{2+} 含量用硬度表示为镁硬度。测定结果的表示方法主要有两种，一种是以每升水中所含 $CaCO_3$ 的质量（mg/L）或物质的量（mmol/L）表示，另一种是以每升水中含 10mg CaO 为 1 度（1°）表示。表 5-3 列出了水质分类。

表 5-3 水质分类

总硬度	0°～4°	4°～8°	8°～16°	16°～25°	25°～40°	40°～60°	60°以上
水质	很软水	软水	中硬水	硬水	高硬水	超硬水	特硬水

1. 总硬度的测定

在 pH=10 的氨-氯化铵缓冲溶液中，以铬黑 T 为指示剂，用三乙醇胺掩蔽 Fe^{3+}、Al^{3+} 等可能共存的离子，水中的 Mg^{2+} 与指示剂生成红色配合物（$K_{MgIn} > K_{CaIn}$）。用 EDTA 滴定时，由于 $K_{CaY} > K_{MgY}$，因此 EDTA 首先与水中的 Ca^{2+} 配位，然后再与 Mg^{2+} 配位。到达化学计量点时，EDTA 夺取 $MgIn^-$ 中的 Mg^{2+}（$K_{MgY} > K_{MgIn}$），使指示剂游离出来，溶液呈纯蓝色指示滴定终点。

2. 钙硬度的测定

用 NaOH 调节水样使 pH=12，Mg^{2+} 形成 $Mg(OH)_2$ 沉淀，以钙指示剂指示终点，用 EDTA 标准溶液滴定，终点时溶液由红色变为蓝色。

注意：① 水样中含有 $Ca(HCO_3)_2$，当加碱调节至 pH>12 时，形成 $CaCO_3$ 而使结果偏低，还会使滴定终点拖长，变色不敏锐。应先加入 HCl 酸化并煮沸使 $Ca(HCO_3)_2$ 完全分解。

$$Ca(HCO_3)_2 + 2NaOH = CaCO_3\downarrow + Na_2CO_3 + 2H_2O$$

$$Ca(HCO_3)_2 + 2HCl = CaCl_2 + 2H_2O + 2CO_2\uparrow$$

② 加入 NaOH 量不宜过多，否则一部分 Ca^{2+} 被 $Mg(OH)_2$ 吸附，致使钙硬度测定结果偏低。加入 NaOH 量不足时，Mg^{2+} 沉淀不完全，钙硬度测定结果偏高。

二、返滴定法

当被测离子与 EDTA 反应缓慢，采用直接滴定法时没有合适指示剂，对指示剂有封闭作用，或被测离子在滴定的 pH 下发生水解又找不到合适的辅助剂时，可采用返滴定法。

返滴定法是在适当酸度的试液中加入已知过量的 EDTA 标准溶液，使之与被测金属离子反应完全，再用另一种金属离子标准溶液滴定过量的 EDTA，由两种标准溶液的浓度和体积计算被测离子的含量。

例如，铝盐中铝含量的测定，Al^{3+} 与 EDTA 配位反应缓慢，需要加热才能配合完全；Al^{3+} 对二甲酚橙、EBT 都有封闭作用；滴定 Al^{3+} 的最高允许酸度为 pH=4.0，即使在这一酸度下，Al^{3+} 也可能水解生成一系列多核羟基配合物，如 $[Al_2(H_2O)_6(OH)_3]^{3+}$、

$[Al_3(H_2O)_6(OH)_6]^{3+}$等，影响滴定；同时溶液中共存的$Fe^{3+}$及其他杂质干扰$Al^{3+}$的测定，故常用返滴定法或置换滴定法测定其含量。

又如，Ni^{2+}与EDTA配位反应缓慢，镍盐中镍含量的测定不适合用直接滴定法，也可以用返滴定法。在Ni^{2+}试液中加入过量的EDTA标准溶液，调节pH=5，加热煮沸使Ni^{2+}与EDTA配位完全。趁热立即加入PAN指示剂，用$CuSO_4$标准溶液回滴过量的EDTA，溶液由绿色变为紫蓝色为终点。反应式如下：

$$Ni^{2+}+H_2Y^{2-}(\text{过量})=NiY^{2-}+2H^+$$

$$H_2Y^{2-}(\text{剩余})+Cu^{2+}=\underset{(\text{蓝色})}{CuY^{2-}}+2H^+$$

$$\underset{(\text{黄色})}{PAN}+Cu^{2+}=\underset{(\text{红色})}{Cu\text{-}PAN}$$

三、置换滴定法

置换滴定法是指利用置换反应置换出另一金属离子，或置换出EDTA，然后进行滴定的方法。

1. 置换出金属离子

例如，Ag^+与EDTA的配合物不稳定（$\lg K_{AgY}=7.32$），不能用EDTA直接滴定。若在Ag^+试液中加入过量的$Ni(CN)_4^{2-}$，发生下列反应：

$$2Ag^++[Ni(CN)_4]^{2-}=2[Ag(CN)_2]^-+Ni^{2+}$$

在pH=10的氨性溶液中，以紫脲酸铵为指示剂，用EDTA滴定置换出来的Ni^{2+}，即可求得Ag^+的含量。

2. 置换出EDTA

在有干扰离子存在下测定某离子（M）时，可先加入过量EDTA，使待测离子和干扰离子全部与EDTA配位，再加入选择性高的配位剂L夺取MY中的M，释放出与M等物质的量的EDTA。

$$MY+L\longrightarrow ML+Y$$

用金属盐类标准溶液滴定释放出来的EDTA，即可测得M的含量。

置换滴定法是提高配位滴定选择性的途径之一。

此外，利用置换原理，可以改善指示剂指示滴定终点的敏锐性。

例如，铬黑T与Ca^{2+}显色不灵敏，对Mg^{2+}则较灵敏，因此pH=10的溶液中，用EDTA滴定时，可加入少量的MgY^{2-}，此时发生置换反应：

$$MgY^{2-}+Ca^{2+}\longrightarrow CaY^{2-}+Mg^{2+}$$

置换出来的Mg^{2+}与铬黑T形成红色配合物。用EDTA滴定时，EDTA先与Ca^{2+}配合，然后夺取MgIn中的Mg^{2+}，使指示剂释放出来，溶液呈蓝色，终点变色敏锐。滴定前加入的MgY^{2-}与最后生成的MgY^{2-}是等量的，不影响测定结果。

用CuY-PAN作指示剂时，也是利用置换滴定法的原理。

四、连续滴定法

利用酸效应，控制不同酸度，可用EDTA连续滴定金属离子。

如铅、铋混合液中铅、铋含量的连续测定。Pb^{2+}、Bi^{3+}能与EDTA形成稳定的1∶1配位化合物，其稳定常数分别为$\lg K_{BiY}=27.94$，$\lg K_{PbY}=18.04$，由于两者的$\lg K$值相差较大，可利用酸效应，控制不同酸度，用EDTA分别滴定Pb^{2+}和Bi^{3+}，分别测定它们的含量。通常在pH=1时，先滴定Bi^{3+}，不受Pb^{2+}的干扰，在pH=5～6时，滴定Pb^{2+}。

$$Bi^{3+} + H_2Y^{2-} \longrightarrow BiY^{-} + 2H^{+}$$

$$Pb^{2+} + H_2Y^{2-} \longrightarrow PbY^{2-} + 2H^{+}$$

在Pb^{2+}、Bi^{3+}混合液中，首先调节溶液的pH=1，以二甲酚橙为指示剂，Bi^{3+}与指示剂形成紫红色配合物，用EDTA标准溶液滴定Bi^{3+}，当溶液由紫红色恰变为黄色时，即为滴定Bi^{3+}的终点。

在滴定Bi^{3+}后的溶液中，加入六亚甲基四胺溶液，调节溶液pH=5～6，此时Pb^{2+}与二甲酚橙形成紫红色配合物，溶液再次呈紫红色，用EDTA标准溶液继续滴定，溶液由紫红色恰变为黄色，即为滴定Pb^{2+}的终点。

五、间接滴定法

有些金属离子和非金属离子不与EDTA配位或形成的配合物不稳定，可采用间接滴定法。

例如钠的测定，Na^{+}与EDTA的配合物极不稳定（$\lg K_{NaY}=1.66$），不能用EDTA直接滴定。将Na^{+}沉淀为醋酸铀酰锌钠$NaAc \cdot Zn(Ac)_2 \cdot 3UO_2(Ac)_2 \cdot 9H_2O$，分出沉淀，洗涤，溶解，然后用EDTA滴定$Zn^{2+}$，从而间接求出试样中$Na^{+}$的含量。

又如SO_4^{2-}的测定，在试液中加入已知过量的氯化钡和氯化镁混合液，Ba^{2+}与SO_4^{2-}作用形成$BaSO_4$沉淀。pH=10时，以铬黑T为指示剂，用EDTA标准溶液滴定过量的Ba^{2+}和Mg^{2+}，由酒红色变为蓝色为终点（Mg^{2+}的存在可提高滴定的灵敏度）。同时做空白试验，通过消耗EDTA的量间接计算SO_4^{2-}的含量。

实验十六　EDTA标准溶液的配制与标定

一、实验目的

1. 掌握EDTA溶液的配制方法；

2. 掌握用Zn^{2+}标准溶液和$CaCO_3$为基准物标定EDTA标准溶液的基本原理、操作方法和计算；

3. 熟悉铬黑T(EBT)、二甲酚橙指示剂和钙指示剂滴定终点的判断。

二、实验原理

以适当方法溶解纯金属锌或ZnO基准物，得到Zn^{2+}标准溶液，在pH=10的NH_3-NH_4Cl缓冲溶液中，以铬黑T(EBT)为指示剂，用EDTA滴定至由红色变为纯蓝色为终点。

$$\underset{(蓝色)}{Zn^{2+} + HIn^{2-}} \rightleftharpoons \underset{(红色)}{ZnIn^{-}} + H^{+}$$

$$Zn^{2+} + H_2Y^{2-} \rightleftharpoons ZnY^{2-} + 2H^{+}$$

$$\underset{(红色)}{ZnIn^{-}} + H_2Y^{2-} \rightleftharpoons ZnY^{2-} + \underset{(蓝色)}{HIn^{2-}} + H^{+}$$

或在 pH=5～10 的六亚甲基四胺缓冲溶液中，以二甲酚橙（XO）作指示剂，用 EDTA 滴定至由紫红色变为亮黄色为终点。

用 $CaCO_3$ 基准物标定时，溶液酸度应控制在 pH≥10，用钙指示剂，终点由红色变为蓝色。

三、试剂

1. EDTA 二钠盐（$Na_2H_2Y \cdot 2H_2O$）；

2. 基准试剂纯锌片（锌纯度为 99.99%）、氧化锌（于 800～900℃灼烧至恒重）、$CaCO_3$（于 105～110℃烘箱中干燥 2h，稍冷后置于干燥器中冷却至室温）；

3. 盐酸（1+1、1+2）；

4. ρ=100g/L 的 KOH 溶液；

5. 氨水（1+1）；

6. ρ=300g/L 的六亚甲基四胺溶液；

7. pH=10 的 NH_3-NH_4Cl 缓冲溶液（称取固体 NH_4Cl 5.4g，加水 20mL，加浓氨水 35mL，溶解后，以水稀释成 100mL，摇匀）；

8. 铬黑 T（称取 0.25g 固体铬黑 T、2.5g 盐酸羟胺，以 50mL 无水乙醇溶解）；

9. ρ=2g/L 的二甲酚橙指示剂；

10. 钙指示剂（与固体 NaCl 以 1+100 混合研细。临用前配制）。

四、实验步骤

1. 配制 c(EDTA)=0.02mol/L 的 EDTA 溶液 500mL

称取分析纯 $Na_2H_2Y \cdot 2H_2O$ 3.7g，溶于 300mL 蒸馏水中，加热溶解，冷却后转移至试剂瓶中，稀释至 500mL，充分摇匀，待标定。

2. 用 Zn^{2+} 标准溶液标定 EDTA 溶液

(1) $c(Zn^{2+})$=0.02mol/L 的 Zn^{2+} 标准溶液的配制

① 金属锌配制 Zn^{2+} 标准溶液。准确称取基准物质锌 0.33g，置于小烧杯中，加入约5～6mL 盐酸（1+2），待锌完全溶解后，以少量蒸馏水冲洗杯壁，定量转入 250mL 容量瓶中，稀释至刻度，摇匀。

$$c(Zn^{2+})=\frac{m(Zn)}{M(Zn)\times 250\times 10^{-3}} \tag{5-1}$$

式中　$c(Zn^{2+})$——Zn^{2+} 标准溶液的浓度，mol/L；

$m(Zn)$——基准物质 Zn 的质量，g；

$M(Zn)$——基准物质 Zn 的摩尔质量，65.409g/mol。

② ZnO 配制 Zn^{2+} 标准溶液。准确称取基准物质 ZnO 0.4g，置于小烧杯中，加 2～3 滴水润湿，加 2mL 盐酸（1+1），摇动使之溶解（一定完全溶解，必要时可稍加热），加入 25mL 水，摇匀。定量转入 250mL 容量瓶中，稀释至刻度，摇匀。

$$c(Zn^{2+})=\frac{m(ZnO)}{M(ZnO)\times 250\times 10^{-3}} \tag{5-2}$$

式中　$c(Zn^{2+})$——Zn^{2+} 标准溶液的浓度，mol/L；

$m(ZnO)$——基准物质 ZnO 的质量，g；

$M(ZnO)$——基准物质 ZnO 的摩尔质量，81.408g/mol。

(2) 用 Zn^{2+} 标准溶液标定 EDTA

① 铬黑 T 作指示剂标定 EDTA。用移液管移取 25.00mL Zn^{2+} 标准溶液于 250mL 锥形瓶中，加 20mL 水，滴加氨水（1+1）至刚出现浑浊，此时 pH 约为 8，然后加入 10mL NH_3-NH_4Cl 缓冲溶液（pH=10），滴加 4 滴铬黑 T 指示剂，用 EDTA 溶液滴定至溶液由酒红色变为纯蓝色即为终点。记录消耗 EDTA 溶液的体积。

② 二甲酚橙作指示剂标定 EDTA。用移液管移取 25.00mL Zn^{2+} 标准溶液于 250mL 锥形瓶中，加 20mL 水，滴加二甲酚橙指示剂 2～3 滴，加六亚甲基四胺至溶液呈稳定的紫红色（30s 内不褪色），用 EDTA 溶液滴定至溶液恰好从紫红色转变为亮黄色即为终点。记录消耗 EDTA 溶液的体积。

3. 以 $CaCO_3$ 为基准物质标定 EDTA

(1) $c(Ca^{2+})$=0.02mol/L 的 Ca^{2+} 标准溶液的配制　准确称取基准物质 $CaCO_3$ 0.5g 于 250mL 烧杯中，加入少量水润湿，盖上表面皿，沿杯口滴加 1+2 盐酸（控制速度防止飞溅）使 $CaCO_3$ 全部溶解。以少量水冲洗表面皿，定量转入 250mL 容量瓶中，稀释至刻度，摇匀。

$$c(Ca^{2+})=\frac{m(CaCO_3)}{M(CaCO_3)\times 250\times 10^{-3}} \tag{5-3}$$

式中　$c(Ca^{2+})$——Ca^{2+} 标准溶液的浓度，mol/L；

$m(CaCO_3)$——基准物质 $CaCO_3$ 的质量，g；

$M(CaCO_3)$——基准物质 $CaCO_3$ 的摩尔质量，100.09g/mol。

(2) 用 Ca^{2+} 标准溶液标定 EDTA　用移液管移取 25.00mL Ca^{2+} 标准溶液于 250mL 锥形瓶中，加约 20mL 蒸馏水，加入少量钙指示剂，滴加 KOH 溶液（大约 20 滴）至溶液呈现稳定的紫红色，然后用 EDTA 溶液滴定至溶液由红色变成蓝色即为终点。记录消耗 EDTA 溶液的体积。

五、计算公式

$$c(EDTA)=\frac{c(Zn^{2+})V(Zn^{2+})}{V(EDTA)} \tag{5-4}$$

式中　$c(EDTA)$——EDTA 标准溶液的浓度，mol/L；

$c(Zn^{2+})$——Zn^{2+} 标准溶液的浓度，mol/L；

$V(Zn^{2+})$——Zn^{2+} 标准溶液的体积，mL；

$V(EDTA)$——滴定时消耗 EDTA 标准溶液的体积，mL。

六、注意事项

1. 滴加 1+1 氨水调整溶液酸度时要逐滴加入，每加一滴都要摇匀，溶液静止下来后再加下一滴，防止滴加过量，以出现浑浊为限。滴加过快时，可能会使浑浊立即消失，误以为还没有出现浑浊。

2. 加入 NH_3-NH_4Cl 缓冲溶液后应尽快滴定，不宜放置过久。

七、思考题

1. EDTA 标准溶液通常使用乙二胺四乙酸二钠配制，而不使用乙二胺四乙酸，为什么？

2. 用 Zn^{2+} 标定 EDTA 时，为什么先用氨水调节溶液 pH=7～8 以后，再加入 NH_3-NH_4Cl 缓冲溶液？

3. 用 Zn^{2+} 标定 EDTA，用氨水调节溶液 pH 时，先出现白色沉淀，后又溶解。解释此现象并写出反应方程式。

4. 以 HCl 溶液溶解 $CaCO_3$ 基准物时，操作中应注意些什么？为什么？

5. 用 Ca^{2+} 标准溶液标定 EDTA，写出 EDTA 物质的量浓度和 EDTA 对 Ca^{2+} 滴定度的计算式。

实验十七 自来水硬度的测定

一、实验目的

1. 掌握用配位滴定法测定水中硬度的基本原理、操作方法和计算；
2. 掌握水中硬度的表示方法；
3. 掌握铬黑 T、钙指示剂的应用条件和终点颜色判断。

二、实验原理

总硬度的测定，用 NH_3-NH_4Cl 缓冲溶液控制 pH=10，以铬黑 T 为指示剂，用三乙醇胺掩蔽 Fe^{3+}、Al^{3+} 等可能共存的离子，用 Na_2S 消除 Cu^{2+}、Pb^{2+} 等可能共存离子的影响，用 EDTA 标准溶液直接滴定 Ca^{2+} 和 Mg^{2+}，终点时溶液由红色变为纯蓝色。

$$Mg^{2+} + HIn^{2-} = MgIn^{-} + H^{+}$$

（红色）

$$Ca^{2+} + H_2Y^{2-} \rightleftharpoons CaY^{2-} + 2H^{+}$$

$$Mg^{2+} + H_2Y^{2-} \rightleftharpoons MgY^{2-} + 2H^{+}$$

$$MgIn^{-} + H_2Y^{2-} = MgY^{2-} + HIn^{2-} + H^{+}$$

（红色）　　　　　　　　（纯蓝色）

钙硬度的测定，用 NaOH 调节水样使 pH=12，Mg^{2+} 形成 $Mg(OH)_2$ 沉淀，以钙指示剂指示终点，用 EDTA 标准溶液滴定，终点时溶液由红色变为蓝色。

$$Ca^{2+} + HIn^{2-} = CaIn^{-} + H^{+}$$

$$Ca^{2+} + H_2Y^{2-} = CaY^{2-} + 2H^{+}$$

$$CaIn^{-} + H_2Y^{2-} = CaY^{2-} + HIn^{2-} + H^{+}$$

（红色）　　　　　　　　（蓝色）

三、试剂

1. 水试样（自来水）；
2. c(EDTA)=0.02mol/L 的 EDTA 标准溶液；
3. NH_3-NH_4Cl 缓冲溶液（pH=10）；
4. 铬黑 T；
5. 刚果红试纸；
6. 钙指示剂；
7. c(NaOH)=4mol/L 的 NaOH 溶液；
8. 盐酸（1+1）；
9. ρ=200g/L 的三乙醇胺溶液；
10. ρ=20g/L 的 Na_2S 溶液。

四、实验步骤

1. 总硬度的测定

用 50mL 移液管移取水试样 50.00mL 于 250mL 锥形瓶中，加 1～2 滴盐酸（1＋1）酸化（用刚果红试纸检验变蓝紫色），煮沸 2～3min 赶除 CO_2。冷却，加入 3mL 三乙醇胺溶液、5mL NH_3-NH_4Cl 缓冲溶液、1mL Na_2S 溶液。加 3 滴铬黑 T 指示剂，立即用 0.02mol/L 的 EDTA 标准溶液滴定至溶液由酒红色变为纯蓝色即为终点。记录消耗 EDTA 溶液的体积。

2. 钙硬度的测定

用 100mL 移液管移取水试样 100.0mL 于 250mL 锥形瓶中，加入刚果红试纸（pH 3～5，颜色由蓝变红）一小块。加入 1～2 滴盐酸（1＋1）酸化，至试纸变蓝紫色为止。煮沸 2～3min，冷却至 40～50℃，加入 4mol/L 的 NaOH 溶液 4mL，再加少量钙指示剂，以 0.02mol/L 的 EDTA 标准溶液滴定至溶液由红色变为蓝色即为终点。记录消耗 EDTA 溶液的体积。

五、计算公式

1. 总硬度

$$\rho_{总}(CaCO_3)=\frac{c(EDTA)V_1M(CaCO_3)}{V}\times10^3 \tag{5-5}$$

$$\rho_{总}=\frac{c(EDTA)V_1M(CaO)}{V\times10}\times10^3 \quad [以度(°)为单位] \tag{5-6}$$

2. 钙硬度

$$\rho_{钙}(CaCO_3)=\frac{c(EDTA)V_2M(CaCO_3)}{V}\times10^3 \tag{5-7}$$

式中 $\rho_{总}(CaCO_3)$——水样的总硬度，mg/L；

$\rho_{钙}(CaCO_3)$——水样的钙硬度，mg/L；

$c(EDTA)$——EDTA 标准溶液的浓度，mol/L；

V_1，V_2——测定总硬度和钙硬度时分别消耗EDTA标准溶液的体积，mL；

V——水样的体积，mL；

$M(CaCO_3)$，$M(CaO)$——$CaCO_3$ 和 CaO 的摩尔质量，100.09g/mol 和 56.08g/mol。

六、注意事项

1. 滴定速度不能过快，接近终点时要慢，并充分摇动，以免滴定过量。

2. 加入 Na_2S 后，若生成的沉淀较多，将沉淀过滤。

七、思考题

1. 本实验使用的 EDTA 标准溶液，最好使用哪种指示剂标定？恰当的基准物是什么？为什么？

2. 测定钙硬度时为什么加盐酸？加盐酸时应注意什么？

3. 以测定 Ca^{2+} 为例，写出终点前后的各反应式。说明指示剂颜色变化的原因。

4. 单独测定 Ca^{2+} 时能否用铬黑 T 作指示剂？Mg^{2+} 的存在是否干扰测定？若在铬黑 T 指示剂中加入一定量的 MgY，对滴定终点有何影响？说明反应原理。

5. 根据本实验分析结果，评价该水试样的水质。

实验十八　镍盐中镍含量的测定

一、实验目的

1. 掌握 EDTA 返滴定法测定镍盐中镍的原理、操作方法和计算；

2. 掌握 PAN 指示剂的配制方法、使用条件和滴定终点的正确判断。

二、实验原理

由于 Ni^{2+} 与 EDTA 配位反应进行缓慢，不符合直接滴定的条件，因此用返滴定法测定 Ni^{2+}。在 Ni^{2+} 溶液中加入过量的 EDTA 标准溶液，调节 pH=5，加热煮沸使 Ni^{2+} 与 EDTA 配位完全。过量的 EDTA 用 $CuSO_4$ 标准溶液回滴，PAN 作指示剂，终点时溶液由绿色变为蓝紫色。反应如下：

$$Ni^{2+} + H_2Y^{2-} = NiY^{2-} + 2H^+$$

$$H_2Y^{2-} + Cu^{2+} = \underset{(蓝色)}{CuY^{2-}} + 2H^+$$

$$\underset{(黄色)}{PAN} + Cu^{2+} = \underset{(红色)}{Cu\text{-}PAN}$$

三、试剂

1. c(EDTA)=0.02mol/L 的 EDTA 标准溶液；

2. 氨水（1+1）；

3. 稀 H_2SO_4（6mol/L）；

4. HAc-NH_4Ac 缓冲溶液：称取 NH_4Ac 20.0g，以适量水溶解，加 HAc(1+1) 5mL，稀释至 100mL；

5. 硫酸铜（$CuSO_4 \cdot 5H_2O$）固体；

6. PAN 指示剂（1g/L）：0.10g PAN 溶于乙醇，用乙醇稀释至 100mL；

7. 刚果红试纸。

四、实验步骤

1. $c(CuSO_4)$=0.02mol/L 溶液的配制

称取 1.25g $CuSO_4 \cdot 5H_2O$，溶于少量稀 H_2SO_4 中，定量转入 250mL 容量瓶中，用水稀释至刻度，摇匀，待标定。

2. $CuSO_4$ 标准溶液的标定

从滴定管放出 25.00mL EDTA 标准溶液于 250mL 锥形瓶中，加入 50mL 水，加入 20mL HAc-NH_4Ac 缓冲溶液，煮沸后立即加入 10 滴 PAN 指示液，迅速用待标定的 $CuSO_4$ 溶液滴定至溶液呈紫红色为终点，记下消耗 $CuSO_4$ 溶液的体积。

3. 镍盐中镍含量的测定

准确称取镍盐试样（相当于含 Ni 在 30mg 以内）于小烧杯中，加水 50mL，溶解并定量转入 100mL 容量瓶中，用水稀释至刻度，摇匀。用移液管移取 10.00mL 置于锥形瓶中，加入 c(EDTA)=0.02mol/L EDTA 标准溶液 30.00mL，用氨水（1+1）调节使刚果红试纸变红，加 HAc-NH_4Ac 缓冲溶液 20mL，煮沸后立即加入 10 滴 PAN 指示剂，迅速用 $CuSO_4$ 标准滴定溶液滴定至溶液由绿色变为蓝紫色即为终点。记下消耗 $CuSO_4$ 标准溶液的体积。

五、计算公式

1. 计算 $CuSO_4$ 溶液的浓度

$$c(\mathrm{CuSO_4})=\frac{c(\mathrm{EDTA})V(\mathrm{EDTA})}{V(\mathrm{CuSO_4})} \tag{5-8}$$

式中 $c(\mathrm{CuSO_4})$——$CuSO_4$ 标准滴定溶液的浓度，mol/L；

$c(\mathrm{EDTA})$——EDTA 标准溶液的浓度，mol/L；

$V(\mathrm{CuSO_4})$——标定时消耗 $CuSO_4$ 标准滴定溶液的体积，mL；

$V(\mathrm{EDTA})$——标定时所取 EDTA 标准溶液的体积，mL。

2. 计算镍含量

$$w(\mathrm{Ni})=\frac{[c(\mathrm{EDTA})V(\mathrm{EDTA})-c(\mathrm{CuSO_4})V(\mathrm{CuSO_4})]\times10^{-3}\times M(\mathrm{Ni})}{m\times\frac{10}{100}}\times100\% \tag{5-9}$$

式中 $w(\mathrm{Ni})$——镍盐试样中镍的含量，%；

$c(\mathrm{EDTA})$——EDTA 标准溶液的浓度，mol/L；

$V(\mathrm{EDTA})$——测定时加入 EDTA 标准溶液的体积，mL；

$c(\mathrm{CuSO_4})$——$CuSO_4$ 标准滴定溶液的浓度，mol/L；

$V(\mathrm{CuSO_4})$——测定时消耗 $CuSO_4$ 标准滴定溶液的体积，mL；

$M(\mathrm{Ni})$——Ni 的摩尔质量，58.6934g/mol；

m——试样的质量，g。

六、思考题

1. 用 EDTA 配位滴定法测定镍含量时为什么要采用返滴定法？

2. 在 Ni^{2+} 试液中加入 EDTA 后，能否直接加入 HAc-NH_4Ac 缓冲溶液调节 pH？为什么先加氨水调节至刚果红试纸变红？此时 pH 是多少？

3. 什么叫指示剂的僵化现象？如何消除？

实验十九 铝盐中铝含量的测定（置换滴定法）

一、实验目的

1. 掌握置换滴定法测定铝盐中铝含量的基本原理、操作方法和计算；

2. 掌握 PAN、二甲酚橙指示剂的应用条件和终点颜色判断。

二、实验原理

在 pH=3～4 的条件下，在铝盐试液中加入过量的 EDTA 溶液，加热煮沸使 Al^{3+} 配位完全。调节溶液 pH=5～6，以 PAN 或二甲酚橙为指示剂，用锌盐（或铜盐）标准溶液滴定剩余的EDTA（不计体积）。然后，加入过量 NH_4F，加热煮沸，置换出与 Al^{3+} 配位的 EDTA，再用锌盐（或铜盐）标准溶液滴定至溶液由黄色变为紫红色即为终点。反应如下：

$$Al^{3+}+H_2Y^{2-}(\text{过量})=\!=\!=AlY^{-}+2H^{+}$$

$$H_2Y^{2-}(\text{剩余})+Zn^{2+}=\!=\!=ZnY^{2-}+2H^{+}$$

置换： $$AlY^{-}+6F^{-}+2H^{+}=\!=\!=AlF_6^{3-}+H_2Y^{2-}$$

滴定： $$H_2Y^{2-}+Zn^{2+}=\!=\!=ZnY^{2-}+2H^{+}$$

三、试剂

1. 盐酸（1+1）；

2. $c(\mathrm{EDTA})=0.02$mol/L 的 EDTA 标准溶液；

3. $c(Zn^{2+})=0.02$mol/L 的 Zn^{2+} 标准溶液；

4. 百里酚蓝指示剂（ρ=1g/L 的 20%乙醇溶液）；

5. PAN 指示剂（1g/L 的乙醇溶液）；

6. ρ=2g/L 的二甲酚橙指示剂；

7. 氨水（1+1）；

8. ρ=200g/L 的六亚甲基四胺溶液；

9. 固体 NH_4F；

10. 铝盐试样（如工业硫酸铝）。

四、实验步骤

准确称取铝盐试样 0.5～1.0g，加少量盐酸（1+1）及 50mL 水溶解，定量转入 100mL 容量瓶中并稀释至刻度，摇匀。移取试液 10.00mL 于锥形瓶中，加水 20mL 及 0.02mol/L 的 EDTA 标准溶液 30.00mL，加 4～5 滴百里酚蓝指示剂，用氨水中和恰好呈黄色（pH=3～3.5），煮沸后，加六亚甲基四胺溶液 20mL，使pH=5～6，用力振荡，流水冷却。加入 10 滴 PAN 指示剂（或 2 滴二甲酚橙指示剂），用 0.02mol/L 的 Zn^{2+} 标准溶液滴定至溶液由黄色变为紫红色（不计体积）。加 NH_4F 1～2g，加热煮沸 2min，冷却，用 0.02mol/L 的 Zn^{2+} 标准溶液滴定至溶液由黄色变为紫红色为终点，记录消耗 Zn^{2+} 标准溶液的体积。

五、计算公式

$$w(\mathrm{Al})=\frac{c(\mathrm{Zn}^{2+})V(\mathrm{Zn}^{2+})\times 10^{-3}\times M(\mathrm{Al})}{m\times\frac{10}{100}}\times 100\% \qquad (5\text{-}10)$$

式中　$w(\mathrm{Al})$—— 铝盐试样中铝的质量分数，%；

$c(\mathrm{Zn}^{2+})$—— Zn^{2+} 标准溶液的浓度，mol/L；

$V(\mathrm{Zn}^{2+})$—— 滴定时消耗 Zn^{2+} 标准溶液的体积，mL；

$M(\mathrm{Al})$—— Al 的摩尔质量，26.9815g/mol；

m —— 铝盐试样的质量，g。

六、思考题

1. 说明测定过程中两次加热的目的。

2. 什么叫置换滴定法？测定 Al^{3+} 为什么要用置换滴定法？能否采用直接滴定法？测定 Al^{3+} 还可以用哪种滴定方式？

3. 第一次用锌盐标准溶液滴定 EDTA，为什么不计体积？若此时锌盐溶液过量，对分析结果有何影响？

4. 若试样为工业硫酸铝，如何计算硫酸铝的含量？写出计算式。

5. 置换滴定法中所使用的 EDTA 溶液，是否需要标定？为什么？

6. 本实验中锌盐标准溶液如何配制？

实验二十　铅、铋混合液中铅和铋含量的连续测定

一、实验目的

1. 掌握通过控制酸度用 EDTA 连续滴定金属离子的基本原理和操作方法；

2. 掌握 EDTA 连续滴定 Bi^{3+} 和 Pb^{2+} 的原理、操作和计算。

二、实验原理

在 Bi^{3+}、Pb^{2+} 混合溶液中，首先调节溶液的 pH=1，以二甲酚橙为指示剂，Bi^{3+} 与指

示剂形成紫红色配合物（Pb^{2+} 在此条件下不会与二甲酚橙形成有色配合物），用 EDTA 标准溶液滴定 Bi^{3+}，当溶液由紫红色恰变为黄色时，即为滴定 Bi^{3+} 的终点。

在滴定 Bi^{3+} 后的溶液中，加入六亚甲基四胺溶液，调节溶液 pH＝5～6，此时 Pb^{2+} 与二甲酚橙形成紫红色配合物，溶液再次呈现紫红色，然后用 EDTA 标准溶液继续滴定，溶液由紫红色恰变为黄色，即为滴定 Pb^{2+} 的终点。

$$Bi^{3+} + H_2Y^{2-} \longrightarrow BiY^- + 2H^+$$

$$Pb^{2+} + H_2Y^{2-} \longrightarrow PbY^{2-} + 2H^+$$

三、试剂

1. $c(EDTA)=0.02mol/L$ 的 EDTA 标准溶液；
2. $\rho=2g/L$ 的二甲酚橙指示剂；
3. $\rho=200g/L$ 的六亚甲基四胺缓冲溶液；
4. $c(HNO_3)=0.1mol/L$ 和 2mol/L 的硝酸溶液；
5. $c(NaOH)=2mol/L$ 的 NaOH 溶液；
6. 精密 pH 试纸；
7. Bi^{3+}、Pb^{2+} 混合液各约 0.02mol/L：称取 $Pb(NO_3)_2$ 6.6g、$Bi(NO_3)_3$ 9.7g，放入已盛有 30mL HNO_3 的烧杯中，在电炉上微热溶解后，稀释至 1000mL。

四、实验步骤

1. Bi^{3+} 的测定

用移液管移取 25.00mL Bi^{3+}、Pb^{2+} 混合液于 250mL 锥形瓶中，用 2mol/L 的 NaOH 溶液或 2mol/L 的 HNO_3 调节试液的酸度至 pH＝1，然后加入 10mL 0.1mol/L 的 HNO_3 溶液，加 1～2 滴二甲酚橙指示剂，这时溶液呈紫红色，用 EDTA 标准溶液滴定至溶液由紫红色恰变为黄色。记录消耗 EDTA 溶液的体积 V_1。

2. Pb^{2+} 的测定

在滴定 Bi^{3+} 后的溶液中，滴加六亚甲基四胺溶液，至呈现稳定的紫红色后，再过量 5mL，此时溶液的 pH 约 5～6。用 EDTA 标准溶液滴定至溶液由紫红色恰变为黄色。记录消耗 EDTA 溶液的体积 V_2。

五、计算公式

$$\rho(Bi^{3+})=\frac{c(EDTA)V_1M(Bi)}{V} \tag{5-11}$$

$$\rho(Pb^{2+})=\frac{c(EDTA)V_2M(Pb)}{V} \tag{5-12}$$

式中 $\rho(Bi^{3+})$，$\rho(Pb^{2+})$—— 分别为混合液中 Bi^{3+} 和 Pb^{2+} 的含量，g/L；

$c(EDTA)$—— EDTA 标准溶液的浓度，mol/L；

V_1，V_2—— 滴定 Bi^{3+}、Pb^{2+} 时分别消耗EDTA标准溶液的体积，mL；

V—— 所取试液的体积，mL；

$M(Bi)$，$M(Pb)$—— Bi 和 Pb 的摩尔质量，208.98g/mol 和 207.2g/mol。

六、注意事项

1. 调节试液的酸度至 pH＝1 时，可用精密 pH 试纸检验，但是，为了避免检验时试液被带出而引起损失，可先用一份试液做调节试验，再按加入的 NaOH 量或 HNO_3 量调节溶液的 pH，进行滴定。

2. 滴定速度不宜过快，终点控制要恰当。

七、思考题

1. 通过控制酸度，用 EDTA 连续滴定多种金属离子的条件是什么？

2. EDTA 测定 Bi^{3+}、Pb^{2+}混合液时，为什么要在 pH=1 时滴定 Bi^{3+}？酸度过高或过低对滴定结果有何影响？

3. 二甲酚橙指示剂使用的 pH 范围是多少？本实验如何控制溶液的 pH？

4. 说明连续滴定 Bi^{3+}、Pb^{2+}过程中，二甲酚橙指示剂的颜色变化以及变色原理。

5. 判断能否通过控制酸度，用配位滴定法连续测定铁、铝含量？试拟定实验方案。

第六章 沉淀滴定法

沉淀滴定法是以沉淀反应为基础的滴定分析方法。沉淀反应很多，但能用于沉淀滴定法的沉淀反应有限，原因有很多，如沉淀组成不恒定、沉淀溶解度较大、容易形成过饱和溶液、达到平衡的速度慢、共沉淀现象严重或缺少合适的指示剂等。目前，比较有实际意义的是生成难溶性银盐的沉淀反应，以这类反应为基础的沉淀滴定法称为银量法。银量法可以通过直接滴定法、返滴定法等手段测定 Cl^-、Br^-、I^-、SCN^-、Ag^+ 等。根据方法所用指示剂的不同，以创立者的名字命名，银量法分为以下三种：用铬酸钾作为指示剂的银量法，称为莫尔法；用铁铵矾 [$NH_4Fe(SO_4)_2$] 作为指示剂的银量法，称为佛尔哈德法；用吸附指示剂确定滴定终点的银量法，称为法扬司法。

第一节 标准溶液的制备

银量法中使用的标准溶液有两种：硝酸银标准溶液和硫氰酸铵标准溶液。

一、$AgNO_3$ 标准溶液

$AgNO_3$ 标准溶液可以用经过预处理的基准试剂 $AgNO_3$ 直接配制。但非基准试剂 $AgNO_3$ 中常含有杂质，如金属银、氧化银、游离硝酸、亚硝酸盐等，因此用间接法配制，先配成近似浓度的溶液后，再用基准物质 NaCl 标定。

配制 $AgNO_3$ 溶液用的蒸馏水应不含 Cl^-，配好的溶液应贮存于棕色玻璃瓶中，并置于暗处用黑色纸包好，以免遇日光分解。

$$2AgNO_3 \xlongequal{光} 2Ag\downarrow + 2NO_2\uparrow + O_2\uparrow$$

滴定时应使用棕色酸式滴定管。$AgNO_3$ 具有腐蚀性，注意不要接触衣服和皮肤。

用莫尔法标定 $AgNO_3$ 溶液时，取一定量基准物质 NaCl，溶解后，在中性或弱碱性溶液中，以待标定的 $AgNO_3$ 溶液滴定，指示剂为 K_2CrO_4。由于 AgCl 沉淀的溶解度比 Ag_2CrO_4 沉淀的溶解度小，当用 $AgNO_3$ 溶液滴定 Cl^- 时，首先生成 AgCl 沉淀，到达化学计量点时，微过量的 $AgNO_3$ 与指示剂 K_2CrO_4 生成砖红色 Ag_2CrO_4 沉淀指示终点。

滴定必须在中性或弱碱性溶液中进行，适宜的 pH 范围是6.5～10.5，若有铵盐存在，

pH 应保持在 6.5～7.2 之间。这是由于 CrO_4^{2-} 在溶液中存在下述平衡：

$$2H^+ + 2CrO_4^{2-} \rightleftharpoons 2HCrO_4^- \rightleftharpoons Cr_2O_7^{2-} + H_2O$$

在强酸中，CrO_4^{2-} 浓度降低，不产生 Ag_2CrO_4 沉淀。在强碱性或氨性溶液中，$AgNO_3$ 溶液发生下列反应：

$$2Ag^+ + 2OH^- = 2AgOH\downarrow = Ag_2O\downarrow + H_2O$$

$$Ag^+ + 2NH_3 = [Ag(NH_3)_2]^+$$

由于 AgCl 沉淀显著地吸附 Cl^-，导致 Ag_2CrO_4 沉淀过早地出现。因此，滴定时必须充分摇动，使被吸附的 Cl^- 释放出来，以获得准确的结果。

指示剂的用量对滴定终点的准确判断有影响，一般以 5×10^{-3} mol/L 为宜。即在 100mL 溶液中加入 $\rho=50$g/L 的 K_2CrO_4 指示剂 2mL（用量筒量取）。滴定较稀溶液，如用 0.01mol/L 的 $AgNO_3$ 标准溶液滴定 0.01mol/L 的 Cl^- 溶液时，滴定误差可达 0.6%。此时应做指示剂空白试验进行校正。

二、NH_4SCN 标准溶液

NH_4SCN 试剂一般含有杂质，如硫酸盐、氯化物等，纯度仅在 98% 以上。因此，NH_4SCN 标准溶液要用间接法配制。即先配成近似浓度的溶液，再用基准物质 $AgNO_3$ 标定或用 $AgNO_3$ 标准溶液“比较”。

用佛尔哈德法的直接滴定法标定 NH_4SCN 溶液时，以铁铵矾为指示剂，用待标定的 NH_4SCN 溶液滴定一定体积的 $AgNO_3$ 标准溶液。根据 $AgNO_3$ 标准溶液的浓度和体积以及滴定消耗 NH_4SCN 溶液的体积计算 NH_4SCN 溶液的浓度。

用佛尔哈德法的返滴定法标定 $AgNO_3$ 溶液和 NH_4SCN 溶液的原理和方法见实验二十三。

沉淀滴定法的应用

一、莫尔法的应用

莫尔法直接滴定法主要用于测定 Cl^- 和 Br^-，当两者共存时测得的是它们的总量。莫尔法不适于测定 I^- 和 SCN^-，因为 AgI 和 AgSCN 沉淀强烈吸附 I^- 和 SCN^-，使终点过早出现而且变色不明显。莫尔法返滴定法可以测定 Ag^+，即在试液中加入一定量过量的 NaCl 标准溶液，再用 $AgNO_3$ 标准溶液回滴过量的 Cl^-。若以莫尔法直接滴定法测定 Ag^+，在滴定过程中 Ag_2CrO_4 沉淀转化为 AgCl 沉淀的速度缓慢，难以观察终点。

以莫尔法直接滴定法测定水中 Cl^- 的含量为例。

天然水中一般都含有氯化物，主要以钠、钙、镁的盐类存在。天然水用漂白粉消毒或加入凝聚剂 $AlCl_3$ 处理时也会带入一定量的氯化物，因此饮用水中常含有一定量的氯，一般要求饮用水中的氯化物不得超过 200mg/L。工业用水含有氯化物对锅炉、管道有腐蚀作用，化工原料用水中含有氯化物会影响产品质量。可溶性氯化物中氯含量的测定常采用莫尔法。

在中性或弱碱性溶液中，以 K_2CrO_4 为指示剂，用 $AgNO_3$ 标准溶液直接滴定水样中的 Cl^-。

滴定条件与用基准物质 NaCl 标定 $AgNO_3$ 溶液相同。若水样酸性太强，应加入 $NaHCO_3$ 中和；碱性太强，用稀 HNO_3 中和。

水样中可能存在的干扰物质有 H_2S 和 SO_3^{2-}，它们能与 $AgNO_3$ 溶液作用生成 Ag_2S 和 Ag_2SO_3 沉淀，使测定结果偏高。水样中如含有 H_2S，可用稀硝酸酸化，并煮沸 5～10min，冷却后再调节pH＝6.5～10.5。

$$3H_2S+2HNO_3 = 3S\downarrow+4H_2O+2NO$$

如含有 SO_3^{2-}，可在滴定前先用 H_2O_2 氧化成 SO_4^{2-}：

$$SO_3^{2-}+H_2O_2 = SO_4^{2-}+H_2O$$

水样颜色过深以至于影响终点观察时，可在滴定前用明矾或活性炭脱色。

用莫尔法测定其他试样中的 Cl^- 时，还要考虑更多杂质离子的干扰。凡是能与 Ag^+ 或 CrO_4^{2-} 生成沉淀的离子均干扰测定，如 PO_4^{3-}、AsO_3^{3-}、S^{2-}、$C_2O_4^{2-}$、Ba^{2+}、Pb^{2+}、Hg^{2+} 等。此外在中性或弱碱性溶液中易发生水解的离子（如 Fe^{3+}、Al^{3+}）及大量有色离子（如 Cu^{2+}、Ni^{2+}、Co^{2+} 等）都干扰测定，应预先分离除去。

GB/T 11896—1989 中规定了水样中氯化物的测定方法（硝酸银滴定法）。

二、佛尔哈德法的应用

佛尔哈德法的直接滴定法可以测定 Ag^+，返滴定法可以测定 Cl^-、Br^-、I^-、SCN^- 等。

1. Ag^+ 的测定（直接滴定法）

在适当的硝酸酸性溶液中，以铁铵矾为指示剂，用 NH_4SCN 标准溶液滴定含 Ag^+ 的试液。Ag^+ 与 NH_4SCN 反应生成白色AgSCN沉淀，稍过量的 NH_4SCN 标准溶液与 Fe^{3+} 反应生成红色$[Fe(SCN)]^{2+}$配合物指示终点。根据 NH_4SCN 的用量计算银含量。

测定银合金中的银含量，可以先用硝酸溶解试样，并除去氮的氧化物后再用上述方法测定。

佛尔哈德法滴定的酸度条件是 0.1～1mol/L 的 HNO_3 酸性条件。在碱性或中性溶液中，Fe^{3+} 生成 $Fe(OH)_3$ 沉淀而影响终点的确定，又由于 HSCN 的 $K_a=1.4\times10^{-2}$，所以溶液的酸度也不宜过高。

直接滴定法测定 Ag^+ 时，滴定过程中要充分摇动溶液，使 AgSCN 沉淀表面吸附的 Ag^+ 释放出来，以免测定结果偏低。

2. Cl^-、Br^-、I^- 和 SCN^- 的测定（返滴定法）

试液中加入已知过量的 $AgNO_3$ 标准溶液，然后以铁铵矾为指示剂，用 NH_4SCN 标准溶液返滴定过量的 Ag^+。

测定 Cl^- 时，由于 AgSCN 溶度积小于 AgCl 的溶度积，在终点时红色容易消失，AgCl 转化为 AgSCN。

$$AgCl+SCN^- = AgSCN\downarrow+Cl^-$$

由于这种沉淀的转化，很难适时判断终点。为了避免上述误差，使测定准确，通常采取下列两种措施：

(1) 将溶液煮沸，使 AgCl 沉淀凝聚，以减少 AgCl 沉淀对 Ag^+ 的吸附。过滤，并用稀硝酸洗涤沉淀，洗涤液并入滤液中，然后再用 NH_4SCN 标准溶液滴定滤液中的 Ag^+。

(2) 加入有机溶剂（如硝基苯），用力摇动，使之覆盖在 AgCl 沉淀的表面，并一起沉入溶液底部，使 AgCl 不再与溶液接触，阻止沉淀的转化。由于硝基苯毒性大，改进的方法是加入表面活性剂，也可加入邻苯二甲酸二丁酯或 1,2-二氯乙烷。

测定 Br^- 和 I^- 时，由于 AgBr 和 AgI 的溶解度均比 AgSCN 小，因此不发生沉淀转化反应，不必加入硝基苯。但在测定时，铁铵矾指示剂必须在加入过量的 $AgNO_3$ 标准溶液后才能加入，否则 Fe^{3+} 将氧化 I^- 而造成误差：

$$2Fe^{3+} + 2I^- \longrightarrow 2Fe^{2+} + I_2$$

返滴定法测定 Cl^- 时，最好用返滴定法标定 $AgNO_3$ 溶液和 NH_4SCN 溶液的浓度，以减小指示剂误差。

实验二十三用佛尔哈德法返滴定法测定酱油中 NaCl 的含量。

酿造酱油的国家标准为 GB 18186—2000，其中 NaCl 含量的测定用莫尔法。

三、法扬司法的应用

法扬司法用吸附指示剂确定终点。吸附指示剂是一类有色的有机化合物，当它被吸附在胶状沉淀表面之后，可能由于形成某种化合物而导致指示剂分子结构的变化，引起颜色的变化，指示滴定终点。

为使终点颜色变化明显，用吸附指示剂时应注意以下几点：

(1) 由于颜色变化发生在沉淀表面，因此应尽量使沉淀的比表面大一些，即沉淀的颗粒小一些。为此，常在滴定溶液中加入糊精作为保护胶体，阻止卤化银沉淀过分凝聚，尽量保持胶体状态。

(2) 酸度应适当。各种吸附指示剂的特性差别很大，对滴定条件，特别是酸度的要求不同。为使指示剂呈阴离子状态，必须控制溶液的 pH。例如荧光黄的 $K_a \approx 10^{-7}$，所以在 pH 7～10 的溶液中使用。

(3) 滴定中避免强光照射。因卤化银沉淀对光敏感，很快转变为灰黑色，影响终点观察。

(4) 选择指示剂的吸附性要适当。胶体微粒对指示剂的吸附能力应略小于对被测离子的吸附能力。

(5) 溶液的浓度不能太低。浓度太低，沉淀很少，观察终点比较困难。

表 7-1 列出了一些吸附指示剂的应用示例。

表 7-1 一些吸附指示剂的应用

指示剂	被测定离子	滴定剂	滴定条件
荧光黄	Cl^-	Ag^+	pH 7～10(一般为 7～8)
二氯荧光黄	Cl^-	Ag^+	pH 4～10(一般为 5～8)
曙红	Br^-、I^-、SCN^-	Ag^+	pH 2～10(一般为 3～8)
溴甲酚绿	SCN^-	Ag^+	pH 4～5
甲基紫	Ag^+	Cl^-	酸性溶液
罗丹明 6G	Ag^+	Br^-	酸性溶液

例如用法扬司法测定碘化钠的纯度。试样用水溶解后，在醋酸酸性溶液中，以曙红为指示剂，用 $AgNO_3$ 标准溶液滴定至沉淀由黄色变为玫瑰红色即为终点。

实验二十一 $AgNO_3$ 标准溶液的配制与标定

一、实验目的

1. 掌握 $AgNO_3$ 溶液的配制与贮存方法；
2. 掌握以 NaCl 基准物质标定 $AgNO_3$ 溶液的基本原理、操作方法和计算；
3. 学会以 K_2CrO_4 为指示剂判断滴定终点的方法。

二、实验原理

以 NaCl 作为基准物质标定 $AgNO_3$ 溶液。溶样后，在中性或弱碱性溶液中，用 $AgNO_3$ 溶液滴定 Cl^-，以 K_2CrO_4 作为指示剂，反应式为：

$$Ag^+ + Cl^- \longrightarrow AgCl\downarrow（白色，K_{sp}=1.8\times10^{-10}）$$

$$2Ag^+ + CrO_4^{2-} \longrightarrow Ag_2CrO_4\downarrow（砖红色，K_{sp}=2.0\times10^{-12}）$$

达到化学计量点时，微过量的 Ag^+ 与 CrO_4^{2-} 反应析出砖红色 Ag_2CrO_4 沉淀，指示滴定终点。

三、试剂

1. $AgNO_3$ 固体（分析纯）；
2. 基准物质 NaCl（在 500～600℃灼烧至恒重[1]）；
3. 50g/L（即 5%）的 K_2CrO_4 指示剂：称取 5g K_2CrO_4，溶于少量水中，滴加 $AgNO_3$ 溶液至红色不褪，混匀。放置过夜后过滤，将滤液稀释至 100mL。

四、实验步骤

1. 配制 $c(AgNO_3)=0.1mol/L$ 的 $AgNO_3$ 溶液 500mL

称取 8.5g $AgNO_3$，溶于 500mL 不含 Cl^- 的蒸馏水中，贮存于带玻璃塞的棕色试剂瓶中，摇匀，置于暗处，待标定。

2. $AgNO_3$ 溶液的标定

准确称取基准试剂 NaCl 0.12～0.15g，放于锥形瓶中，加 50mL 不含 Cl^- 的蒸馏水溶解。加 K_2CrO_4 指示剂 1mL，在充分摇动下，用配好的 $AgNO_3$ 溶液滴定至溶液微呈砖红色即为终点。记录消耗 $AgNO_3$ 溶液的体积。

五、计算公式

$$c(AgNO_3)=\frac{m(NaCl)}{M(NaCl)V(AgNO_3)\times10^{-3}} \tag{6-1}$$

式中 $c(AgNO_3)$——$AgNO_3$ 标准溶液的浓度，mol/L；

$m(NaCl)$——称取基准试剂 NaCl 的质量，g；

$M(NaCl)$——NaCl 的摩尔质量，58.44g/mol；

$V(AgNO_3)$——滴定时消耗 $AgNO_3$ 溶液的体积，mL。

---

[1] NaCl 易吸潮，在标定前需预处理。将 NaCl 放在坩埚中，于 500～600℃加热至不再有爆鸣声为止，冷却后存放于干燥器中备用。

六、注意事项

1. $AgNO_3$ 试剂及其溶液具有腐蚀性，破坏皮肤组织，注意切勿接触皮肤及衣服。

2. 配制 $AgNO_3$ 标准溶液的蒸馏水应无 Cl^-，否则配成的$AgNO_3$溶液会出现白色浑浊，不能使用。

3. 实验完毕后，盛装 $AgNO_3$ 溶液的滴定管应先用蒸馏水洗涤 2～3 次后，再用自来水洗净，以免 AgCl 沉淀残留于滴定管内壁。

七、思考题

1. 莫尔法标定 $AgNO_3$ 溶液，用 $AgNO_3$ 滴定 NaCl 时，滴定过程中为什么要充分摇动溶液？如果不充分摇动溶液，对测定结果有何影响？

2. 莫尔法中，为什么溶液的 pH 需控制在 6.5～10.5？

3. 配制 K_2CrO_4 指示剂时，为什么要先加 $AgNO_3$ 溶液？为什么放置后要进行过滤？K_2CrO_4 指示剂的用量太大或太小对测定结果有何影响？

实验二十二　水中氯离子含量的测定（莫尔法）

一、实验目的

1. 掌握莫尔法测定水中氯离子含量的基本原理、操作方法和计算；

2. 学会正确判断滴定终点。

二、实验原理

在中性或弱碱性溶液中，用 $AgNO_3$ 标准溶液直接滴定 Cl^-，以 K_2CrO_4 为指示剂。其反应式为：

$$Ag^+ + Cl^- \longrightarrow \underset{(白色)}{AgCl}\downarrow$$

$$2Ag^+ + CrO_4^{2-} \longrightarrow \underset{(砖红色)}{Ag_2CrO_4}\downarrow$$

三、试剂

1. $c(AgNO_3)=0.01mol/L$ 的 $AgNO_3$ 标准溶液：可用$c(AgNO_3)=0.1mol/L$ 的 $AgNO_3$ 标准溶液稀释；

2. 50g/L 的 K_2CrO_4 指示剂；

3. 水试样（自来水或天然水）。

四、实验步骤

准确吸取水试样 100.00mL 放于锥形瓶中，加入 K_2CrO_4 指示剂 2mL，在充分摇动下，以 0.01mol/L 的 $AgNO_3$ 标准溶液滴定至溶液微呈砖红色即为终点。记录消耗 $AgNO_3$ 标准溶液的体积。

五、计算公式

氯的质量浓度按下式计算：

$$\rho(Cl)=\frac{c(AgNO_3)V(AgNO_3)M(Cl)}{V}\times 1000 \qquad (6\text{-}2)$$

式中　$\rho(Cl)$—— 水试样中氯的质量浓度，mg/L；

$c(AgNO_3)$—— $AgNO_3$ 标准溶液的浓度，mol/L；

$V(AgNO_3)$—— 滴定消耗 $AgNO_3$ 标准溶液的体积，mL；

$M(Cl)$—— Cl 的摩尔质量，35.453g/mol；

V—— 水试样的体积，mL。

六、思考题

1. 说明莫尔法测定 Cl^- 的基本原理。酸度条件是什么？为什么？

2. 在本实验中，可能有哪些离子干扰氯的测定？如何消除干扰？

3. 用莫尔法能否测定 I^-、SCN^-？为什么？

4. K_2CrO_4 指示剂加入量大小对测定结果会产生什么影响？

实验二十三　酱油中 NaCl 含量的测定（佛尔哈德法）

一、实验目的

1. 掌握酱油试样的称量方法；

2. 掌握佛尔哈德法标定 $AgNO_3$ 和 NH_4SCN 标准溶液的原理、操作过程和计算；

3. 掌握佛尔哈德法测定酱油中 NaCl 含量的基本原理、操作过程和计算。

二、实验原理

在 0.1～1mol/L 的 HNO_3 介质中，加入一定量过量的 $AgNO_3$ 标准溶液，加铁铵矾指示剂，用 NH_4SCN 标准溶液返滴定过量的 $AgNO_3$ 至出现 $[Fe(SCN)]^{2+}$ 红色指示终点。

$$Cl^- + Ag^+ = AgCl\downarrow$$

$$Ag^+ + SCN^- = AgSCN\downarrow$$

$$Fe^{3+} + SCN^- = [Fe(SCN)]^{2+}$$

三、试剂

1. 16mol/L（浓）和 6mol/L 的 HNO_3 溶液；

2. $c(AgNO_3)=0.02$mol/L 的 $AgNO_3$ 标准溶液；

3. 硝基苯或邻苯二甲酸二丁酯；

4. $c(NH_4SCN)=0.02$mol/L 的 NH_4SCN 溶液；

5. $\rho[NH_4Fe(SO_4)_2]=80$g/L 的铁铵矾指示剂：称取 8g 硫酸高铁铵，溶解于少许水中，滴加浓硝酸至溶液几乎无色，用水稀释至 100mL，装入小试剂瓶中，贴好标签；

6. 基准物质 NaCl（在 500～600℃灼烧至恒重）。

四、实验步骤

1. 配制 $c(AgNO_3)=0.02$mol/L 的 $AgNO_3$ 溶液 500mL

称取 1.7g $AgNO_3$ 溶于 500mL 不含 Cl^- 的蒸馏水中（或取 0.1mol/L 的 $AgNO_3$ 溶液 100mL 稀释至 500mL)，将溶液贮存于带玻璃塞的棕色试剂瓶中，摇匀，放置于暗处，待标定。

2. 配制 $c(NH_4SCN)=0.02$mol/L 的 NH_4SCN 溶液 500mL

取 0.1mol/L 的 NH_4SCN 溶液 100mL 稀释至 500mL，贮存于试剂瓶中，摇匀，待标定。

3. 佛尔哈德法标定 $AgNO_3$ 溶液和 NH_4SCN 溶液

(1) 测定 $AgNO_3$ 溶液和 NH_4SCN 溶液的体积比 K　由滴定管准确放出 20～25mL (V_1) $AgNO_3$ 溶液于锥形瓶中，加入 5mL 6mol/L 的 HNO_3 溶液，加 1mL 铁铵矾指示剂，在剧烈摇动下，用 NH_4SCN 溶液滴定，直至出现淡红色并继续振荡不再消失为止。记录消耗 NH_4SCN 溶液的体积 (V_2)。计算 1mL NH_4SCN 溶液相当于 $AgNO_3$ 溶液的体积 (mL)，

以 K 表示。

$$K=V_1/V_2 \tag{6-3}$$

（2）用佛尔哈德法标定 $AgNO_3$ 溶液 准确称取 0.25～0.30g 基准物质 NaCl，用水溶解，移入 250mL 容量瓶中，稀释定容，摇匀。准确吸取 25.00mL 于锥形瓶中，加入 5mL 6mol/L 的 HNO_3 溶液，在剧烈摇动下，由滴定管准确放出 45～50mL（V_3）$AgNO_3$ 溶液（此时生成 AgCl 沉淀），加入 1mL 铁铵矾指示剂，加入 5mL 硝基苯或邻苯二甲酸二丁酯，用 NH_4SCN 溶液滴定至溶液出现淡红色，并在轻微振荡下不再消失为终点。记录消耗 NH_4SCN 溶液的体积 V_4。

4. 测定酱油中 NaCl 的含量

准确称取酱油样品 5.00g，定量移入 250mL 容量瓶中，加蒸馏水稀释至刻度，摇匀。准确移取 10.00mL 置于 250mL 锥形瓶中，加水 50mL，加 6mol/L 的 HNO_3 溶液 15mL 及 0.02mol/L $AgNO_3$ 标准溶液 25.00mL，再加硝基苯 5mL，用力振荡摇匀。待 AgCl 沉淀凝聚后，加入铁铵矾指示剂 5mL，用 0.02mol/L 的 NH_4SCN 标准溶液滴定至红色为终点（仔细观察终点）。记录消耗 NH_4SCN 标准溶液的体积。

五、计算公式

1. $AgNO_3$ 溶液的浓度计算

$$c(AgNO_3)=\frac{m(NaCl)\times\frac{25}{250}}{M(NaCl)\times(V_3-V_4K)\times10^{-3}} \tag{6-4}$$

式中 $c(AgNO_3)$—— $AgNO_3$ 标准溶液的浓度，mol/L；

$m(NaCl)$—— 称取基准物 NaCl 的质量，g；

$M(NaCl)$—— NaCl 的摩尔质量，58.44g/mol；

V_3—— 标定 $AgNO_3$ 溶液时加入的 $AgNO_3$ 标准溶液的体积，mL；

V_4—— 标定 $AgNO_3$ 溶液时滴定消耗 NH_4SCN 标准溶液的体积，mL；

K—— $AgNO_3$ 溶液和 NH_4SCN 溶液的体积比。

2. NH_4SCN 溶液的浓度计算

$$c(NH_4SCN)=c(AgNO_3)K \tag{6-5}$$

式中 $c(NH_4SCN)$ ——NH_4SCN 标准溶液的浓度，mol/L；

其余同上。

3. 酱油中 NaCl 含量的计算

$$w(NaCl)=\frac{c(AgNO_3)V(AgNO_3)-c(NH_4SCN)V(NH_4SCN)}{5\times\frac{10}{250}}\times0.05844\times100\% \tag{6-6}$$

式中 $w(NaCl)$—— NaCl 的质量分数，%；

$V(AgNO_3)$—— 测定试样时加入 $AgNO_3$ 标准溶液的体积，mL；

$V(NH_4SCN)$—— 测定试样时滴定消耗 NH_4SCN 标准溶液的体积，mL；

0.05844—— NaCl 的毫摩尔质量，g/mmol。

六、注意事项

操作过程应避免阳光直接照射。

七、思考题

1. 用佛尔哈德法标定 $AgNO_3$ 标准溶液和 NH_4SCN 标准溶液的原理是什么？

2. 用佛尔哈德法测定酱油中 NaCl 含量的酸度条件是什么？能否在碱性溶液中进行测定？为什么？

3. 用佛尔哈德法测定 Cl^- 时，加入硝基苯的目的是什么？若测定 Br^-、I^- 时是否需要加入硝基苯？硝基苯可以用什么试剂取代？

实验二十四　碘化钠含量的测定（法扬司法）

一、实验目的

1. 掌握法扬司法测定碘化钠含量的基本原理、方法和计算；

2. 掌握吸附指示剂的作用原理；

3. 学会以曙红为指示剂判断滴定终点的方法。

二、实验原理

在醋酸酸性溶液中，用 $AgNO_3$ 标准溶液滴定碘化钠，以曙红为指示剂。反应式为：

$$Ag^+ + I^- = \underset{(黄色)}{AgI} \downarrow$$

达到化学计量点时，微过量的 Ag^+ 吸附到 AgI 沉淀的表面，进一步吸附指示剂阴离子使沉淀由黄色变为玫瑰红色指示滴定终点。

三、试剂

1. NaI 试样；

2. $c(AgNO_3) = 0.1mol/L$ 的 $AgNO_3$ 标准溶液；

3. 1mol/L 的醋酸溶液；

4. 曙红指示剂：2g/L 的 70％乙醇溶液或 5g/L 的钠盐水溶液。

四、实验步骤

准确称取 NaI 试样 0.2g，放于锥形瓶中，加 50mL 蒸馏水溶解，加 1mol/L 的醋酸溶液 10mL、曙红指示剂 2～3 滴，用 $AgNO_3$ 标准溶液滴定至溶液由黄色变为玫瑰红色即为终点。记录消耗 $AgNO_3$ 标准溶液的体积。

五、计算公式

$$w(NaI) = \frac{c(AgNO_3)V(AgNO_3) \times 10^{-3} \times M(NaI)}{m(NaI)} \times 100\% \quad (6\text{-}7)$$

式中　$c(AgNO_3)$ ——$AgNO_3$ 标准溶液的浓度，mol/L；

$V(AgNO_3)$ ——滴定时消耗 $AgNO_3$ 标准溶液的体积（校正后），mL；

$M(NaI)$ ——NaI 的摩尔质量，149.891g/mol；

$m(NaI)$ ——NaI 的质量，g。

六、思考题

1. 指出计算式中各项目的含义。

2. 举例说明吸附指示剂的变色原理。

3. 说明在法扬司法中，选择吸附指示剂的原则。

实验二十五 石灰石中钙含量的测定（设计实验）

一、实验目的

1. 巩固滴定分析法的基本理论知识、基本操作技能和基本实验方法；

2. 巩固滴定分析法在实际试样中的灵活运用；

3. 进一步培养学生根据被测试样的性质，正确选择分析方法、设计分析方案的能力。

二、设计实验要求

要求学生独立设计出三种方法完成石灰石中钙含量的测定。各方案主要内容有：

(1) 方法、原理（测定条件、反应式、指示剂）；

(2) 完成实验需用的仪器（名称、规格、数量）和试剂（规格、浓度、配制方法及标准溶液浓度的标定方法）；

(3) 实验步骤（试样的称取或量取方法、实验过程各步实验条件、加入试液及现象、加入的指示剂及终点颜色变化、注意事项等）；

(4) 实验记录（数据列表格，表格应有名称，表格中各项目应有相应的单位）；

(5) 结果计算；

(6) 问题讨论。

学生在实验前设计实验方案，交教师审阅批准后才可进行实验。要求独立完成实验，并写出完整的实验报告，交教师批阅。

三、有关提示

在前几章，我们已经系统学习了三种滴定分析方法，即酸碱滴定法、配位滴定法和沉淀滴定法。本实验是在此基础上要求学生完成的设计实验，因此学生可以从三种滴定分析方法中任意选择测定石灰石中钙含量的方法。

一般来说，分析方法的选择原则之一就是考虑被测组分的性质，即试样是否具有酸碱性、配位性、氧化性或还原性以及是否能够生成沉淀等性质。本实验学生要深入了解石灰石试样和被测组分钙的性质，据此选择合适的测定方法。

第七章
氧化还原滴定法

氧化还原滴定法是以氧化还原反应为基础的滴定分析方法，是应用最广泛的几种滴定分析方法之一。它可用于无机物和有机物含量的直接或间接测定中。

氧化还原滴定法中的滴定剂在滴定反应中作为氧化剂或还原剂。作为滴定剂，要求在空气中保持稳定，因此用作滴定剂的还原剂不多，如 $Na_2S_2O_3$、$FeSO_4$ 等。而以氧化剂作为滴定剂的情况较多，如用氧化剂 $KMnO_4$、$K_2Cr_2O_7$、I_2、$KBrO_3$、$Ce(SO_4)_2$ 等作为滴定剂，分别称为高锰酸钾法、重铬酸钾法、碘量法、溴酸钾法和铈量法。溴酸钾法常与碘量法配合使用，称为溴量法。

本章主要介绍高锰酸钾法、重铬酸钾法、碘量法、溴酸钾法标准溶液的制备及方法应用。

第一节 高锰酸钾法

高锰酸钾法是几种重要的氧化还原滴定法之一，它是以强氧化剂高锰酸钾为标准溶液，进行滴定分析的氧化还原滴定法。$KMnO_4$的氧化能力与溶液的酸度密切相关。例如，在强酸性溶液中，$KMnO_4$ 与还原剂作用被还原为 Mn^{2+}：

$$MnO_4^- + 8H^+ + 5e = Mn^{2+} + 4H_2O \qquad \varphi^{\ominus} = 1.51V$$

而在微酸性、中性和弱碱性溶液中，$KMnO_4$ 被还原为 MnO_2，$\varphi^{\ominus} = 0.588V$；在碱性溶液中，$MnO_4^-$ 能被很多有机物还原为 MnO_4^{2-}，$\varphi^{\ominus} = 0.564V$。可见，在微酸性、中性、弱碱性和碱性溶液中，$KMnO_4$ 氧化能力较弱，且生成褐色 MnO_2 沉淀，影响终点观察。因此，用 $KMnO_4$ 作为滴定剂的反应要在强酸性溶液中进行。酸度调节为 1～2mol/L 为宜，酸度过高，导致 $KMnO_4$ 分解；酸度过低，则生成 MnO_2 沉淀。调节酸度时，使用 H_2SO_4，不能用 HCl 或 HNO_3，因 Cl^-具有还原性，能被 $KMnO_4$ 氧化：

$$2MnO_4^- + 10Cl^- + 16H^+ = 2Mn^{2+} + 5Cl_2\uparrow + 8H_2O$$

HNO_3 具有氧化性，能氧化被测定的还原性物质。

高锰酸钾法的优点是：$KMnO_4$ 氧化能力强，应用比较广泛。而且 $KMnO_4$ 溶液本身呈紫红色，用它滴定无色或浅色溶液时，以自身为指示剂确定终点，只有 $KMnO_4$ 溶液浓度极低时，才使用氧化还原指示剂如二苯胺磺酸钠或1,10-邻二氮菲-Fe(Ⅱ)等确定终点。

高锰酸钾法的主要缺点是：固体 $KMnO_4$ 试剂常含少量杂质，溶液不够稳定，又由于 $KMnO_4$ 氧化能力强，可以和许多还原性物质发生作用，所以干扰也比较严重。

一、标准溶液的制备

固体 $KMnO_4$ 试剂常含少量杂质，主要有二氧化锰，其他杂质如氯化物、硫酸盐、硝酸盐、氯酸盐等。$KMnO_4$ 溶液不稳定，在放置过程中由于自身分解、见光分解、蒸馏水中微量还原性物质与 MnO_4^- 反应析出 $MnO(OH)_2$ 沉淀等作用，致使溶液浓度发生改变。因此，不能用直接法配制 $KMnO_4$ 标准溶液，而采用间接法（即标定法）。

配制 $KMnO_4$ 溶液应注意以下事项。

① 为使配制的高锰酸钾溶液浓度达到欲配制浓度，通常称取稍多于理论用量的固体 $KMnO_4$。例如配制 $c\left(\frac{1}{5}KMnO_4\right)=0.1mol/L$ 的高锰酸钾标准溶液500mL，理论上应称取固体$KMnO_4$的质量为：

$$m(KMnO_4)=c\left(\frac{1}{5}KMnO_4\right)V(KMnO_4)M\left(\frac{1}{5}KMnO_4\right)$$
$$=0.1\times500\times10^{-3}\times1/5\times158.03=1.58(g)$$

实际称取 $KMnO_4$ 1.6～1.7g。

② 将配好的 $KMnO_4$ 溶液加热至沸，并保持微沸约1h，冷却（或加热至沸，保持微沸约15min，放置暗处保存两周），使溶液中可能存在的还原性物质完全氧化，使可能产生的 $MnO(OH)_2$ 或 MnO_2 沉淀完全析出。

③ 用 $P_{16}(G_4)$ 微孔玻璃漏斗过滤，或用玻璃纤维铺在玻璃漏斗上过滤。过滤后的$KMnO_4$溶液保存在棕色试剂瓶中，存放于暗处，待标定。

微孔玻璃漏斗上的沉淀，可用浓盐酸泡洗，再用蒸馏水冲洗干净，反应式为：

$$MnO_2+4H^++4Cl^- = MnCl_2+2H_2O+Cl_2\uparrow$$

标定 $KMnO_4$ 溶液的基准物质有很多，如 $Na_2C_2O_4$、$H_2C_2O_4\cdot2H_2O$、$(NH_4)_2C_2O_4$、$(NH_4)_2Fe(SO_4)_2\cdot6H_2O$、$FeSO_4\cdot7H_2O$、$As_2O_3$ 和纯铁丝等。其中，$Na_2C_2O_4$ 较常用，因为它容易提纯，性质稳定，不含结晶水，在105～110℃烘干2h后冷却，即可以使用。本节实验中用 $Na_2C_2O_4$ 为基准物标定 $KMnO_4$ 溶液的浓度。

标定 $KMnO_4$ 溶液应注意以下条件：

(1) 温度　室温下，$KMnO_4$ 与 $Na_2C_2O_4$ 反应较慢。因此，常将溶液加热到65℃（溶液有蒸汽出现），趁热进行滴定，但不能高于90℃，更不能煮沸，否则会使部分 $H_2C_2O_4$ 发生分解，使标定结果偏高。

$$H_2C_2O_4 \xrightarrow{\geq 90℃} CO_2\uparrow+CO\uparrow+H_2O$$

近终点时温度不能低于65℃。

(2) 酸度　酸度过低，$KMnO_4$ 易分解为 MnO_2 沉淀（$3C_2O_4^{2-}+2MnO_4^-+8H^+ = 6CO_2\uparrow+2MnO_2\downarrow+4H_2O$）；酸度过高，会促使 $H_2C_2O_4$ 分解。一般要求滴定开始时酸度应控制在0.5～1mol/L，滴定结束时酸度不低于0.5mol/L。

(3) 滴定速度　滴定开始时，反应速率很慢，滴定速度不宜太快，否则滴入的 $KMnO_4$ 溶液来不及与 $C_2O_4^{2-}$ 反应，即在热的酸性溶液中发生分解。

$$4MnO_4^- + 12H^+ = 4Mn^{2+} + 6H_2O + 5O_2 \uparrow$$

滴定开始后，溶液中产生的 Mn^{2+} 起自动催化作用使反应速率加快，滴定速度可以稍微加快，近化学计量点时，必须控制滴定速度。

(4) 指示剂　$KMnO_4$ 法可用 $KMnO_4$ 自身作为指示剂。当滴定到稍微过量的 $KMnO_4$ 在溶液中呈粉红色并保持 30s 不褪色时即为终点。放置时间较长时，空气中还原性物质及尘埃可能落入溶液中使 $KMnO_4$ 缓慢分解，溶液颜色逐渐消失。$KMnO_4$ 可被觉察的最低浓度约为 2×10^{-6}mol/L [相当于 100mL 溶液中加入 $c\left(\frac{1}{5}KMnO_4\right)=0.1$mol/L 的 $KMnO_4$ 溶液 0.01mL]。

二、高锰酸钾法的应用

高锰酸钾的氧化能力强，所以应用范围很广。用直接滴定法可以测定许多还原性物质，如 H_2O_2、Fe^{2+}、$C_2O_4^{2-}$、NO_2^-、As(Ⅲ)、Sb(Ⅲ) 等；用返滴定法可以测定一些氧化性物质（如 MnO_2）或不易被氧化的还原性物质（如化学耗氧量的测定）；有些不具有氧化还原性的物质，如果能与某些氧化剂或还原剂作用，可以用 $KMnO_4$ 间接滴定法测定，如 Ca^{2+} 的测定。

1. 过氧化氢含量的测定（直接滴定法）

H_2O_2 可以用 $KMnO_4$ 法和碘量法测定。

本节用 $KMnO_4$ 直接滴定法测定 H_2O_2 的含量。除 H_2O_2 外，碱金属及碱土金属的过氧化物，都可以采用 $KMnO_4$ 直接滴定法进行测定。

GB/T 6684—2002 中规定了 30%过氧化氢化学试剂的分析方法，GB/T 1616—2014 中规定了工业过氧化氢的分析方法。

2. 软锰矿中 MnO_2 含量的测定（返滴定法）

二氧化锰是常用的分析试剂，软锰矿的主要成分也是 MnO_2。利用其氧化性，可以用氧化还原滴定法进行测定，软锰矿试样在 H_2SO_4 介质中加入一定量过量的 $Na_2C_2O_4$ 标准溶液，加热，待 MnO_2 与 $C_2O_4^{2-}$ 作用完毕后，用 $KMnO_4$ 标准溶液滴定过量的 $C_2O_4^{2-}$，计算 MnO_2 的含量。其含量能够定性说明软锰矿的氧化能力。该法也可以用于测定 PbO_2 的含量。

3. 氯化钙中钙含量的测定（间接滴定法）

测定氯化钙的方法较多，如配位滴定法、氧化还原滴定法、沉淀滴定法等。用 $KMnO_4$ 间接滴定法测定氯化钙中的钙含量，可首先将 Ca^{2+} 沉淀为 CaC_2O_4，再用稀 H_2SO_4 溶解沉淀，用 $KMnO_4$ 标准溶液滴定生成的 $C_2O_4^{2-}$，从而间接求得 Ca^{2+} 的含量。该法也可用于测定石灰石或其他矿石中氧化钙的含量。

CaC_2O_4 是一种晶形沉淀。为得到颗粒较大的晶形沉淀，应控制好反应条件。

凡是能与 $C_2O_4^{2-}$ 定量生成沉淀的金属离子，都可用这种间接法测定，如 Th^{4+} 和稀土元素的测定。

4. 钢中铬含量的测定(返滴定法)

铬是合金钢中的常见元素，以碳化物形式存在于钢铁中，能增强钢铁的机械性能和耐磨性。

含铬钢铁试样用硫、磷混酸分解形成低价铬盐。以硝酸银为催化剂，用过硫酸铵将 Cr^{3+} 氧化为 $Cr_2O_7^{2-}$，同时存在的 Mn^{2+} 被氧化为 MnO_4^-。由于 $\varphi^{\ominus}(MnO_4^-/Mn^{2+})=1.51V>\varphi^{\ominus}(Cr_2O_7^{2-}/Cr^{3+})=1.33V$，因此 Cr^{3+} 先被氧化，Cr^{3+} 被 $(NH_4)_2S_2O_8$ 氧化完全后 Mn^{2+} 才被氧化。因此 Cr^{3+} 被氧化完全的标志是出现 MnO_4^- 的紫红色（如试样含 Mn^{2+} 量少或无 Mn^{2+}，可适量加入 $MnSO_4$）。加入 NaCl 以消除 MnO_4^- 并除去 Ag^+ [防止 $(NH_4)_2S_2O_8$ 未除净，在 Ag^+ 催化下，使被还原的 Mn^{2+} 又氧化成 MnO_4^-，使结果偏高]。然后加入一定量过量的硫酸亚铁铵标准溶液，将 $Cr_2O_7^{2-}$ 还原为 Cr^{3+}，用 $KMnO_4$ 标准溶液回滴过量的硫酸亚铁铵标准溶液，以 $KMnO_4$ 自身为指示剂，终点为浅粉红色。

实验二十六 $KMnO_4$ 标准滴定溶液的配制与标定

一、实验目的

1. 掌握 $KMnO_4$ 标准滴定溶液的配制和贮存方法；
2. 掌握用 $Na_2C_2O_4$ 为基准物质标定 $KMnO_4$ 溶液浓度的原理、方法和计算；
3. 掌握 $KMnO_4$ 标准滴定溶液的配制、标定的操作技术；
4. 理解自动催化反应。

二、实验原理

固体 $KMnO_4$ 试剂常含少量杂质，主要有二氧化锰，其他杂质如氯化物、硫酸盐、硝酸盐、氯酸盐等。$KMnO_4$ 溶液不稳定，在放置过程中由于自身分解、见光分解、蒸馏水中微量还原性物质与 MnO_4^- 反应析出 $MnO(OH)_2$ 沉淀等作用致使溶液浓度发生改变。因此，不能用直接法制备 $KMnO_4$ 标准滴定溶液，而采用间接法（即标定法）。

在 0.5～1mol/L 的 H_2SO_4 酸性溶液中，以 $Na_2C_2O_4$ 为基准物标定 $KMnO_4$ 溶液，反应式为：

$$5C_2O_4^{2-}+2MnO_4^-+16H^+ = 2Mn^{2+}+10CO_2\uparrow+8H_2O$$

以 $KMnO_4$ 自身为指示剂。

三、试剂

1. $KMnO_4$ 固体；
2. 基准试剂 $Na_2C_2O_4$，在 105～110℃烘干至恒重；
3. (8+92) H_2SO_4 溶液：在不断搅拌下缓慢将 8mL 浓 H_2SO_4 加入到 92mL 水中。

四、实验步骤

1. $KMnO_4$ 溶液的配制

配制 $c\left(\frac{1}{5}KMnO_4\right)=0.1mol/L$ 的 $KMnO_4$ 溶液 500mL。称取 1.6g $KMnO_4$ 固体于 500mL 烧杯中，加入 20mLH_2O 使之溶解。盖上表面皿，在电炉上加热至沸，缓缓煮沸 15min，冷却后置于暗处静置数天（至少 2～3 天）后，用 4 号玻璃滤锅过滤（玻璃滤锅的处理：预先以同样浓度 $KMnO_4$ 溶液缓缓煮沸 5min）。贮存于干燥具玻璃塞的棕色试剂瓶中

（试剂瓶用 $KMnO_4$ 溶液洗涤 2～3 次），待标定。

若用浓度较稀 $KMnO_4$ 溶液，应在使用时用蒸馏水临时稀释并立即标定使用，不宜长期贮存。

2. $KMnO_4$ 溶液的标定

准确称取 0.25g 于 105～110℃电烘箱中干燥至恒重的工作基准试剂 $Na_2C_2O_4$（准确至 0.0001g），置于 250mL 锥形瓶中，加入 100 mL 硫酸溶液（8+92），摇动使之全部溶解，用待标定的高锰酸钾溶液滴定。近终点时加热至约 65℃，继续滴定至溶液呈粉红色，并保持 30s 不褪色即为终点。记录消耗 $KMnO_4$ 标准滴定溶液的体积。

同时做空白试验。

五、计算公式

$$c\left(\frac{1}{5}KMnO_4\right)=\frac{m(Na_2C_2O_4)}{M\left(\frac{1}{2}Na_2C_2O_4\right)\times(V-V_0)\times10^{-3}} \tag{7-1}$$

式中 $c\left(\frac{1}{5}KMnO_4\right)$——$KMnO_4$ 标准滴定溶液的浓度，mol/L；

V——滴定时消耗 $KMnO_4$ 标准滴定溶液的体积，mL；

V_0——空白试验时消耗 $KMnO_4$ 标准滴定溶液的体积，mL；

$m(Na_2C_2O_4)$——基准物 $Na_2C_2O_4$ 的质量，g；

$M\left(\frac{1}{2}Na_2C_2O_4\right)$——以 $\frac{1}{2}Na_2C_2O_4$ 为基本单元的 $Na_2C_2O_4$ 的摩尔质量，66.999g/mol。

六、注意事项

1. 为使配制的高锰酸钾溶液浓度达到欲配制浓度，通常称取稍多于理论用量的固体 $KMnO_4$。例如配制 $c\left(\frac{1}{5}KMnO_4\right)=0.1mol/L$ 的高锰酸钾标准滴定溶液 500mL，理论上应称取固体 $KMnO_4$ 质量为 1.58g，实际称取 $KMnO_4$ 1.6～1.7g。

2. 标定好的 $KMnO_4$ 溶液在放置一段时间后，若发现有沉淀析出，应重新过滤并标定。

3. 当滴定到稍微过量的 $KMnO_4$ 在溶液中呈粉红色并保持 30s 不褪色时即为终点。放置时间较长时，空气中还原性物质及尘埃可能落入溶液中使 $KMnO_4$ 缓慢分解，溶液颜色逐渐消失。$KMnO_4$ 可被觉察的最低浓度约为 2×10^{-6} mol/L $\left[\text{相当于 100mL 溶液中加入 } c\left(\frac{1}{5}KMnO_4\right)=0.1mol/L \text{ 的 } KMnO_4 \text{ 溶液 } 0.01mL\right]$。

七、思考题

1. 配制 $KMnO_4$ 溶液时，为什么要将 $KMnO_4$ 溶液煮沸一定时间或放置数天？为什么要冷却放置后过滤，能否用滤纸过滤？

2. $KMnO_4$ 溶液应装于哪种滴定管中，为什么？说明读取滴定管中 $KMnO_4$ 溶液体积的正确方法。

3. 装 $KMnO_4$ 溶液的锥形瓶、烧杯或滴定管，放置久后壁上常有棕色沉淀物，它是什么？怎样才能洗净？

4. 用 $Na_2C_2O_4$ 基准物质标定 $KMnO_4$ 溶液的浓度，其标定条件有哪些？为什么用 H_2SO_4 调节酸度？可否用 HCl 或 HNO_3？酸度过高、过低或温度过高、过低对标定结果有何影响？

5. 在酸性条件下，以 $KMnO_4$ 溶液滴定 $Na_2C_2O_4$ 时，开始紫色褪去较慢，后来褪去较快，为什么？

6. $KMnO_4$ 滴定法中常用什么物质作指示剂，如何指示滴定终点？

7. 若用 $(NH_4)_2Fe(SO_4)_2 \cdot 6H_2O$ 为基准物质标定 $KMnO_4$ 溶液，试写出反应式和 $KMnO_4$ 溶液浓度的计算公式。

实验二十七 过氧化氢含量的测定

一、实验目的

1. 掌握过氧化氢试样的称量方法；

2. 掌握高锰酸钾直接滴定法测定过氧化氢含量的基本原理、方法和计算。

二、实验原理

在酸性溶液中 H_2O_2 是强氧化剂，但遇到强氧化剂 $KMnO_4$ 时，又表现为还原剂。因此，可以在酸性溶液中用 $KMnO_4$ 标准溶液直接滴定测得 H_2O_2 的含量，以 $KMnO_4$ 自身为指示剂。反应式为：

$$5H_2O_2 + 2MnO_4^- + 6H^+ \longrightarrow 2Mn^{2+} + 8H_2O + 5O_2\uparrow$$

三、试剂

1. $c\left(\frac{1}{5}KMnO_4\right)=0.1\text{mol/L}$ 的 $KMnO_4$ 标准溶液；

2. $c(H_2SO_4)=3\text{mol/L}$ 的 H_2SO_4 溶液；

3. 双氧水（过氧化氢）试样。

四、实验步骤

准确量取 2mL（或准确称取 2g）30%过氧化氢试样，注入装有 200mL 蒸馏水的 250mL 容量瓶中，平摇一次，稀释至刻度，充分摇匀。

用移液管准确移取上述试液 25.00mL，放于锥形瓶中，加 3mol/L 的 H_2SO_4 溶液 20mL，用 0.1mol/L 的 $KMnO_4$ 标准溶液滴定（注意滴定速度！）至溶液微红色保持 30s 不褪色即为终点。记录消耗 $KMnO_4$ 标准溶液的体积。

五、计算公式

过氧化氢的含量按式（8-2）或式（8-3）计算：

$$\rho(H_2O_2)=\frac{c\left(\frac{1}{5}KMnO_4\right)V(KMnO_4)\times10^{-3}\times M\left(\frac{1}{2}H_2O_2\right)}{V\times\frac{25}{250}}\times1000 \qquad (7\text{-}2)$$

式中 $\rho(H_2O_2)$——过氧化氢的质量浓度，g/L；

$c\left(\frac{1}{5}KMnO_4\right)$——$KMnO_4$ 标准溶液的浓度，mol/L；

$V(KMnO_4)$——滴定消耗 $KMnO_4$ 标准溶液的体积，mL；

$M\left(\frac{1}{2}H_2O_2\right)$——$\frac{1}{2}H_2O_2$ 的摩尔质量，17.01g/mol；

V——测定时量取的过氧化氢试液体积，mL。

$$w(H_2O_2)=\frac{c\left(\frac{1}{5}KMnO_4\right)V(KMnO_4)\times 10^{-3}\times M\left(\frac{1}{2}H_2O_2\right)}{m\times\frac{25}{250}}\times 100\% \qquad (7\text{-}3)$$

式中 $w(H_2O_2)$——过氧化氢的质量分数，%；

m——过氧化氢试样的质量，g；

其余同上。

六、注意事项

1. 工业过氧化氢又名双氧水，保存过程中可自行分解：$2H_2O_2 = 2H_2O + O_2\uparrow$，因此应在塑料瓶中密封避光保存。纯品为无色稠厚液体，试剂中含杂质呈浅黄色。试剂中 H_2O_2 的含量约 30%，密度约 1.1g/mL，可取 2mL 进行测定。若含量为 3%，可取 20mL 进行测定。H_2O_2 对皮肤有腐蚀性，使用时应注意安全。

2. 滴定反应前可加入少量 $MnSO_4$ 催化 H_2O_2 与 $KMnO_4$ 的反应。

3. 若工业产品 H_2O_2 中含有稳定剂如乙酰苯胺，也消耗$KMnO_4$，使 H_2O_2 测定结果偏高。如遇此情况，应采用碘量法或铈量法进行测定。

七、思考题

1. H_2O_2 与 $KMnO_4$ 反应较慢，能否通过加热溶液来加快反应速率？为什么？

2. 用 $KMnO_4$ 法测定 H_2O_2 含量时，能否用 HNO_3、HCl 或 HAc 调节溶液的酸度？为什么？

3. 分析本实验误差的主要来源，如何减免？

实验二十八 软锰矿中二氧化锰含量的测定

一、实验目的

1. 掌握 $KMnO_4$ 返滴定法测定软锰矿中二氧化锰含量的基本原理、方法和计算；

2. 掌握软锰矿试样的分解方法。

二、实验原理

在酸性溶液中，试样中加入过量的 $Na_2C_2O_4$ 加热溶解，然后用 $KMnO_4$ 标准溶液返滴定剩余的 $C_2O_4^{2-}$，以 $KMnO_4$ 自身为指示剂。反应式为：

$$MnO_2 + C_2O_4^{2-}(\text{过量}) + 4H^+ = Mn^{2+} + 2CO_2\uparrow + 2H_2O$$

$$2MnO_4^- + 5C_2O_4^{2-}(\text{剩余}) + 16H^+ = 2Mn^{2+} + 10CO_2\uparrow + 8H_2O$$

三、试剂

1. $Na_2C_2O_4$ 固体；

2. $c(H_2SO_4)=3mol/L$ 的 H_2SO_4 溶液；

3. $c\left(\frac{1}{5}KMnO_4\right)=0.1mol/L$ 的 $KMnO_4$ 标准溶液；

4. 软锰矿试样。

四、实验步骤

准确称取软锰矿试样约 0.5g，放入 400mL 烧杯中，再准确称取固体 $Na_2C_2O_4$ 约 0.7g，放入同一烧杯中，加入 25mL 蒸馏水、3mol/L 的 H_2SO_4 溶液 50mL，盖上表面皿，徐徐加热至试样全部溶解（无 CO_2 气体生成，残渣内无黑色颗粒为止）。冲洗表面皿，将溶液用蒸馏水稀释至200mL，加热至75～85℃，趁热用0.1mol/L的$KMnO_4$标准溶液滴定至粉红色在30s内不褪即为终点。记录消耗$KMnO_4$标准溶液的体积。

平行测定两次。

五、计算公式

$$w(MnO_2)=\frac{\left[\frac{m(Na_2C_2O_4)}{M\left(\frac{1}{2}Na_2C_2O_4\right)}-c\left(\frac{1}{5}KMnO_4\right)V(KMnO_4)\times10^{-3}\right]}{m}\times M\left(\frac{1}{2}MnO_2\right)\times100\% \tag{7-4}$$

式中 $w(MnO_2)$——MnO_2的质量分数，%；

$m(Na_2C_2O_4)$——$Na_2C_2O_4$的质量，g；

$M\left(\frac{1}{2}Na_2C_2O_4\right)$——以$\frac{1}{2}Na_2C_2O_4$为基本单元的$Na_2C_2O_4$的摩尔质量，g/mol；

$c\left(\frac{1}{5}KMnO_4\right)$——$KMnO_4$标准溶液的浓度，mol/L；

$V(KMnO_4)$——滴定时消耗$KMnO_4$标准溶液的体积，mL；

$M\left(\frac{1}{2}MnO_2\right)$——以$\frac{1}{2}MnO_2$为基本单元的$MnO_2$的摩尔质量，43.57g/mol；

m——软锰矿试样的质量，g。

六、思考题

1. 本实验溶解软锰矿试样能否使用HCl溶液？为什么？

2. 试样溶解时为什么要缓慢加热？若加热至沸腾对分析结果有何影响？

3. 试样溶解完全的标志是什么？若试样溶解不完全，对分析结果有何影响？

4. 试样溶解后，用$KMnO_4$标准溶液滴定前为什么要稀释？滴定时，溶液温度过低或过高对分析结果有何影响？

实验二十九 氯化钙中钙含量的测定

一、实验目的

1. 掌握$KMnO_4$间接滴定法测定氯化钙中钙含量的基本原理、方法和计算；

2. 初步掌握沉淀分离法的原理、操作方法和应用。

二、实验原理

在弱酸性溶液中，Ca^{2+}与$C_2O_4^{2-}$形成CaC_2O_4沉淀，过滤、洗涤后，用H_2SO_4溶解，生成的$H_2C_2O_4$用$KMnO_4$标准溶液滴定，以$KMnO_4$自身为指示剂，间接测得Ca含量。反应式为：

$$Ca^{2+}+C_2O_4^{2-}=\!=\!=CaC_2O_4\downarrow$$

$$CaC_2O_4+2H^+=\!=\!=Ca^{2+}+H_2C_2O_4$$

$$2MnO_4^-+5H_2C_2O_4+6H^+=\!=\!=2Mn^{2+}+10CO_2\uparrow+8H_2O$$

三、试剂

1. $c(HCl)=6mol/L$的HCl溶液；

2. 0.25mol/L的$(NH_4)_2C_2O_4$溶液；

3. 0.1%的甲基红指示剂；

4. 5%的氨水溶液；

5. 0.1mol/L 的 $CaCl_2$ 溶液；

6. 10%的 H_2SO_4 溶液；

7. $c\left(\frac{1}{5}KMnO_4\right)$=0.1mol/L 的 $KMnO_4$ 标准溶液；

8. 氯化钙试样。

四、实验步骤

1. 试样的溶解和沉淀

准确称取氯化钙试样 0.2～0.3g 两份，分别放入 250mL 烧杯中，加入 20mL 蒸馏水，小心加入 10mL 6mol/L 的 HCl 溶液使钙盐全部溶解。再加入 35mL 0.25mol/L 的 $(NH_4)_2C_2O_4$ 溶液，用蒸馏水稀释至 100mL，加入 3～4 滴甲基红指示剂，加热至 75～80℃，然后在不断搅拌下，逐滴加入 5%的 $NH_3 \cdot H_2O$ 溶液至溶液由红色恰好变为橙色为止（pH=4.5～5.5）。逐渐生成 CaC_2O_4 沉淀。

继续在水浴上加热陈化 30min。

2. 沉淀的过滤和洗涤

沉淀的过滤和洗涤都用倾泻法。

陈化后的沉淀用定量滤纸过滤。先将上层清液转移到滤纸上，将沉淀尽量保留在原烧杯中，上层清液过滤完后，用蒸馏水洗涤烧杯中沉淀几次，再以倾泻法过滤，洗涤至滤液中无 $C_2O_4^{2-}$ 为止（用 $CaCl_2$ 检验），最后将沉淀全部转移到滤纸上，继续用蒸馏水洗涤几次。

3. 沉淀的溶解和滴定

过滤和洗涤后，将带有沉淀的滤纸转移至原沉淀烧杯中，用 50mL 10%的 H_2SO_4 溶液溶解沉淀，搅拌使滤纸上的沉淀溶解，然后把溶液稀释至 100mL，加热至 70～85℃，趁热用 $KMnO_4$ 标准溶液滴定至粉红色在 30s 内不褪即为终点。记录消耗 $KMnO_4$ 标准溶液的体积。

五、计算公式

$$w(\mathrm{Ca})=\frac{c\left(\frac{1}{5}\mathrm{KMnO_4}\right)V(\mathrm{KMnO_4})\times 10^{-3}\times M\left(\frac{1}{2}\mathrm{Ca}\right)}{m}\times 100\% \tag{7-5}$$

式中 $w(\mathrm{Ca})$——氯化钙试样中 Ca 的质量分数，%；

$c\left(\frac{1}{5}KMnO_4\right)$——$KMnO_4$ 标准溶液的浓度，mol/L；

$V(KMnO_4)$——滴定消耗 $KMnO_4$ 标准溶液的体积，mL；

$M\left(\frac{1}{2}Ca\right)$——以$\frac{1}{2}$Ca 为基本单元的 Ca 的摩尔质量，20.039g/mol；

m——氯化钙试样的质量，g。

六、注意事项

1. 洗涤沉淀时为了获得纯净的 CaC_2O_4 沉淀，必须严格控制酸度条件（pH=4.5～5.5），pH 过低有可能沉淀不完全，pH 过高可能造成 $Ca(OH)_2$ 沉淀和碱式 CaC_2O_4 沉淀。

2. 由于 CaC_2O_4 沉淀的溶解度较大，用蒸馏水洗涤要少量多次，每次洗涤应将溶液全部转移至滤纸中过滤。

七、思考题

1. 如果沉淀洗涤不干净，对测定结果有何影响？
2. 溶解样品时用 HCl 溶液，而滴定时用 H_2SO_4 溶液溶解并控制酸度，这是为什么？
3. 总结钙的几种化学分析法。
4. 如以 $w(CaCl_2)$ 表示测定结果，总结计算公式。
5. 本实验第一步中采用了均匀沉淀法，说明均匀沉淀法的优点。

实验三十 钢中铬含量的测定

一、实验目的

1. 掌握高锰酸钾返滴定法测定钢中铬的基本原理、操作方法和结果计算；
2. 掌握钢试样的处理与分解方法。

二、实验原理

钢试样的溶解：

$$2Cr_3C_2+18H^+ \xlongequal{} 6Cr^{3+}+4C+9H_2\uparrow$$

低价铬、锰被氧化：

$$2Cr^{3+}+3S_2O_8^{2-}+7H_2O \xlongequal{Ag^+} Cr_2O_7^{2-}+6SO_4^{2-}+14H^+$$

$$2Mn^{2+}+5S_2O_8^{2-}+8H_2O \xlongequal{Ag^+} 2MnO_4^-+10SO_4^{2-}+16H^+$$

过量 $(NH_4)_2S_2O_8$ 加热分解：

$$2(NH_4)_2S_2O_8+2H_2O \xlongequal{\triangle} 2(NH_4)_2SO_4+2H_2SO_4+O_2\uparrow$$

除去 MnO_4^- 及 Ag^+：

$$2MnO_4^-+10Cl^-+16H^+ \xlongequal{} 2Mn^{2+}+5Cl_2\uparrow+8H_2O$$

$$Ag^++Cl^- \xlongequal{} AgCl\downarrow$$

加入过量硫酸亚铁铵还原 $Cr_2O_7^{2-}$：

$$Cr_2O_7^{2-}+6Fe^{2+}(\text{过量})+14H^+ \xlongequal{} 2Cr^{3+}+6Fe^{3+}+7H_2O$$

回滴 Fe^{2+}：

$$MnO_4^-+5Fe^{2+}(\text{剩余})+8H^+ \xlongequal{} Mn^{2+}+5Fe^{3+}+4H_2O$$

三、试剂

1. 硫、磷混酸：于 600mL 水中加硫酸(1+1)320mL，冷却后加磷酸 60mL，混匀；
2. 浓 H_2SO_4 溶液；
3. 浓 HNO_3 溶液；
4. $\rho(AgNO_3)=25g/L$ 的硝酸银溶液（贮存于棕色试剂瓶中，加浓硝酸 5～6 滴）；
5. $\rho[(NH_4)_2S_2O_8]=120g/L$ 的过二硫酸铵溶液；
6. $\rho(NaCl)=60g/L$ 的氯化钠溶液；
7. 硫酸亚铁铵固体；
8. 不锈钢试样（含铬小于 10%）；
9. $c\left(\frac{1}{5}KMnO_4\right)=0.03mol/L$ 的 $KMnO_4$ 标准溶液［制备参考实验 $KMnO_4$ 标准溶液的

配制与标定或用标准钢样标定高锰酸钾标准溶液对铬的滴定度 $T_{Cr/KMnO_4}$（按测定步骤进行）]。

四、实验步骤

1. $c[Fe(NH_4)_2(SO_4)_2]=0.03mol/L$ 的硫酸亚铁铵标准溶液的配制

取硫酸亚铁铵 $[Fe(NH_4)_2(SO_4)_2 \cdot 6H_2O]$ 固体 12g 溶于 1000mL 冷硫酸（5＋95）中，摇匀。

用滴定管滴取 25mL Fe^{2+} 溶液于锥形瓶中，用 $KMnO_4$ 标准溶液滴定至浅红色，30s 内不褪为终点。记录消耗 $KMnO_4$ 标准溶液的体积，计算 K 值，即 1mL 硫酸亚铁铵标准溶液相当于 $KMnO_4$ 标准溶液的体积（mL），并计算其浓度。

2. 铬含量的测定

准确称取试样（含铬大于 10％称取 0.3～0.5g；小于 10％称取 1～2g；0.1％～2％称取 2～3g）置于 250mL 锥形瓶中，加硫、磷混酸 60mL，微热使试样溶解，继续煮沸数分钟，滴加浓 HNO_3 溶液消除碳化物，煮沸驱尽氮氧化物。稍冷，加入 $AgNO_3$ 溶液（每 10mg 铬加 1mL $AgNO_3$ 溶液），将溶液稀释至 200mL，加过二硫酸铵溶液 15～30mL，煮沸，至铬和锰完全氧化即溶液出现橙黄、紫红至稳定紫红色（若试样无锰或含锰量低，可加数滴 $MnSO_4$）。继续煮沸 5min，加 NaCl 溶液 7mL，煮沸至红色消失，如红色不消失需再补加 NaCl 溶液 2～3mL，煮沸 8～10min 至 AgCl 沉淀凝聚下沉。此溶液因含铬量不同而呈黄色或橙黄色。

流水冷却，用硫酸亚铁铵标准溶液滴定到溶液黄色消失而呈绿色，再加入过量的硫酸亚铁铵标准溶液 5mL，记录准确体积。迅速用 $KMnO_4$ 标准溶液滴定至溶液呈浅粉红色，30s 内不褪为终点。记录消耗 $KMnO_4$ 标准溶液的体积。

五、计算公式

1. 硫酸亚铁铵浓度的计算

$$K=\frac{V(KMnO_4)}{V(Fe^{2+})} \tag{7-6}$$

$$c(Fe^{2+})=\frac{c\left(\frac{1}{5}KMnO_4\right)V(KMnO_4)}{V(Fe^{2+})} \tag{7-7}$$

式中 $c(Fe^{2+})$——硫酸亚铁铵溶液的浓度，mol/L；

$c\left(\frac{1}{5}KMnO_4\right)$——$KMnO_4$ 标准溶液的浓度，mol/L；

$V(Fe^{2+})$——硫酸亚铁铵溶液的体积，mL；

$V(KMnO_4)$——滴定消耗 $KMnO_4$ 标准溶液的体积，mL。

2. 铬含量的计算

按测定步骤，用标准钢样标定 $KMnO_4$ 标准溶液对铬的滴定度 $T_{Cr/KMnO_4}$（g/mL），计算铬含量。

$$w(Cr)=\frac{T_{Cr/KMnO_4}[KV(Fe^{2+})-V(KMnO_4)]}{m}\times 100\% \tag{7-8}$$

式中 $w(Cr)$——Cr 的质量分数，％；

$T_{Cr/KMnO_4}$——$KMnO_4$ 标准溶液对铬的滴定度，g/mL；

$V(Fe^{2+})$——测定试样时加入的硫酸亚铁铵溶液的总体积，mL；

$V(KMnO_4)$——滴定过量硫酸亚铁铵溶液消耗 $KMnO_4$ 标准溶液的体积，mL；

m——试样的质量，g。

六、注意事项

1. 试样溶解后，滴加浓 HNO_3 溶液是为了消除碳化物。加入量可根据黑色小颗粒多少而定，至溶液透明即可，再加热至出现冒 SO_3 白烟，即可驱尽氮氧化物。

2. 氧化完全后，必须除去过量的 $(NH_4)_2S_2O_8$，加热至不再析出小气泡为止。

七、思考题

1. 试用电极电位说明以过二硫酸铵氧化 Cr^{3+}、Mn^{2+} 的顺序，Cr^{3+} 被氧化完全的标志是什么？

2. 本实验中过量的过二硫酸铵如何除去？不除去对分析结果有何影响？

3. 说明氧化时加入 $AgNO_3$ 的目的。氧化后为什么要除去 $AgNO_3$？如何除去？

4. 写出 $KMnO_4$ 标准溶液对铬的滴定度 $T_{Cr/KMnO_4}$ 的计算公式。

5. 标准溶液如以物质的量浓度表示，写出铬含量的计算公式。

第二节 重铬酸钾法

重铬酸钾法是几种重要的氧化还原滴定法之一。它是以强氧化剂 $K_2Cr_2O_7$ 为标准溶液进行滴定分析的氧化还原滴定法。$K_2Cr_2O_7$ 是一种常用的强氧化剂，在酸性溶液中与还原剂作用被还原为绿色的 Cr^{3+}。半反应为：

$$Cr_2O_7^{2-} + 14H^+ + 6e \longrightarrow 2Cr^{3+} + 7H_2O \qquad \varphi^{\ominus} = 1.33V$$

$Cr_2O_7^{2-}/Cr^{3+}$ 电对的条件电极电位与它的标准电极电位差别较大，往往小于标准电极电位。如在 1mol/L 的 HCl 溶液中，$\varphi^{\ominus'} = 1.00V$；在 0.5mol/L 的 H_2SO_4 溶液中，$\varphi^{\ominus'} = 1.08V$；在 1mol/L 的 $HClO_4$ 溶液中，$\varphi^{\ominus'} = 1.03V$。

重铬酸钾法的特点是：

① $K_2Cr_2O_7$ 容易提纯，将基准物 $K_2Cr_2O_7$ 在 140～150℃烘 2h 后，即可以准确称量并用直接法配制标准溶液。

② $K_2Cr_2O_7$ 标准溶液非常稳定，长期密闭保存浓度不变。

③ $K_2Cr_2O_7$ 的氧化能力没有 $KMnO_4$ 强，室温下不与 Cl^- 作用 [$\varphi^{\ominus}(Cl_2/Cl^-) = 1.36V$]，因此可以用 HCl 溶液调节溶液酸度，$K_2Cr_2O_7$ 法受其他还原性物质的干扰也较少。

④ $K_2Cr_2O_7$ 法中常使用氧化还原指示剂（如二苯胺磺酸钠或邻苯氨基苯甲酸）确定终点。

⑤ $K_2Cr_2O_7$ 本身及被还原的产物 Cr^{3+} 毒性较大，使用时要注意用量和实验室环保，含铬废液要回收处理后再排放。

一、标准溶液的制备

$K_2Cr_2O_7$ 标准溶液可以用基准试剂 $K_2Cr_2O_7$ 直接配制，若使用非基准试剂 $K_2Cr_2O_7$ 配制，或需要确定某未知浓度 $K_2Cr_2O_7$ 溶液的准确浓度，则可以用间接碘量法标定（见本章第三节）。

基准试剂 $K_2Cr_2O_7$ 经预处理后，用直接法配制标准溶液。例如配制 $c\left(\frac{1}{6}K_2Cr_2O_7\right)=0.1000mol/L$ 的 $K_2Cr_2O_7$ 标准溶液 250.0mL，需称取 $K_2Cr_2O_7$ 的质量为：

$$
\begin{aligned}
m(K_2Cr_2O_7) &= c\left(\frac{1}{6}K_2Cr_2O_7\right)VM\left(\frac{1}{6}K_2Cr_2O_7\right)\\
&= 0.1000\times 0.2500\times 49.03\\
&= 1.2258\ (g)
\end{aligned}
$$

准确称取 1.2258g $K_2Cr_2O_7$，在小烧杯中用水溶解，定量移入 250mL 容量瓶中，稀释至刻度，摇匀。该溶液即为 $c\left(\frac{1}{6}K_2Cr_2O_7\right)=0.1000mol/L$ 的 $K_2Cr_2O_7$ 标准溶液。或准确称取 1.2～1.4g $K_2Cr_2O_7$，加水溶解，定量移入 250mL 容量瓶中，稀释至刻度，摇匀，计算其准确浓度。

使用非基准试剂 $K_2Cr_2O_7$，则按间接法进行配制和标定。即先配成近似浓度的溶液，再用碘量法进行标定。移取一定体积溶液，加入过量 KI 及硫酸，用已知浓度的 $Na_2S_2O_3$ 标准溶液滴定，以淀粉指示剂确定终点。

二、重铬酸钾法的应用

重铬酸钾法主要用于测定 Fe^{2+}，是铁矿石中全铁量测定的标准方法。还可以用返滴定法测定不易被氧化的还原性物质，如化学耗氧量的测定；用间接法测定能够与 $K_2Cr_2O_7$ 和 Fe^{2+} 反应的物质，或本身不具有氧化还原性，但能与 CrO_4^{2-} 生成沉淀的物质。

1. 硫酸亚铁铵中亚铁含量的测定(直接滴定法)

测定硫酸亚铁铵中的亚铁含量可以用 $K_2Cr_2O_7$ 法和 $KMnO_4$ 法等。

以 $K_2Cr_2O_7$ 滴定 Fe^{2+}，常用二苯胺磺酸钠作为指示剂。反应到达化学计量点时稍过量的 $K_2Cr_2O_7$ 使指示剂由无色变为红紫色，与滴定产物 Cr^{3+}（绿色）混合，故终点颜色为蓝紫色。二苯胺磺酸钠变色点的电位位于滴定曲线的下端，指示剂变色时只能氧化 91%左右的 Fe^{2+}。因此，为了减少误差，必须在滴定前加入 NaF 或 H_3PO_4，与反应中不断生成的 Fe^{3+} 形成无色配合物，以降低 Fe^{3+}/Fe^{2+} 电对的电位，使滴定突跃范围增大，$K_2Cr_2O_7$ 与 Fe^{2+} 之间的反应更完全，二苯胺磺酸钠指示剂较好地在突跃范围内显色，消除指示剂终点误差，并使 Fe^{3+} 的黄色被消除，有利于终点颜色的观察。

2. 铁矿石或合金中全铁量的测定(直接滴定法)

用 $K_2Cr_2O_7$ 法测定铁矿石中的全铁量有两种方法。

铁矿石或铁合金中的铁均可用 $K_2Cr_2O_7$ 法测定一种方法是采用氯化亚锡-氯化汞-重铬酸钾容量法测定全铁量。试样用盐酸加热溶解，生成易溶性配离子，如 $[FeCl_4]^-$ 或 $[FeCl_6]^{3-}$。在热溶液中，加入过量 $SnCl_2$ 将 Fe^{3+} 还原为 Fe^{2+}，用 $HgCl_2$ 除去过量的 $SnCl_2$。此时溶液中出现白色丝状 Hg_2Cl_2 沉淀。在硫、磷混酸介质中，以二苯胺磺酸钠为指示剂，用 $K_2Cr_2O_7$ 标准溶液滴定至蓝紫色为终点。该法准确度高，测定速度快；但

$HgCl_2$ 是剧毒物质，且反应后产生的废液对环境造成严重污染。近年来提倡无汞测铁法。

GB/T 6730.5—2007 中规定了铁矿石的另一种化学分析方法，即采用氯化亚锡-三氯化钛-重铬酸钾容量法测定全铁量，这是一种无汞测铁法。试样溶解后，用 $SnCl_2$ 还原大部分 Fe^{3+}，以钨酸钠为指示剂，用 $TiCl_3$ 还原剩余的 Fe^{3+}，当 Fe^{3+} 全部被还原后，过量一滴 $TiCl_3$ 还原 W(Ⅵ) 至 W(Ⅴ)，这种蓝色的五价钨化合物俗称“钨蓝”，使溶液呈蓝色。滴加 $K_2Cr_2O_7$ 溶液使蓝色刚好消失。在 H_3PO_4 存在下，以二苯胺磺酸钠为指示剂，用 $K_2Cr_2O_7$ 标准溶液滴定 Fe^{2+}。

3. 化学耗氧量的测定(返滴定法)

测定水的化学耗氧量（又称化学需氧量，COD）常用的方法有两种：$KMnO_4$ 滴定法和 $K_2Cr_2O_7$ 滴定法。$KMnO_4$ 法适用于地表水、饮用水和生活污水 COD 的测定，以该法测得的化学耗氧量，以往称为 COD_{Mn}，现在称为“高锰酸钾指数”。

GB/T 11892—1989 中规定了水质高锰酸钾指数的测定。

重铬酸钾法对有机物的氧化比较完全，适用于各种水样中化学耗氧量的测定，尤其对污染程度较高的水样，不适合用高锰酸钾法，而选择重铬酸钾法。以 $K_2Cr_2O_7$ 滴定法测得的化学耗氧量，称为 COD_{Cr}。于水样中加入 $HgSO_4$ 配合 Cl^-（如 NO_2^- 浓度较高，可加入氨基磺酸分解），加入过量的 $K_2Cr_2O_7$ 标准溶液，在强酸性溶液中，以 Ag_2SO_4 为催化剂，回流加热，氧化完全后，以试亚铁灵为指示剂，用 Fe^{2+} 标准溶液滴定过量的 $K_2Cr_2O_7$。该法最低检出浓度为 50mg/L，测定上限为 400mg/L。主要缺点是 Cr(Ⅵ)、Cr(Ⅲ)、Hg^{2+} 等离子会造成污染。

HJ 828—2017 中规定了水质化学需氧量的重铬酸盐测定法，以该法测得的化学需氧量以 COD_{Cr} 表示。

4. 其他物质的测定(间接滴定法)

能够与 $K_2Cr_2O_7$ 和 Fe^{2+} 反应的物质也可以用 $K_2Cr_2O_7$ 法测定。如醇的测定，试样中加入过量的 $K_2Cr_2O_7$ 标准溶液，在硫酸介质中，醇与 $K_2Cr_2O_7$ 作用，反应完全后，用亚铁标准溶液滴定剩余的 $K_2Cr_2O_7$，计算醇的含量。

一些本身不具有氧化还原性，但能与 CrO_4^{2-} 生成沉淀的物质，可用间接滴定法测定。例如 Pb^{2+} 或 Ba^{2+} 的测定。试液在中性、弱酸性或弱碱性溶液中，加入 $K_2Cr_2O_7$ 使其生成 $PbCrO_4$ 或 $BaCrO_4$ 沉淀，过滤洗涤后，用酸溶解，生成 $Cr_2O_7^{2-}$（酸溶液中 $2CrO_4^{2-}+2H^+ \rightleftharpoons Cr_2O_7^{2-}+H_2O$），以 Fe^{2+} 标准溶液滴定，从而间接测得 Pb^{2+} 或 Ba^{2+} 的含量。

实验三十一　$K_2Cr_2O_7$ 标准溶液的配制与标定

一、实验目的

1. 掌握直接法配制 $K_2Cr_2O_7$ 标准溶液的方法和计算；
2. 掌握间接法配制 $K_2Cr_2O_7$ 标准溶液的方法、标定原理和计算。

二、实验原理

基准物质 $K_2Cr_2O_7$ 可以用来直接配制标准溶液。

三、试剂

1. 基准物质 $K_2Cr_2O_7$（于 140～150℃烘干至恒重）；

2. $K_2Cr_2O_7$ 固体；
3. KI 固体；
4. 20%的 H_2SO_4 溶液；
5. $c(Na_2S_2O_3)=0.1mol/L$ 的 $Na_2S_2O_3$ 标准溶液；
6. 5g/L 淀粉指示剂。

四、实验步骤

配制 $c\left(\frac{1}{6}K_2Cr_2O_7\right)=0.1mol/L$ 的 $K_2Cr_2O_7$ 标准溶液 250mL：准确称取基准物质 $K_2Cr_2O_7$ 1.2～1.4g，放于小烧杯中，加入 50mL 水，加热溶解，定量转入 250mL 容量瓶中，用水稀释至刻度，摇匀，计算其准确浓度。

五、计算公式

$$c\left(\frac{1}{6}K_2Cr_2O_7\right)=\frac{m(K_2Cr_2O_7)}{M\left(\frac{1}{6}K_2Cr_2O_7\right)V(K_2Cr_2O_7)\times 10^{-3}} \tag{7-9}$$

式中 $c\left(\frac{1}{6}K_2Cr_2O_7\right)$——$K_2Cr_2O_7$ 标准溶液的浓度，mol/L；

$m(K_2Cr_2O_7)$——称取基准物质 $K_2Cr_2O_7$ 的质量，g；

$M\left(\frac{1}{6}K_2Cr_2O_7\right)$——$\frac{1}{6}K_2Cr_2O_7$ 的摩尔质量，49.031g/mol；

$V(K_2Cr_2O_7)$——$K_2Cr_2O_7$ 标准溶液的体积，mL。

六、思考题

1. 为什么可以用直接法配制 $K_2Cr_2O_7$ 标准溶液？
2. 如何配制 $c\left(\frac{1}{6}K_2Cr_2O_7\right)=0.1000mol/L$ 的 $K_2Cr_2O_7$ 标准溶液 200mL？以 $c(K_2Cr_2O_7)$表示，该溶液浓度为多少？

实验三十二　铁矿石中全铁量的测定（$SnCl_2$-$HgCl_2$-$K_2Cr_2O_7$ 法）

一、实验目的

1. 掌握酸溶法分解铁矿石试样；
2. 熟练使用二苯胺磺酸钠指示剂；
3. 掌握 $SnCl_2$-$HgCl_2$-$K_2Cr_2O_7$ 法测定铁矿石中全铁量的基本原理、操作方法和计算。

二、实验原理

试样用盐酸加热溶解，在热溶液中，用 $SnCl_2$ 还原 Fe^{3+}，用 $HgCl_2$ 除去过量的 $SnCl_2$。在硫、磷混酸介质中，以二苯胺磺酸钠为指示剂，用 $K_2Cr_2O_7$ 标准溶液滴定至蓝紫色为终点。主要反应如下。

（1）试样溶解　加热促进试样溶解，但温度不宜过高，否则 $FeCl_3$ 挥发，使结果偏低。

$$Fe_2O_3+6HCl = 2FeCl_3+3H_2O$$

$$FeCl_3+Cl^- = [FeCl_4]^-$$

$$FeCl_3+3Cl^- = [FeCl_6]^{3-}$$

（2）Fe^{3+}的还原　在热的浓 HCl 溶液中，慢慢滴加 $SnCl_2$ 溶液，并稍过量，溶液由黄色变为无色。

$$2Fe^{3+}+Sn^{2+}=\!=\!=2Fe^{2+}+Sn^{4+}$$

（3）除去稍过量的 $SnCl_2$　加入 $HgCl_2$ 除去稍过量的 $SnCl_2$，应出现白色丝状 Hg_2Cl_2 沉淀。

$$SnCl_2+2HgCl_2=\!=\!=SnCl_4+\underset{(白色)}{Hg_2Cl_2}\downarrow$$

若 $SnCl_2$ 过多，有可能继续将 Hg_2Cl_2 还原成黑色的 Hg，与 Hg_2Cl_2 一起形成灰黑色沉淀。大量的 Hg_2Cl_2 与 Hg 的存在会消耗 $K_2Cr_2O_7$ 标准溶液，使结果偏高。此时应重新取样测定。

$$Sn^{2+}+Hg_2Cl_2=\!=\!=Sn^{4+}+\underset{(黑色)}{2Hg}\downarrow+2Cl^-$$

（4）滴定

$$6Fe^{2+}+Cr_2O_7^{2-}+14H^+=\!=\!=6Fe^{3+}+2Cr^{3+}+7H_2O$$

三、试剂

1. 铁矿石试样；

2. $c\left(\frac{1}{6}K_2Cr_2O_7\right)=0.1mol/L$ 的 $K_2Cr_2O_7$ 标准溶液；

3. 浓盐酸（1.19g/mL）；

4. 10%（即 100g/L）的 $SnCl_2$ 溶液：取 10g $SnCl_2\cdot2H_2O$ 溶于 10mL 浓盐酸中，用蒸馏水稀释至 100mL 并加几粒金属锡。临用前配制；

5. $HgCl_2$ 饱和溶液：10g $HgCl_2$ 溶于 100mL 热水中，冷却后使用；

6. 硫、磷混酸溶液：在搅拌下将 75mL 浓硫酸缓缓加入到 350mL 水中，冷却后加入 75mL 磷酸，混匀；

7. 2g/L 的二苯胺磺酸钠指示剂：称取 0.5g 二苯胺磺酸钠，溶于 100mL 水中，加入两滴浓硫酸，混匀，存放于棕色试剂瓶中。

四、实验步骤

准确称取 0.15～0.20g 铁矿石试样于 250mL 锥形瓶中，加几滴蒸馏水，摇动使试样润湿，加 10mL 浓盐酸，盖上表面皿，缓缓加热使试样溶解（残渣为白色或近于白色 SiO_2），此时溶液为橙黄色，用少量水冲洗表面皿，加热近沸（不宜煮沸）。

不断摇动锥形瓶，趁热滴加 $SnCl_2$ 溶液至溶液浅黄色褪去而呈无色，再过量 1～2 滴 $SnCl_2$ 溶液。加入 20mL 水，冷却，立即一次加入 10mL $HgCl_2$ 饱和溶液，此时应有白色丝状 Hg_2Cl_2 沉淀析出（若无沉淀或有灰黑色沉淀析出，应弃去重做），放置 2～3min。

试液加水稀释至约 150mL，加入 15mL 硫、磷混酸溶液及 5～6 滴二苯胺磺酸钠指示剂，立即用 $K_2Cr_2O_7$ 标准溶液滴定至溶液呈稳定的蓝紫色即为终点。记录消耗 $K_2Cr_2O_7$ 标准溶液的体积。

平行测定两次。平行试样可以同时溶解，但溶解完全后，应每还原一份试样，立即滴定，以免 Fe^{2+} 被空气中的氧氧化。

五、计算公式

铁矿石中全铁量按下式计算：

$$w(\mathrm{Fe})=\frac{c\left(\frac{1}{6}\mathrm{K_2Cr_2O_7}\right)V(\mathrm{K_2Cr_2O_7})\times10^{-3}\times M(\mathrm{Fe})}{m}\times100\% \qquad (7\text{-}10)$$

式中　$w(\mathrm{Fe})$——铁矿石中铁的质量分数，%；

$c\left(\frac{1}{6}\mathrm{K_2Cr_2O_7}\right)$——$K_2Cr_2O_7$ 标准溶液的浓度，mol/L；

$V(\mathrm{K_2Cr_2O_7})$——滴定消耗 $K_2Cr_2O_7$ 标准溶液的体积，mL；

$M(\mathrm{Fe})$——Fe 的摩尔质量，55.845g/mol；

m——铁矿石试样的质量，g。

六、思考题

1. 说明本实验的基本原理。
2. 溶解试样时为什么不能煮沸？如果加热至沸腾对结果有何影响？
3. 用 $K_2Cr_2O_7$ 标准溶液滴定 Fe^{2+} 之前，为什么要加硫、磷混酸溶液？
4. 还原 Fe^{3+} 时，为什么加过量的 $SnCl_2$？滴定前，为什么要除去过量的 $SnCl_2$？
5. $HgCl_2$ 为什么要一次加入，而不能滴加？加入 $HgCl_2$ 后若无沉淀或有灰黑色沉淀析出是什么原因？应如何处理？

实验三十三　铁矿石中全铁量的测定（无汞法）

一、实验目的

1. 掌握酸溶法分解铁矿石试样；
2. 掌握 $SnCl_2$-$TiCl_3$-$K_2Cr_2O_7$ 测铁法即无汞测铁法测定铁矿石中全铁量的基本原理、操作方法和计算。

二、实验原理

试样用盐酸加热溶解，在热溶液中，用 $SnCl_2$ 还原大部分 Fe^{3+}，然后以钨酸钠为指示剂，用 $TiCl_3$ 溶液定量还原剩余部分 Fe^{3+}，当 Fe^{3+} 全部还原为 Fe^{2+} 后，过量一滴 $TiCl_3$ 溶液使钨酸钠还原为蓝色的五价钨的化合物（俗称"钨蓝"），使溶液呈蓝色，滴加 $K_2Cr_2O_7$ 溶液使钨蓝刚好褪色。溶液中的 Fe^{2+}，在硫、磷混酸介质中，以二苯胺磺酸钠为指示剂，用 $K_2Cr_2O_7$ 标准溶液滴定至蓝紫色为终点。主要反应如下：

（1）试样溶解

$$Fe_2O_3+6HCl = 2FeCl_3+3H_2O$$

$$FeCl_3+Cl^- = [FeCl_4]^-$$

$$FeCl_3+3Cl^- = [FeCl_6]^{3-}$$

（2）Fe^{3+} 的还原

$$2Fe^{3+}+Sn^{2+} = 2Fe^{2+}+Sn^{4+}$$

$$Fe^{3+}+Ti^{3+} = Fe^{2+}+Ti^{4+}$$

（3）滴定

$$6Fe^{2+}+Cr_2O_7^{2-}+14H^+ = 6Fe^{3+}+2Cr^{3+}+7H_2O$$

三、试剂

1. 铁矿石试样（在 120℃烘箱中烘 1～2h，取出在干燥器中冷却至室温）；
2. 浓盐酸（1.19g/mL）；

3. 盐酸（1+1 及 1+4）；

4. 100g/L 的 $SnCl_2$ 溶液：取 10g $SnCl_2 \cdot 2H_2O$ 溶于 100mL 1+1 盐酸中，临用前配制；

5. 15g/L 的 $TiCl_3$ 溶液：取 10mL 150g/L 的 $TiCl_3$ 溶液，用1+4盐酸稀释至 100mL，存放于棕色试剂瓶中，临用前配制；

6. 100g/L 的 Na_2WO_4 溶液：取 10g Na_2WO_4 溶于 95mL 水中，加 5mL 磷酸，混匀，存放于棕色试剂瓶中；

7. 硫、磷混酸：在搅拌下将 100mL 浓硫酸缓缓加入到 250mL 水中，冷却后加入 150mL 磷酸，混匀；

8. 2g/L 的二苯胺磺酸钠指示剂：称取 0.5g 二苯胺磺酸钠，溶于 100mL 水中，加入 2 滴浓硫酸，混匀，存放于棕色试剂瓶中；

9. $c\left(\frac{1}{6}K_2Cr_2O_7\right)=0.1mol/L$ 的 $K_2Cr_2O_7$ 标准溶液。

四、实验步骤

准确称取 0.2～0.3g 铁矿石试样于 250mL 锥形瓶中，加几滴蒸馏水，摇动使试样润湿，加 10mL 浓盐酸，盖上表面皿，缓缓加热使试样溶解（残渣为白色或近于白色 SiO_2），此过程不可沸腾，此时溶液为橙黄色，用少量水冲洗表面皿，加热近沸。

趁热滴加 $SnCl_2$ 溶液至溶液呈浅黄色（$SnCl_2$ 不宜过量），冲洗瓶内壁，加 10mL 水、1mL Na_2WO_4 溶液，滴加 $TiCl_3$ 溶液至刚好出现钨蓝。再加水约 60mL，放置 10～20s，用 $K_2Cr_2O_7$ 标准溶液滴至恰呈无色（不计读数）。加入 10mL 硫、磷混酸溶液和4～5 滴二苯胺磺酸钠指示剂，立即用 $K_2Cr_2O_7$ 标准溶液滴定至溶液呈稳定的蓝紫色即为终点。记录消耗 $K_2Cr_2O_7$ 标准溶液的体积。

平行测定两次。平行试样可以同时溶解，但溶解完全后，应每还原一份试样，立即滴定，以免 Fe^{2+} 被空气中的氧氧化。

五、计算公式

铁矿石中全铁量按下式计算：

$$w(Fe)=\frac{c\left(\frac{1}{6}K_2Cr_2O_7\right)V(K_2Cr_2O_7)\times10^{-3}\times M(Fe)}{m}\times100\% \qquad (7\text{-}11)$$

式中 $w(Fe)$——铁矿石中铁的质量分数，%；

$c\left(\frac{1}{6}K_2Cr_2O_7\right)$——$K_2Cr_2O_7$ 标准溶液的浓度，mol/L；

$V(K_2Cr_2O_7)$——滴定消耗 $K_2Cr_2O_7$ 标准溶液的体积，mL；

$M(Fe)$——Fe 的摩尔质量，55.845g/mol；

m——铁矿石试样的质量，g。

六、注意事项

1. 加入 $SnCl_2$ 溶液不能过量，否则使测定结果偏高。如不慎过量，可滴加 2% 的 $KMnO_4$ 溶液使试液呈浅黄色。

2. Fe^{2+} 在磷酸介质中极易被氧化，必须在“钨蓝”褪色后 1min 内立即滴定，否则测定结果偏低。

七、思考题

1. 用 $SnCl_2$ 还原溶液中 Fe^{3+} 时，$SnCl_2$ 过量溶液呈什么颜色，对分析结果有何影响？

2. 为什么不能直接使用 $TiCl_3$ 还原 Fe^{3+}，而先用 $SnCl_2$ 还原溶液中大部分 Fe^{3+}，然后再用 $TiCl_3$ 还原？能否只用 $SnCl_2$ 还原而不用 $TiCl_3$？Fe^{3+} 被还原完全的标志是什么？

3. 用 $K_2Cr_2O_7$ 标准溶液滴定 Fe^{2+} 之前，为什么要加硫、磷混酸？

第三节 碘量法

碘量法是几种重要的氧化还原滴定法之一。它是以 I_2 作为氧化剂或以 I^- 作为还原剂进行滴定分析的氧化还原滴定法。I_2 被还原为 I^- 的半反应式为：

$$I_2 + 2e \rightleftharpoons 2I^- \qquad \varphi^{\ominus} = 0.535V$$

I_2 是较弱的氧化剂，能与较强的还原剂作用；而 I^- 是中等强度的还原剂，能与许多氧化剂作用。因此，碘量法可分为直接碘量法和间接碘量法。直接碘量法是直接用氧化剂 I_2 标准溶液滴定还原性物质，又称碘滴定法；间接碘量法是 I^- 被氧化剂氧化成 I_2，然后用 $Na_2S_2O_3$ 标准溶液滴定析出的 I_2，又称滴定碘法。

碘量法常用淀粉指示剂确定终点。在少量 I^- 存在下，I_2 与淀粉结合，形成蓝色吸附化合物，灵敏度很高，即使 I_2 浓度低至 10^{-5} mol/L 仍能看出这种蓝色，灵敏度随 I^- 浓度增大而增高，随温度升高或有甲醇、乙醇等醇类存在而降低。直接碘量法终点时溶液由无色变为蓝色，间接碘量法终点时溶液由蓝色变为无色。淀粉指示剂应使用新配制的，若放置过久，会因细菌腐败变质而失效。

应用间接碘量法时必须注意以下两点。

(1) 控制溶液的酸度　滴定必须在中性或弱酸性溶液中进行，在碱性溶液中 I_2 与 $S_2O_3^{2-}$ 将发生下列副反应：

$$S_2O_3^{2-} + 4I_2 + 10OH^- = 2SO_4^{2-} + 8I^- + 5H_2O$$

使反应难以按化学计量关系进行。

I_2 在碱性溶液中会发生歧化反应：

$$3I_2 + 6OH^- = IO_3^- + 5I^- + 3H_2O$$

在强酸性溶液中 $Na_2S_2O_3$ 会发生分解：

$$S_2O_3^{2-} + 2H^+ = SO_2\uparrow + S\downarrow + H_2O$$

同时 I^- 在酸性溶液中易被空气中的 O_2 氧化：

$$4I^- + 4H^+ + O_2 = 2I_2 + 2H_2O$$

(2) 防止 I_2 的挥发和空气中的 O_2 氧化 I^-　I_2 的挥发和 I^- 被氧化是碘量法产生误差的主要原因，可采用以下措施尽量避免。

① 加入过量 KI，使 I_2 生成易溶于水的 I_3^-。

② KI 与氧化剂的反应需在密闭的碘量瓶中进行，并放置于暗处。

③ 反应完全后立即滴定。

④ 滴定 I_2 时适当加快滴定速度，不要剧烈摇动溶液。

⑤ 酸度适宜。酸度太高，I^- 易被空气中的 O_2 氧化。

一、标准溶液的制备

1. 硫代硫酸钠标准溶液的配制与标定

硫代硫酸钠试剂常含五个结晶水即 $Na_2S_2O_3 \cdot 5H_2O$，一般都含有少量杂质，如 Na_2SO_3、Na_2SO_4、Na_2CO_3、NaCl 和 S 等，并且放置过程中易风化，因此不能用直接法配制标准溶液。$Na_2S_2O_3$ 溶液不稳定，容易分解，这是由于以下几方面的作用。

（1）水中微生物的作用

$$Na_2S_2O_3 \xlongequal{微生物} Na_2SO_3 + S\downarrow$$

（2）空气中二氧化碳的作用

$$S_2O_3^{2-} + CO_2 + H_2O = HSO_3^- + HCO_3^- + S\downarrow$$

该反应在溶液配制后的十天左右内进行。反应产物 $NaHSO_3$ 的还原能力比 $Na_2S_2O_3$ 强，$NaHSO_3$ 与 I_2 的作用为：

$$HSO_3^- + I_2 + H_2O = HSO_4^- + 2H^+ + 2I^-$$

这一反应影响了 $Na_2S_2O_3$ 与 I_2 的定量反应。

（3）空气中 O_2 的氧化作用

$$2S_2O_3^{2-} + O_2 = 2SO_4^{2-} + 2S\downarrow$$

（4）光线及微量的 Cu^{2+}、Fe^{3+} 等促进 $Na_2S_2O_3$ 的分解

因此，配制 $Na_2S_2O_3$ 溶液时，需要用新煮沸（除去 CO_2 和杀死细菌）并冷却的蒸馏水，或将 $Na_2S_2O_3$ 试剂溶于蒸馏水中，煮沸 10min 后冷却，加入少量 Na_2CO_3 使溶液呈碱性，以抑制细菌生长。配制好的溶液贮存于棕色试剂瓶中，于暗处放置两周后溶液浓度趋于稳定再进行标定。硫代硫酸钠标准溶液不宜长期贮存，使用一段时间后要重新标定，如果发现溶液变浑浊或析出硫，应过滤后重新标定，或弃去再重新配制溶液。

标定 $Na_2S_2O_3$ 溶液的基准物质很多，如 $K_2Cr_2O_7$、KIO_3、$KBrO_3$ 及升华法制得的纯 I_2 等。除 I_2 外，其他物质都是在酸性溶液中与 KI 作用析出 I_2，用 $Na_2S_2O_3$ 溶液滴定，以淀粉为指示剂。其中 $K_2Cr_2O_7$ 是最常用的基准物，在硫酸介质中，一定量 $K_2Cr_2O_7$ 溶液中加入过量 KI，生成的 I_2 用 $Na_2S_2O_3$ 标准溶液滴定。

$K_2Cr_2O_7$ 与 KI 的反应较慢，为使反应完全，控制反应条件如下。

① 控制适宜的溶液酸度。溶液酸度以 0.2～0.4mol/L 为宜。酸度越大，反应速率越快，但酸度太大时，I^- 容易被空气中的 O_2 氧化。

② 提高 I^- 浓度，可加速反应，同时使 I_2 形成 I_3^- 减少挥发。通常 KI 加入量为理论用量的 2～3 倍。

③ $K_2Cr_2O_7$ 与 KI 作用时，应将溶液贮于碘量瓶中，瓶口用水或 KI 溶液封好，在暗处放置 5～10min，以便反应完全。KIO_3 与 KI 作用时不需要放置，直接进行滴定。

为使滴定时溶液呈中性或弱酸性，需将上述 $K_2Cr_2O_7$ 与 KI 反应后的酸性溶液用蒸馏水稀释，降低酸度。通过稀释，还可以减少 Cr^{3+} 的绿色对终点的影响，用 $Na_2S_2O_3$ 滴定至溶液呈浅黄带绿色（少量 I_2 与 Cr^{3+} 的混合色）时，加入适量淀粉指示剂（此时溶液呈蓝色），继续滴定至蓝色消失，溶液为亮绿色为终点。滴定至终点后，经过 5～10min，溶液又会出

现蓝色，这是由于空气氧化 I^- 所引起的，属正常现象。若滴定到终点后，很快又转变为 I_2-淀粉的蓝色，则可能是由于酸度不足或放置时间不够使 $K_2Cr_2O_7$ 与 KI 的反应未完全，此时应弃去重做。

用基准物质标定后的 $Na_2S_2O_3$ 溶液应该再与 I_2 标准溶液进行“比较”。

2. 碘标准溶液的配制与标定

尽管碘可以通过升华法制得纯试剂，但因其升华及对天平有腐蚀性，故不宜用直接法配制 I_2 标准溶液，而使用间接法。

碘的分子式 I_2，分子量 253.8。碘在水中溶解度很小（0.00133mol/L），I_2 易溶于 KI 溶液中形成 I_3^-。

$$I_2 + I^- = I_3^-$$

在托盘天平上称取一定量 I_2，加入过量 KI，加少量水一起研磨，溶解配成溶液，保存在棕色试剂瓶中，于暗处放置。应避免 I_2 溶液与橡皮等有机物接触；也要防止 I_2 溶液见光遇热，否则浓度将发生变化。

可以用基准物质 As_2O_3 来标定 I_2 溶液。As_2O_3 难溶于水，可溶于碱溶液中，与 NaOH 反应生成亚砷酸钠，用 I_2 溶液进行滴定。但由于 As_2O_3 为剧毒物，故常用已知浓度的 $Na_2S_2O_3$ 标准溶液标定 I_2。

二、碘量法的应用

碘量法的应用范围较广，用直接碘量法可以测定一些较强的还原性物质，用间接碘量法可以测定很多氧化性物质。还可以利用 I_2 氧化 SO_2 时需要一定量的水测定微量水。

1. 维生素 C 片中抗坏血酸含量的测定（直接碘量法）

维生素 C 的测定方法较多，如分光光度法（2,6-二氯靛酚法、2,4-二硝基苯肼法等）、荧光分光光度法、碘量法等。

试剂维生素 C 在分析化学中常用作掩蔽剂和还原剂。维生素 C（还原型）为白色或略带黄色的无臭结晶或结晶性粉末（药用维生素 C 常带糖衣），在空气中极易被氧化变黄。味酸，易溶于水或醇，水溶液呈酸性，有显著的还原性，尤其在碱性溶液中更易被氧化，在弱酸（如 HAc）条件下较稳定。维生素 C 中的烯二醇基（$\underset{\text{OH}}{\underset{|}{-\text{C}}}=\underset{\text{OH}}{\underset{|}{\text{C}-}}$）具有还原性，能被 I_2 氧化为二酮基（$\underset{\text{O}}{\underset{\|}{-\text{C}}}-\underset{\text{O}}{\underset{\|}{\text{C}-}}$），可用直接碘量法测定维生素 C。

GB/T 15347—2015 中规定了化学试剂抗坏血酸的分析方法，GB 14754—2010 中规定了食品添加剂维生素 C（抗坏血酸）的分析方法，均采用直接碘量法。GB 5009.86—2016 食品安全国家标准规定了食品中抗坏血酸的测定。

2. S^{2-}、H_2S、SO_3^{2-}、$S_2O_3^{2-}$ 等还原性物质的测定（间接碘量法）

如 S^{2-} 的测定。在酸性溶液中 I_2 能氧化 S^{2-}，反应为：

$$S^{2-} + I_2 = S\downarrow + 2I^-$$

因此，可用 I_2 标准溶液直接滴定 S^{2-}。为了防止 S^{2-} 在酸性介质中生成 H_2S 而损失，在测定中常把试样加入到过量 I_2 的酸性溶液中，再用 $Na_2S_2O_3$ 标准溶液回滴剩余的碘，以淀粉为指示剂。同样方法可测定 H_2S、SO_3^{2-}、$S_2O_3^{2-}$ 等还原性物质。

例如，硫化钠中常含有 Na_2SO_3 及 $Na_2S_2O_3$ 等还原性物质，它们与 Na_2S 一样，也能与 I_2 反应，用碘量法滴定时，测得的是试样中各种还原性物质的总还原能力。准确称取一定质量的试样溶于水中，滴加到过量 I_2 的酸性溶液中，其中 Na_2S、Na_2SO_3 及 $Na_2S_2O_3$ 等均被 I_2 氧化，用 $Na_2S_2O_3$ 标准溶液回滴过量的 I_2。

$$S^{2-} + I_2 = S\downarrow + 2I^-$$

$$SO_3^{2-} + I_2 + H_2O = SO_4^{2-} + 2I^- + 2H^+$$

$$2S_2O_3^{2-} + I_2 = S_4O_6^{2-} + 2I^-$$

根据 $Na_2S_2O_3$ 和 I_2 两种标准溶液的量计算硫化钠的总还原能力，用 Na_2S 的质量分数表示。

测定气体中的 H_2S 时，通常先用 Cd^{2+} 或 Zn^{2+} 的氨性溶液吸收，再加入一定量过量的 I_2 标准溶液，用 HCl 将溶液酸化，最后用 $Na_2S_2O_3$ 滴定过量的 I_2，以淀粉为指示剂。

3. 胆矾中 $CuSO_4 \cdot 5H_2O$ 含量的测定(间接碘量法)

试样用水溶解后，加入过量 KI 与 Cu^{2+} 作用，析出的 I_2 用 $Na_2S_2O_3$ 标准溶液滴定，以淀粉为指示剂。

4. 食盐中碘含量的测定(间接碘量法)

GB 5461—2016 中规定了食用盐标准。GB/T 13025.7—2012 中规定了制盐工业中碘离子的通用测定方法，其中测定碘离子的方法有容量法和光度法（专用碘量仪测定）。容量法包括直接滴定法（间接碘量法）、氧化还原滴定法（为仲裁法）、氧化滴定法（高锰酸钾硫酸联氨体系）。本节用间接碘量法测定食盐中的碘含量。

5. 过氧乙酸的分析(间接碘量法)

过氧乙酸是强氧化剂，其分析可以采用间接碘量法。最新国家标准 GB 19104—2008 中规定了过氧乙酸的分析。在酸性条件下，过氧乙酸中含有的过氧化氢（H_2O_2）用高锰酸钾标准溶液滴定，然后用间接碘量法测定过氧乙酸的含量。

6. 漂白粉中有效氯的测定(间接碘量法)

漂白粉的质量以漂白粉与盐酸作用后生成的氯量来衡量，称为“有效氯”。说明漂白粉的有效成分，以含氯的质量分数来表示。用间接碘量法测定时，将试样溶于稀硫酸溶液中，与过量的 KI 反应析出 I_2，用 $Na_2S_2O_3$ 标准溶液滴定。

GB/T 10666—2008 中规定了次氯酸钙（漂粉精）的分析方法。

7. 葡萄糖含量的测定(间接碘量法)

用间接碘量法测定注射液中葡萄糖含量的基本原理是：碘在 NaOH 溶液中歧化生成次碘酸钠（NaIO）和碘化钠（NaI），葡萄糖（$C_6H_{12}O_6$）定量地被次碘酸钠氧化成葡萄糖酸（$C_6H_{12}O_7$）。在酸性条件下，剩余的次碘酸钠可转变成碘（I_2）析出，用 $Na_2S_2O_3$ 标准溶液滴定析出的 I_2，以淀粉为指示剂。根据 $Na_2S_2O_3$ 和 I_2 两种标准溶液的量计算 $C_6H_{12}O_6$ 的含量。

用这种方法还可以测定甲醛、丙酮、硫脲等有机物。

8. 卡尔·费休法测定水

卡尔·费休（Karl Fischer）法测定水的基本原理是利用 I_2 氧化 SO_2 时需要一定量的水：

$$I_2+SO_2+2H_2O \rightleftharpoons 2HI+H_2SO_4$$

该反应可逆，要使反应向右进行，加入适当的碱性物质以中和反应生成的酸。为此加入吡啶，反应式为：

$$C_5H_5N\cdot I_2+C_5H_5N\cdot SO_2+C_5H_5N+H_2O \longrightarrow C_5H_5N\begin{matrix}H\\ \\I\end{matrix} + C_5H_5N\begin{matrix}SO_2\\ |\\O\end{matrix}$$

生成的亚硫酸吡啶也与水发生反应干扰测定，可加入甲醇避免副反应：

$$C_5H_5N\begin{matrix}SO_2\\ |\\O\end{matrix} +CH_3OH \longrightarrow C_5H_5N\begin{matrix}H\\ \\SO_4\cdot CH_3\end{matrix}$$

根据上述反应，滴定时可用含有 I_2、SO_2、吡啶和甲醇的标准溶液（称为卡尔·费休溶液）与试样中的微量水反应，从而测定微量水分含量。为保存溶液，常配成甲液（I_2 和甲醇）和乙液（SO_2 和吡啶），临用时混合。

卡尔·费休法常用目视法和“永停”法确定终点。GB/T 606—2003 中规定了化学试剂中水分测定的通用方法（卡尔·费休法），该标准规定用“永停”法确定终点。

9. 其他物质的测定

很多具有氧化性的物质如过氧化物、PbO_2 等都可用间接碘量法测定。

一些本身不具有氧化还原性，但能与 CrO_4^{2-} 生成沉淀的物质如 Pb^{2+} 或 Ba^{2+} 等，也可用间接碘量法测定。试液在 HAc-NaAc 缓冲溶液中，加入 CrO_4^{2-} 使其生成 $PbCrO_4$ 或 $BaCrO_4$ 沉淀，过滤洗涤后，用酸溶解，生成 $Cr_2O_7^{2-}$（酸溶液中 $2CrO_4^{2-}+2H^+ \rightleftharpoons Cr_2O_7^{2-}+H_2O$），加入过量的 KI，将 I^- 氧化为 I_2，用 $Na_2S_2O_3$ 标准溶液滴定，从而间接测得 Pb^{2+} 或 Ba^{2+} 的含量。

实验三十四　硫代硫酸钠标准溶液的配制与标定

一、实验目的

1. 掌握硫代硫酸钠标准溶液的配制和保存方法；

2. 掌握以 $K_2Cr_2O_7$ 为基准物间接碘量法标定 $Na_2S_2O_3$ 的基本原理、反应条件、操作方法和计算。

二、实验原理

在硫酸酸性溶液中，基准物质 $K_2Cr_2O_7$ 与过量的 KI 作用析出 I_2，再调节溶液近中性，用 $Na_2S_2O_3$ 标准溶液滴定。反应式为：

$$Cr_2O_7^{2-}+6I^-+14H^+ = 2Cr^{3+}+3I_2+7H_2O$$

$$I_2+2S_2O_3^{2-} = 2I^-+S_4O_6^{2-}$$

以淀粉为指示剂，终点由蓝色变为亮绿色。

三、试剂

1. 硫代硫酸钠固体试剂；

2. 基准试剂 $K_2Cr_2O_7$（在140～150℃烘干至恒重）；

3. $c\left(\frac{1}{6}K_2Cr_2O_7\right)=0.1mol/L$ 的 $K_2Cr_2O_7$ 标准溶液；

4. KI固体（分析纯）；

5. 20%的 H_2SO_4 溶液；

6. 5g/L的淀粉指示剂：称取0.5g可溶性淀粉放入小烧杯中，加水10mL，使成糊状，在搅拌下倒入90mL沸水中，微沸2min，冷却后转移至100mL试剂瓶中，贴好标签。

四、实验步骤

1. $c(Na_2S_2O_3)=0.1mol/L$ 的硫代硫酸钠溶液的配制

称取硫代硫酸钠 $Na_2S_2O_3 \cdot 5H_2O$ 固体试剂13g（或8g无水硫代硫酸钠 $Na_2S_2O_3$），溶于500mL水中，缓缓煮沸10min，冷却。放置两周后过滤、标定。

2. 硫代硫酸钠溶液的标定

准确称取0.12～0.15g基准物质 $K_2Cr_2O_7$（称准至0.0001g），放于250mL碘量瓶中，加入25mL煮沸并冷却后的蒸馏水溶解，或移取 $c\left(\frac{1}{6}K_2Cr_2O_7\right)=0.1mol/L$ 的 $K_2Cr_2O_7$ 标准溶液25.00mL。加入2g固体KI及20mL 20%的 H_2SO_4 溶液，立即盖上碘量瓶塞，摇匀，瓶口加少许蒸馏水密封，以防止 I_2 的挥发。在暗处放置5min，打开瓶塞，用蒸馏水冲洗磨口塞和瓶颈内壁，加150mL煮沸并冷却后的蒸馏水稀释，用待标定的 $Na_2S_2O_3$ 标准溶液滴定，至溶液出现淡黄绿色时，加3mL 5g/L的淀粉指示剂，继续滴定至溶液由蓝色变为亮绿色即为终点。记录消耗 $Na_2S_2O_3$ 标准溶液的体积。

五、计算公式

硫代硫酸钠溶液的浓度按式（7-12）或式（7-13）计算：

$$c(Na_2S_2O_3)=\frac{m(K_2Cr_2O_7)}{M\left(\frac{1}{6}K_2Cr_2O_7\right)V(Na_2S_2O_3)\times10^{-3}} \tag{7-12}$$

$$c(Na_2S_2O_3)=\frac{c\left(\frac{1}{6}K_2Cr_2O_7\right)V(K_2Cr_2O_7)}{V(Na_2S_2O_3)} \tag{7-13}$$

式中　$c(Na_2S_2O_3)$——硫代硫酸钠标准溶液的物质的量浓度，mol/L；

$m(K_2Cr_2O_7)$——基准物质 $K_2Cr_2O_7$ 的质量，g；

$M\left(\frac{1}{6}K_2Cr_2O_7\right)$——以 $\frac{1}{6}K_2Cr_2O_7$ 为基本单元的 $K_2Cr_2O_7$ 的摩尔质量，49.031g/mol；

$V(Na_2S_2O_3)$——滴定消耗 $Na_2S_2O_3$ 标准溶液的体积，mL；

$V(K_2Cr_2O_7)$——移取 $K_2Cr_2O_7$ 标准溶液的体积，mL。

六、思考题

1. 配制 $c(Na_2S_2O_3)=0.1mol/L$ 的硫代硫酸钠溶液500mL，应称取多少克 $Na_2S_2O_3 \cdot 5H_2O$ 或无水 $Na_2S_2O_3$？通过计算说明。

2. 配制 $Na_2S_2O_3$ 溶液时，为什么需用新煮沸的蒸馏水？为什么将溶液煮沸10min？为什么常加入少量 Na_2CO_3？为什么放置两周后标定？

3. 在碘量法中为什么使用碘量瓶而不使用普通锥形瓶？

4. 标定 $Na_2S_2O_3$ 溶液时，每份应称取基准物 $K_2Cr_2O_7$ 多少克？在滴定到终点时，溶液放置一会儿又重新变蓝，为什么？

5. 标定 $Na_2S_2O_3$ 溶液时，为什么淀粉指示剂要在临近终点时才加入？指示剂加入过早对标定结果有何影响？

6. 如果用 $Na_2S_2O_3$ 标准溶液标定 $K_2Cr_2O_7$ 溶液，说明其原理。

7. $Na_2S_2O_3$ 溶液受空气中的 CO_2 作用发生什么变化？写出反应式。这种作用对该溶液浓度有何影响？

实验三十五　碘标准溶液的配制与标定

一、实验目的

1. 掌握碘标准溶液的配制和保存方法；
2. 掌握碘标准溶液的标定方法、基本原理、反应条件、操作步骤和计算。

二、实验原理

标定碘溶液的基准物质可以选用 As_2O_3，将 As_2O_3 溶于 NaOH 溶液中，使之生成亚砷酸钠：

$$As_2O_3 + 6NaOH = 2Na_3AsO_3 + 3H_2O$$

以 I_2 溶液滴定 Na_3AsO_3，反应式为：

$$I_2 + AsO_3^{3-} + H_2O \rightleftharpoons 2I^- + AsO_4^{3-} + 2H^+$$

以淀粉为指示剂，终点由无色到蓝色。此反应可逆，为使反应向右进行，加入固体 $NaHCO_3$，以中和反应生成的 H^+，保持溶液pH=8左右。

也可以用 $Na_2S_2O_3$ 标准溶液"比较"，用 I_2 溶液滴定一定体积的 $Na_2S_2O_3$ 标准溶液。反应式为：

$$I_2 + 2S_2O_3^{2-} = 2I^- + S_4O_6^{2-}$$

以淀粉为指示剂，终点由无色到蓝色。

三、试剂

1. 固体试剂 I_2（分析纯）；
2. 固体试剂 KI（分析纯）；
3. 固体试剂 $NaHCO_3$（分析纯）；
4. 基准物质 As_2O_3（在硫酸干燥器中干燥至恒重）；
5. $c(NaOH)$=1mol/L 的 NaOH 溶液；
6. $c\left(\frac{1}{2}H_2SO_4\right)$=1mol/L 的 H_2SO_4 溶液；
7. 5g/L 的淀粉指示剂；
8. 10g/L 的酚酞指示剂；
9. $c(Na_2S_2O_3)$=0.1mol/L 的硫代硫酸钠标准溶液。

四、实验步骤

1. 配制 $c\left(\frac{1}{2}I_2\right)$=0.1mol/L 的碘溶液 500mL

称取 6.5g I_2 放于小烧杯中，再称取 KI 17g，准备蒸馏水 500mL，将 KI 分 4～5 次放入装有 I_2 的小烧杯中，每次加水 5～10mL，用玻璃棒轻轻研磨，使碘逐渐溶解，溶解部分转入棕色试剂瓶中，如此反复直至碘片全部溶解为止。用水多次清洗烧杯并转入试剂瓶中，剩余的水全部加入试剂瓶中稀释，盖好瓶盖，摇匀，待标定。

以下提出两种标定方法，但实际工作中常用 $Na_2S_2O_3$ 标准溶液“比较”法。

2. 用 As_2O_3 标定 I_2 溶液

准确称取约 0.15g 基准物质 As_2O_3（称准至 0.0001g）放于 250mL 碘量瓶中，加入 4mL NaOH 溶液溶解，加 50mL 水、2 滴酚酞指示剂，用硫酸溶液中和至恰好无色。加 3g $NaHCO_3$ 及 3mL 淀粉指示剂。用配好的碘溶液滴定至溶液呈蓝色。记录消耗 I_2 溶液的体积 V_1。

同时做空白试验。

3. 用 $Na_2S_2O_3$ 标准溶液“比较”

用移液管移取已知浓度的 $Na_2S_2O_3$ 标准溶液 30～35mL 于碘量瓶中，加水 150mL，加 3mL 5g/L 的淀粉指示剂，以待标定的碘溶液滴定至溶液恰呈蓝色为终点。记录消耗 I_2 溶液的体积 V_2。

五、计算公式

1. 用 As_2O_3 标定时，碘溶液的浓度按式（7-14）计算：

$$c\left(\frac{1}{2}I_2\right)=\frac{m(As_2O_3)}{M\left(\frac{1}{4}As_2O_3\right)(V_1-V_0)\times10^{-3}} \tag{7-14}$$

式中 $c\left(\frac{1}{2}I_2\right)$——$I_2$ 标准溶液的浓度，mol/L；

$m(As_2O_3)$——称取基准物质 As_2O_3 的质量，g；

$M\left(\frac{1}{4}As_2O_3\right)$——以 $\frac{1}{4}As_2O_3$ 为基本单元的 As_2O_3 的摩尔质量，49.46mol/L；

V_1——滴定消耗 I_2 溶液的体积，mL；

V_0——空白试验消耗 I_2 溶液的体积，mL。

2. 用 $Na_2S_2O_3$ 标准溶液“比较”时，碘溶液的浓度按式（7-15）计算：

$$c\left(\frac{1}{2}I_2\right)=\frac{c(Na_2S_2O_3)V(Na_2S_2O_3)}{V_2} \tag{7-15}$$

式中 $c(Na_2S_2O_3)$——硫代硫酸钠标准溶液的物质的量浓度，mol/L；

$V(Na_2S_2O_3)$——移取 $Na_2S_2O_3$ 标准溶液的体积，mL；

V_2——滴定消耗 I_2 标准溶液的体积，mL。

六、思考题

1. I_2 溶液应装在何种滴定管中？为什么？

2. 配制 I_2 溶液时为什么要加 KI？

3. 配制 I_2 溶液时，为什么要在溶液非常浓的情况下将 I_2 与 KI 一起研磨，当 I_2 和 KI 溶解后才能用水稀释？如果过早地稀释会发生什么情况？

4. 以 As_2O_3 为基准物标定 I_2 溶液为什么加 NaOH？其后为什么用 H_2SO_4 中和？滴定前为什么加 $NaHCO_3$？

实验三十六 维生素 C 含量的测定

一、实验目的

1. 掌握直接碘量法测定维生素 C 的基本原理、方法和计算；

2. 掌握直接碘量法滴定终点的判断。

二、实验原理

以煮沸过的冷蒸馏水溶解试样，用醋酸调节溶液酸度，用 I_2 标准溶液直接滴定，以淀粉指示剂确定终点。

$$\text{维生素C (HO—C=C—OH, H}_2\text{C—CH—CH, C=O, O; OH OH)} + I_2 \longrightarrow \text{(O=C—C=O, H}_2\text{C—CH—CH, C=O, O; OH OH)} + 2HI$$

三、试剂

1. 维生素 C 试样；
2. $c(HAc)=2mol/L$ 的醋酸溶液（取冰醋酸 60mL，用蒸馏水稀释至 500mL）；
3. $c\left(\frac{1}{2}I_2\right)=0.1mol/L$ 的 I_2 标准溶液；
4. 5g/L 的淀粉指示剂。

四、实验步骤

准确称取维生素 C（VC）试样约 0.2g（若试样为粒状或片状各取 1 粒或 1 片），放于 250mL 碘量瓶中，加入新煮沸并冷却的蒸馏水 100mL、醋酸溶液 10mL，轻摇使之溶解。加淀粉指示剂 2mL，立即用 I_2 标准溶液滴定至溶液恰呈蓝色不褪为终点。记录消耗 I_2 标准溶液的体积。

五、计算公式

试样中维生素 C(VC) 的含量按下式计算：

$$w(VC)=\frac{c\left(\frac{1}{2}I_2\right)V(I_2)\times10^{-3}\times M\left(\frac{1}{2}VC\right)}{m}\times100\% \tag{7-16}$$

式中 $w(VC)$——试样中维生素 C 的质量分数，%；

$c\left(\frac{1}{2}I_2\right)$——$I_2$ 标准溶液的浓度，mol/L；

$V(I_2)$——滴定消耗 I_2 标准溶液的体积，mL；

m——称取维生素 C 试样的质量，g；

$M\left(\frac{1}{2}VC\right)$——以 $\frac{1}{2}$VC 为基本单元的维生素 C 的摩尔质量，88.06g/mol。

六、思考题

1. 测定维生素 C 的含量时，溶解试样为什么要用新煮沸并冷却的蒸馏水？
2. 测定维生素 C 的含量时，为什么要在醋酸酸性溶液中进行？

实验三十七 硫化钠总还原能力的测定

一、实验目的

1. 了解硫化钠中还原性物质的组成；
2. 掌握直接碘量法返滴定法测定硫化钠总还原能力的基本原理、方法、结果表示和计算；
3. 熟练碘量瓶的操作。

二、实验原理

将硫化钠试样溶解后，滴加到过量 I_2 的酸性溶液中，其中 Na_2S、Na_2SO_3 及 $Na_2S_2O_3$ 等均被 I_2 氧化，反应式为：

$$S^{2-}+I_2 = S+2I^-$$
$$SO_3^{2-}+I_2+H_2O = SO_4^{2-}+2I^-+2H^+$$
$$2S_2O_3^{2-}+I_2 = S_4O_6^{2-}+2I^-$$

过量的 I_2 用 $Na_2S_2O_3$ 标准溶液回滴，以淀粉指示剂确定终点。

由反应式可知，I_2、$Na_2S_2O_3$ 和 Na_2S 的基本单元分别为 $\frac{1}{2}I_2$、$Na_2S_2O_3$ 和 Na_2S。

三、试剂

1. Na_2S 试样；
2. $c(Na_2S_2O_3)=0.1mol/L$ 的 $Na_2S_2O_3$ 标准溶液；
3. $c\left(\frac{1}{2}I_2\right)=0.1mol/L$ 的 I_2 标准溶液；
4. $c(HCl)=6mol/L$ 的 HCl 溶液；
5. 5g/L 的淀粉指示剂。

四、实验步骤

准确称取 5g 硫化钠试样，置于小烧杯中，加水溶解，转入 250mL 容量瓶中，加水稀释至刻度，摇匀。

在碘量瓶中，依次加入 50.00mL 0.1mol/L 的 I_2 标准溶液、200mL 蒸馏水（温度不超过 10℃）及 6mL 6mol/L 的 HCl 溶液。在摇动下准确滴加 25.00mL Na_2S 试样溶液，然后用 0.1mol/L 的 $Na_2S_2O_3$ 标准溶液滴定至呈浅黄色，加入 3mL 淀粉指示剂，继续滴定至溶液蓝色刚好消失为终点。记录消耗 $Na_2S_2O_3$ 标准溶液的体积。

五、计算公式

硫化钠总还原能力以 Na_2S 的质量分数表示，试样中 Na_2S 的质量分数计算为：

$$w(Na_2S)=\frac{\left[c\left(\frac{1}{2}I_2\right)V(I_2)-c(Na_2S_2O_3)V(Na_2S_2O_3)\right]\times10^{-3}\times M(Na_2S)}{m\times\frac{25}{250}}\times100\% \tag{7-17}$$

式中 $w(Na_2S)$——试样中 Na_2S 的质量分数，%；

$c\left(\frac{1}{2}I_2\right)$——$I_2$ 标准溶液的浓度，mol/L；

$V(I_2)$——加入 I_2 标准溶液的体积，mL；

$c(Na_2S_2O_3)$——$Na_2S_2O_3$ 标准溶液的浓度，mol/L；

$V(Na_2S_2O_3)$——滴定消耗 $Na_2S_2O_3$ 标准溶液的体积，mL；

$M(Na_2S)$——Na_2S 的摩尔质量，78.04g/mol；

m——称取硫化钠试样的质量，g。

六、思考题

1. 碘量法测定硫化钠时，为什么先加 I_2 标准溶液和 HCl 溶液，而后再滴加 Na_2S 试样溶液？

2. 说明测定硫化钠总还原能力的基本原理。

实验三十八　胆矾中 $CuSO_4 \cdot 5H_2O$ 含量的测定

一、实验目的

1. 了解胆矾的组成和基本性质；

2. 掌握间接碘量法测定胆矾中 $CuSO_4 \cdot 5H_2O$ 含量的基本原理、方法、结果表示和计算。

二、实验原理

将胆矾试样溶解后，加入过量 KI，反应析出的 I_2 用 $Na_2S_2O_3$ 标准溶液滴定，反应式为：

$$2Cu^{2+} + 4I^- = 2CuI\downarrow + I_2$$

$$2S_2O_3^{2-} + I_2 = S_4O_6^{2-} + 2I^-$$

以淀粉指示剂确定终点。

三、试剂

1. $c(H_2SO_4)=1mol/L$ 的 H_2SO_4 溶液；

2. $\rho(KI)=100g/L$（即 10%）的 KI 溶液（使用前配制）；

3. $\rho(KSCN)=100g/L$（即 10%）的 KSCN 溶液；

4. $\rho(NH_4HF_2)=100g/L$（即 20%）的 NH_4HF_2 溶液；

5. $c(Na_2S_2O_3)=0.1mol/L$ 的 $Na_2S_2O_3$ 标准溶液；

6. 5g/L 的淀粉指示剂。

四、实验步骤

准确称取胆矾试样 0.5～0.6g，置于碘量瓶中，加 1mol/L 的 H_2SO_4 溶液 5mL 及蒸馏水 100mL 使其溶解，加 20%的 NH_4HF_2 溶液 10mL、10%的 KI 溶液 10mL，迅速盖上瓶塞，摇匀，放置 3min，此时出现 CuI 白色沉淀。

打开碘量瓶塞，用少量水冲洗瓶塞及瓶内壁，立即用 0.1mol/L 的 $Na_2S_2O_3$ 标准溶液滴定至呈浅黄色，加 3mL 淀粉指示剂，继续滴定至浅蓝色，再加 10%的 KSCN 溶液 10mL，继续用 $Na_2S_2O_3$ 标准溶液滴定至蓝色刚好消失为终点。此时溶液为米色的 CuSCN 悬浮液。记录消耗 $Na_2S_2O_3$ 标准溶液的体积。

五、计算公式

$$w(CuSO_4 \cdot 5H_2O)=\frac{c(Na_2S_2O_3)V(Na_2S_2O_3)\times 10^{-3}\times M(CuSO_4 \cdot 5H_2O)}{m}\times 100\% \tag{7-18}$$

式中　$w(CuSO_4 \cdot 5H_2O)$——试样中 $CuSO_4 \cdot 5H_2O$ 的质量分数，%；

$c(Na_2S_2O_3)$——$Na_2S_2O_3$ 标准溶液的浓度，mol/L；

$V(Na_2S_2O_3)$——滴定消耗 $Na_2S_2O_3$ 标准溶液的体积，mL；

$M(CuSO_4 \cdot 5H_2O)$——以 $CuSO_4 \cdot 5H_2O$ 为基本单元的 $CuSO_4 \cdot 5H_2O$ 的摩尔质量，249.68g/mol；

m——称取胆矾试样的质量，g。

六、注意事项

1. 加 KI 必须过量，使生成 CuI 沉淀的反应更为完全，并使 I_2 形成 I_3^- 增大 I_2 的溶解性，提高滴定的准确度。

2. 由于 CuI 沉淀表面吸附 I_3^-，使结果偏低。为了减少 CuI 对 I_3^- 的吸附，可在临近终点时加入 KSCN，使 CuI 沉淀转化为溶解度更小的 CuSCN 沉淀。

$$CuI + KSCN \longrightarrow CuSCN\downarrow + KI$$

使吸附的 I_3^- 释放出来，以防结果偏低。SCN^- 只能在临近终点时加入，否则 SCN^- 有可能直接将 Cu^{2+} 还原成 Cu^+，使结果偏低。

$$6Cu^{2+} + 7SCN^- + 4H_2O \longrightarrow 6CuSCN\downarrow + SO_4^{2-} + CN^- + 8H^+$$

3. 为防止铜盐水解，试液需加 H_2SO_4 溶液（不能加 HCl 溶液，避免形成 $[CuCl_3]^-$、$[CuCl_4]^{2-}$ 配合物）。控制 pH 在 3.0～4.0 之间，酸度过高，则 I^- 易被空气中的氧氧化为 I_2（Cu^{2+} 催化此反应），使结果偏高。

4. Fe^{3+} 对测定有干扰，因 Fe^{3+} 能将 I^- 氧化成 I_2，使结果偏高。

$$2Fe^{3+} + 2I^- \longrightarrow 2Fe^{2+} + I_2$$

可加入 NH_4HF_2 与 Fe^{3+} 形成稳定的 $[FeF_6]^{3-}$ 配离子，消除 Fe^{3+} 的干扰。

5. 用碘量法测定铜时，最好用纯铜标定 $Na_2S_2O_3$ 溶液，以抵消方法的系统误差。

七、思考题

1. 已知 $\varphi^\ominus(Cu^{2+}/Cu^+)=0.159V$，$\varphi^\ominus(I_3^-/I^-)=0.545V$，为何本实验中 Cu^{2+} 却能氧化 I^- 成为 I_2？

2. 测定铜含量时，加入 KI 为何要过量？

3. 本实验中加入 KSCN 的作用是什么？应在何时加入？为什么？

4. 本实验中加入 NH_4HF_2 的作用是什么？

5. 间接碘量法一般选择中性或弱酸性条件。而本实验测定铜含量时，要加入 H_2SO_4 溶液，为什么？能否加 HCl 溶液，为什么？酸度过高对分析结果有何影响？

6. 间接碘量法误差的主要来源有哪些？应如何避免？

7. 利用 K_{sp} 值说明 $CuI \longrightarrow CuSCN$ 的沉淀转化原理。

实验三十九　食盐中含碘量的测定[1]

一、实验目的

1. 掌握含碘食盐中含碘量的测定原理、操作方法和计算；

2. 掌握浓度较低的 $Na_2S_2O_3$ 标准溶液的配制及标定。

二、实验原理

在酸性溶液中，试样中的碘酸根氧化碘化钾析出 I_2，用 $Na_2S_2O_3$ 标准溶液滴定，测定食盐中的碘离子含量。反应式如下：

$$IO_3^- + 5I^- + 6H^+ \longrightarrow 3I_2 + 3H_2O$$

$$I_2 + 2S_2O_3^{2-} \longrightarrow 2I^- + S_4O_6^{2-}$$

---

[1] 本方法适用于加 KIO_3 食盐中碘的测定。

三、试剂

1. $c\left(\frac{1}{6}KIO_3\right)=0.002mol/L$ 的 KIO_3 标准溶液；

配制方法：准确称取 1.4g（准确至 0.0002g）于（110±2）℃烘干至恒重的基准物 KIO_3，加水溶解，于 1000mL 容量瓶中定容。用移液管吸取 2.50mL 放于 50mL 容量瓶中，加水稀释定容，得浓度为 $c\left(\frac{1}{6}KIO_3\right)=0.002mol/L$ 的 KIO_3 标准溶液。其准确浓度为：

$$c\left(\frac{1}{6}KIO_3\right)=\frac{m(KIO_3)}{M\left(\frac{1}{6}KIO_3\right)V\times10^{-3}}\times\frac{2.50}{50}$$

式中 $c\left(\frac{1}{6}KIO_3\right)$——$KIO_3$ 标准溶液的准确浓度，mol/L；

$m(KIO_3)$——称取基准物 KIO_3 试样的质量，g；

$M\left(\frac{1}{6}KIO_3\right)$——以 $\frac{1}{6}KIO_3$ 为基本单元的 KIO_3 的摩尔质量，35.667g/mol；

V——第一步定容时溶液的体积，mL。

2. $Na_2S_2O_3\cdot5H_2O$（分析纯试剂）；

3. NaOH（分析纯试剂）；

4. $c(H_3PO_4)=1mol/L$ 的磷酸溶液（取 17mL 85%的磷酸溶液，加水稀释至 250mL）；

5. 5%的 KI 溶液（新配制）；

6. 0.5%的淀粉指示剂（新配制）；

7. 加碘酸钾食盐试样。

四、测定步骤

1. $c(Na_2S_2O_3)=0.002mol/L$ 的 $Na_2S_2O_3$ 标准溶液的配制与标定

（1）配制　称取 2.5g $Na_2S_2O_3\cdot5H_2O$ 及 0.1g NaOH，溶解于 500mL 无 CO_2 的蒸馏水中，贮于棕色瓶。取上层清液 50.00mL 于棕色瓶中，用无 CO_2 的蒸馏水稀释至 500mL，备用。

（2）标定　吸取 10.00mL 0.002mol/L 的 KIO_3 标准溶液于 250mL 碘量瓶中，加约 80mL 水、2mL 1mol/L 的磷酸溶液，摇匀后加 5mL 5%的 KI 溶液，立即用 $Na_2S_2O_3$ 标准溶液滴定，至溶液呈浅黄色时，加 5mL 0.5%的淀粉指示剂，继续滴定至蓝色恰好消失为止。记录消耗 $Na_2S_2O_3$ 标准溶液的体积。

$Na_2S_2O_3$ 标准溶液对 I^- 的滴定度为：

$$T=\frac{c\left(\frac{1}{6}KIO_3\right)M\left(\frac{1}{6}I^-\right)\times10\times1000}{V} \tag{7-19}$$

式中 T——$Na_2S_2O_3$ 标准溶液对 I^- 的滴定度，μg/mL；

$c\left(\frac{1}{6}KIO_3\right)$——$KIO_3$ 标准溶液的浓度，mol/L；

$M\left(\frac{1}{6}I^-\right)$——以 $\frac{1}{6}I^-$ 为基本单元的 I^- 的摩尔质量，21.151g/mol；

V——滴定时消耗 $Na_2S_2O_3$ 标准溶液的体积，mL；

10——KIO_3 标准溶液的取样量，mL。

2. 食盐中含碘量的测定

称取 10g 均匀加碘酸钾食盐试样（准确至 0.01g），置于 250mL 碘量瓶中，加约 80mL 蒸馏水溶解。加 2mL 1mol/L 的磷酸溶液和 5mL 5%的 KI 溶液，用 $Na_2S_2O_3$ 标准溶液滴定至溶液呈浅黄色时，加入 5mL 0.5%的淀粉指示剂，继续滴定至蓝色恰好消失为止。记录所用 $Na_2S_2O_3$ 标准溶液的体积。

五、结果计算

食盐试样中的含碘量（以碘离子计）按下式计算：

$$\rho(I^-)=\frac{TV(Na_2S_2O_3)}{m} \tag{7-20}$$

式中　$\rho(I^-)$——食盐试样中的含碘量（以碘离子计），μg/g；

T——$Na_2S_2O_3$ 标准溶液对 I^- 的滴定度，μg/mL；

$V(Na_2S_2O_3)$——滴定时消耗 $Na_2S_2O_3$ 标准溶液的体积，mL；

m——食盐试样的质量，g。

六、思考题

1. 本实验中能否用锥形瓶代替碘量瓶？为什么？

2. 如果使用 $Na_2S_2O_3$ 标准溶液的浓度计算结果，试总结计算公式。

实验四十　过氧乙酸的分析

一、实验目的

1. 了解过氧乙酸的基本性质、使用和贮存注意事项；

2. 掌握间接碘量法测定过氧乙酸含量的基本原理、测定过程、计算及主要注意事项。

二、实验原理

在酸性条件下，过氧乙酸中含有的过氧化氢（H_2O_2）用高锰酸钾标准溶液滴定，然后用间接碘量法测定过氧乙酸的含量。反应式如下：

$$2KMnO_4+3H_2SO_4+5H_2O_2 = 2MnSO_4+K_2SO_4+5O_2+8H_2O$$

$$2KI+2H_2SO_4+CH_3COOOH = 2KHSO_4+CH_3COOH+H_2O+I_2$$

$$I_2+2Na_2S_2O_3 = 2NaI+Na_2S_4O_6$$

使用淀粉为指示剂。

三、试剂

1. 硫酸溶液（1+9）；

2. 100g/L 的碘化钾溶液；

3. 100g/L 的硫酸锰溶液；

4. 30g/L 的钼酸铵溶液；

5. $c\left(\frac{1}{5}KMnO_4\right)=0.1mol/L$ 的高锰酸钾标准溶液（自己配制和标定）；

6. $c(Na_2S_2O_3)=0.1mol/L$ 的硫代硫酸钠标准溶液（自己配制和标定）；

7. 10g/L 的淀粉指示剂。

四、测定步骤

称取约 0.5g 试样（或称取相当于含过氧乙酸约 0.07g 的试样），精确至 0.0001g，置于预先盛有50mL水、5mL硫酸和3滴硫酸锰溶液并已冷却至4℃的碘量瓶中，摇匀，用高锰酸钾标准溶液滴定至溶液呈稳定的浅粉色。记录消耗高锰酸钾标准溶液的体积。立即加入10mL碘化钾溶液和3滴钼酸铵溶液，盖好碘量瓶塞，轻轻摇匀，用水封好瓶口，于暗处放置5～10min，打开瓶塞，冲洗瓶塞及瓶颈，用硫代硫酸钠标准溶液滴定，接近终点时（溶液呈淡黄色）加入1mL淀粉指示剂，继续滴定至蓝色消失，并保持30s不变为终点。记录消耗硫代硫酸钠标准溶液的体积。

平行测定两次。

五、结果计算

过氧化氢的质量分数按式(7-21)计算：

$$w(H_2O_2)=\frac{c\left(\frac{1}{5}KMnO_4\right)V(KMnO_4)\times10^{-3}\times M\left(\frac{1}{2}H_2O_2\right)}{m}\times100\% \tag{7-21}$$

过氧乙酸的质量分数按式(7-22)计算：

$$w(CH_3COOOH)=\frac{c(Na_2S_2O_3)V(Na_2S_2O_3)\times10^{-3}\times M\left(\frac{1}{2}CH_3COOOH\right)}{m}\times100\% \tag{7-22}$$

式中 $w(H_2O_2)$——过氧化氢的质量分数，%；

$w(CH_3COOOH)$——过氧乙酸的质量分数，%；

$c\left(\frac{1}{5}KMnO_4\right)$——$KMnO_4$标准溶液的浓度，mol/L；

$V(KMnO_4)$——滴定消耗$KMnO_4$标准溶液的体积，mL；

$M\left(\frac{1}{2}H_2O_2\right)$——以$\frac{1}{2}H_2O_2$为基本单元的过氧化氢的摩尔质量，17.01g/mol；

m——试样质量，g；

$c(Na_2S_2O_3)$——硫代硫酸钠标准溶液的浓度，mol/L；

$V(Na_2S_2O_3)$——滴定消耗硫代硫酸钠标准溶液的体积，mL；

$M\left(\frac{1}{2}CH_3COOOH\right)$——以$\frac{1}{2}CH_3COOOH$为基本单元的过氧乙酸摩尔质量，38.03g/mol。

取两次平行测定结果的算术平均值为测定结果，两次平行测定结果之差不得大于0.3%。

六、注意事项

1. 本测定方法适用于以过氧化氢和乙酸为原料生产的过氧乙酸中主成分过氧乙酸含量的测定。

2. 分析测定的样品和使用的部分试剂具有毒性或腐蚀性，操作时必须注意安全。若不慎溅到皮肤上应立即用水冲洗，严重者应立即治疗。

3. 过氧乙酸在保存过程中由于分解作用、氧化还原作用等可能使其中的过氧乙酸和过氧化氢含量发生变化。

七、思考题

1. 过氧乙酸分析过程中应注意哪些问题？

2. 间接碘量法中 KI 与被测物质反应时，为何用水封住瓶口？反应后打开瓶塞时为何用水冲洗瓶塞及瓶颈？

第四节 溴量法

溴酸钾法是利用溴酸钾为氧化剂进行滴定分析的氧化还原滴定法。常与碘量法配合使用，称为溴量法。

溴酸钾是强氧化剂，在酸性溶液中被还原为 Br^- 的半反应式为：

$$BrO_3^- + 6H^+ + 6e \xlongequal{} Br^- + 3H_2O \qquad \varphi^{\ominus} = 1.44V$$

其基本单元为$\frac{1}{6}KBrO_3$。

一、标准溶液的制备

溴量法中使用的标准溶液有 $KBrO_3$ 标准溶液、$KBrO_3$-KBr 标准溶液和 $Na_2S_2O_3$ 标准溶液。

1. $KBrO_3$ 标准溶液的配制与标定

$KBrO_3$ 容易提纯，基准物质在 180℃烘干后，可以直接配制标准溶液。也可以用非基准物配制溶液，先配成近似浓度的溶液后，再用碘量法标定。在酸性溶液中，一定量的 $KBrO_3$ 与过量的 KI 作用析出 I_2，反应式为：

$$BrO_3^- + 6I^- + 6H^+ \xlongequal{} Br^- + 3I_2 + 3H_2O$$

用 $Na_2S_2O_3$ 标准溶液滴定，以淀粉为指示剂。

2. $KBrO_3$-KBr 标准溶液的配制与标定

实质上，溴酸钾法是用 Br_2 作氧化剂测定物质含量。因为 Br_2 极易挥发，溶液很不稳定，故常用 $KBrO_3$-KBr 标准溶液代替 Br_2 标准溶液，其中 $KBrO_3$ 是准确量，KBr 是过量的。在酸性条件下，反应式为：

$$BrO_3^- + 5Br^- + 6H^+ \xlongequal{} 3Br_2 + 3H_2O$$

反应定量析出 Br_2，与待测物质反应。滴定至终点后，稍过量的 Br_2 使指示剂变色，指示滴定终点。

$KBrO_3$-KBr 标准溶液用间接法配制。首先称取一定量的 $KBrO_3$ 和稍多于理论计算量的 KBr 配制成 $KBrO_3$-KBr 标准溶液，然后可用碘量法标定。而在实际工作中为了方便和减少误差，可不必标定其准确浓度，只是在实验的同时做空白试验即可（如实验四十一）。

3. $Na_2S_2O_3$ 标准溶液的配制与标定

参考碘量法。

二、溴量法的应用

1. 直接滴定法测定某些还原性物质

用 $KBrO_3$ 标准溶液可以直接测定 AsO_3^{3-}、Sn^{2+}、N_2H_4、Cu^{2+} 等物质的含量，以甲基橙为指示剂。过量的 $KBrO_3$ 与 Br^- 作用生成 Br_2，使甲基橙褪色指示终点。

2. 返滴定法测定某些不能被 $KBrO_3$ 直接氧化，但可以和 Br_2 定量反应的物质

溴量法的主要应用是采用返滴定方式测定苯酚和胱氨酸等有机物的含量。在酸性溶液中 $KBrO_3$-KBr 标准溶液生成 Br_2，Br_2 可与某些有机物定量反应，当反应完全后，剩余的 Br_2 加入过量的 KI 还原，析出的 I_2 用 $Na_2S_2O_3$ 标准溶液滴定，以淀粉为指示剂。根据有机物反应消耗的 Br_2 量计算有机物的含量。

常用的还原滴定剂 $Na_2S_2O_3$ 易被 Cl_2、Br_2 等较强氧化剂非定量地氧化为 SO_4^{2-}，而且 Br_2 极易挥发，溶液不稳定，因而不能用 $Na_2S_2O_3$ 直接滴定 Br_2。

溴量法测定苯酚时，Br_2 与苯酚发生溴代反应生成稳定的三溴苯酚，同时产生少量的溴化三溴苯酚。但加入 KI，只要静置一段时间，过量的 Br_2 与 KI 作用析出 I_2，溴化三溴苯酚也完全转化成三溴苯酚并析出相应量的 I_2，用 $Na_2S_2O_3$ 标准溶液滴定。

由于三溴苯酚是白色无定形沉淀，难溶于水，易吸附和包藏 Br_2，影响测定结果。故在用 $Na_2S_2O_3$ 标准溶液滴定之前，加入氯仿（$CHCl_3$），以溶解沉淀，同时也可以溶解反应中析出的 I_2（I_2 在 $CHCl_3$ 中呈红色），滴定时易于观察。

实验四十一 苯酚含量的测定

一、实验目的

1. 掌握溴量法测定苯酚含量的基本原理、操作方法和计算；
2. 了解空白试验的做法、作用和实际意义。

二、实验原理

试样中加入过量的 $KBrO_3$-KBr 标准溶液，在酸性介质中，$KBrO_3$ 与 KBr 反应生成 Br_2，Br_2 与苯酚作用生成三溴苯酚，过量的 Br_2 与 KI 作用析出 I_2，用 $Na_2S_2O_3$ 标准溶液滴定。反应如下：

（1）溴取代

$$BrO_3^- + 5Br^- + 6H^+ \longrightarrow 3Br_2 + 3H_2O$$

$$C_6H_5OH + 3Br_2 \longrightarrow C_6H_2Br_3OH\downarrow\text{(白)} + 3HBr$$

$$C_6H_5OH + 4Br_2 \longrightarrow C_6H_2Br_3OBr + 4HBr$$

$$C_6H_2Br_3OBr + 2I^- + H^+ \longrightarrow C_6H_2Br_3OH + I_2 + Br^-$$

（2）剩余的 Br_2 与 KI 作用

$$Br_2 + 2I^- = I_2 + 2Br^-$$

（3）滴定

$$I_2 + 2S_2O_3^{-} = 2I^- + S_4O_6^{2-}$$

以淀粉指示剂确定终点。同时做空白试验，以确定标准溶液中产生的溴量，从而计算苯酚含量。

三、试剂

1. 苯酚试样；
2. 10%的 NaOH 溶液；
3. $c\left(\frac{1}{6}KBrO_3\right)=0.1mol/L$ 的 $KBrO_3$-KBr 标准溶液；
4. 浓盐酸；
5. 100g/L（即 10%）的 KI 溶液；
6. 氯仿；
7. $c(Na_2S_2O_3)=0.1mol/L$ 的 $Na_2S_2O_3$ 标准溶液；
8. 5g/L 的淀粉指示剂。

四、实验步骤

1. 配制 $c\left(\frac{1}{6}KBrO_3\right)=0.1mol/L$ 的 $KBrO_3$-KBr 溶液 500mL

称取 1.4～1.5g（称准至 0.1g）$KBrO_3$ 和 6g KBr 放于烧杯中，每次加入少量水溶解 $KBrO_3$ 和 KBr，溶液转入试剂瓶中，至全部溶解。用少量水冲洗烧杯，洗涤液一并转入试剂瓶中，最后稀释至 500mL，摇匀。

2. 苯酚含量的测定

准确称取苯酚试样 0.2～0.3g（称准至 0.0001g），放于盛有 5mL 10%的 NaOH 溶液的 250mL 烧杯中，加入少量蒸馏水溶解。仔细将溶液转入 250mL 容量瓶中，用少量水洗涤烧杯数次，定量移入容量瓶中，以水稀释至刻度，充分摇匀。

用移液管吸取试液 25.00mL，放于 250mL 碘量瓶中，用滴定管准确加入 $c\left(\frac{1}{6}KBrO_3\right)=0.1mol/L$ 的 $KBrO_3$-KBr 溶液 30.00～35.00mL，微开碘量瓶塞，加入浓盐酸 5mL，立即盖紧瓶塞，振摇 5～10min，用水封好瓶口，于暗处放置 15min，此时生成白色三溴苯酚沉淀和 Br_2。微开碘量瓶塞，加入 10%的 KI 溶液 10mL，盖紧瓶塞，充分振摇后，加氯仿 2mL，摇匀。打开瓶塞，冲洗瓶塞、瓶颈及瓶内壁，立即用 $c(Na_2S_2O_3)=0.1mol/L$ 的 $Na_2S_2O_3$ 标准溶液滴定，至溶液呈浅黄色时加淀粉指示剂 5mL，继续滴定至蓝色恰好消失即为终点。记录消耗 $Na_2S_2O_3$ 标准溶液的体积。

同时做空白试验：以蒸馏水 25.00mL 代替试液按上述步骤进行试验，记录消耗 $Na_2S_2O_3$ 标准溶液的体积。

五、计算公式

试样中苯酚的含量按下式计算：

$$w(C_6H_5OH)=\frac{c(Na_2S_2O_3)(V_0-V)M\left(\frac{1}{6}C_6H_5OH\right)}{m\times\frac{25}{250}}\times100\% \quad (7\text{-}23)$$

式中 $w(C_6H_5OH)$——试样中苯酚的质量分数，%；

$c(Na_2S_2O_3)$——$Na_2S_2O_3$ 标准溶液的浓度，mol/L；

V_0——空白试验消耗 $Na_2S_2O_3$ 标准溶液的体积，mL；

V——滴定苯酚试样消耗 $Na_2S_2O_3$ 标准溶液的体积，mL；

$M\left(\frac{1}{6}C_6H_5OH\right)$——以 $\frac{1}{6}C_6H_5OH$ 为基本单元时 C_6H_5OH 的摩尔质量，15.685g/mol；

m——苯酚试样的质量，g。

六、注意事项

1. 苯酚在水中溶解度较小，加入 NaOH 溶液后，与苯酚生成易溶于水的苯酚钠。

2. 实验操作中应尽量避免 Br_2 的挥发损失。$KBrO_3$-KBr 标准溶液遇酸即迅速产生游离 Br_2，Br_2 易挥发，因此加 HCl 溶液和 KI 溶液时，应微开瓶塞使溶液沿瓶塞流入。

3. 本实验加入的 $KBrO_3$-KBr 标准溶液是过量的，在酸性介质中生成 Br_2，与苯酚反应后，剩余的 Br_2 不能用 $Na_2S_2O_3$ 标准溶液直接滴定。因为 $Na_2S_2O_3$ 易被 Br_2、Cl_2 等较强氧化剂非定量地氧化为 SO_4^{2-}。所以加过量 KI 与 Br_2 作用生成 I_2，再用 $Na_2S_2O_3$ 标准溶液滴定。

七、思考题

1. 空白试验有哪些作用？说明本实验中空白试验的作用。

2. 本实验中使用的 $KBrO_3$-KBr 标准溶液是否需要标定出准确浓度？为什么？

3. 本实验中先加试样，再加 $KBrO_3$-KBr 标准溶液，后加盐酸，为什么要这样做？

4. 实验中加入氯仿的作用是什么？氯仿层应是什么颜色？

5. 说明实验过程每一步应出现的现象。

实验四十二 自拟方案实验

一、实验目的

1. 巩固氧化还原滴定法重要的基本理论知识和操作技能；

2. 加深掌握氧化还原滴定法在实际中的应用；

3. 初步培养学生能够根据被测试样的性质，正确选择分析方法、设计分析方案的能力。

二、设计实验要求

学生独立设计实验方案，其主要内容有：

(1) 方法、原理（测定条件、反应式、指示剂）；

(2) 完成实验需用的仪器（名称、规格、数量）和试剂（规格、浓度、配制方法及标准溶液浓度的标定方法）；

(3) 实验步骤（试样的称取或量取方法、实验过程各步实验条件、加入试液及现象、加入的指示剂及终点颜色变化、注意事项等）；

(4) 实验记录（数据列表格，表格应有名称，表格中各项目应有相应的单位）；

（5）结果计算；

（6）问题讨论。

学生在实验前设计实验方案，交教师审阅批准后才可进行实验。要求独立完成实验，并写出完整的实验报告，交教师批阅。

三、参考题目及有关提示

1. 药品 $FeSO_4$ 含量的测定

可以选择 $KMnO_4$ 法或 $K_2Cr_2O_7$ 法。

试样用适当的酸溶液溶解，用 $KMnO_4$ 标准溶液直接滴定 Fe^{2+} 试液，以 $KMnO_4$ 自身为指示剂。反应式为：

$$5Fe^{2+} + MnO_4^- + 8H^+ = 5Fe^{3+} + Mn^{2+} + 4H_2O$$

或溶样后用 $K_2Cr_2O_7$ 标准溶液直接滴定 Fe^{2+}。反应式为：

$$Cr_2O_7^{2-} + 6Fe^{2+} + 14H^+ = 2Cr^{3+} + 6Fe^{3+} + 7H_2O$$

用二苯胺磺酸钠作为指示剂，溶液由无色经绿色到蓝紫色即为终点。

2. 注射液中葡萄糖含量的测定

碘与 NaOH 作用可生成次碘酸钠（NaIO），葡萄糖（$C_6H_{12}O_6$）能定量地被次碘酸钠氧化成葡萄糖酸（$C_6H_{12}O_7$）。未与葡萄糖作用的次碘酸钠在碱性条件下歧化为 $NaIO_3$ 和 NaI，酸化后 $NaIO_3$ 和 NaI 作用析出 I_2，用 $Na_2S_2O_3$ 标准溶液滴定 I_2，以淀粉为指示剂，计算葡萄糖的质量浓度。

自拟方案实验题目可从上面两个题目中选择，也可从生产实际中选择可以应用氧化还原滴定法进行测定的题目。

第八章
称量分析法

称量分析法（又称重量分析法）是定量化学分析方法之一。主要包括三种方法：沉淀称量法、气化法（挥发法）和电解法，其中沉淀称量法应用较多。

称量分析法不需要基准物质，通过沉淀和直接用分析天平称量而测得物质的含量，其测定结果的准确度很高，但操作过程烦琐、时间较长。尽管如此，由于它有不可替代的特点，目前在常量的硅、硫、镍等元素或其化合物的精确测定中还经常使用。

沉淀称量法分析仪器

一、沉淀称量法基本步骤

沉淀称量法是根据反应生成沉淀的质量来确定欲测定组分含量的定量分析方法。通常是将被测组分沉淀为一种有固定组成的难溶化合物，然后经过一系列操作步骤来完成测定。基本操作步骤一般包括试样溶解、沉淀、过滤、洗涤、烘干和灼烧等，使欲测定组分成为组成一定的物质，然后称其质量，再计算待测组分的含量。其中沉淀析出的形式称为沉淀形式，烘干或灼烧后用于称量的形式称为称量形式。

二、沉淀称量法分析仪器

沉淀称量法分析常采用滤纸、长颈漏斗和微孔玻璃坩埚等进行过滤，烘干或灼烧沉淀时使用瓷坩埚、坩埚钳、电热干燥箱、高温炉、干燥器等。

1. 滤纸

滤纸分定性滤纸和定量滤纸两种，其中定性滤纸在燃烧后有一定量灰分，不适于定量分析。沉淀称量法中用定量滤纸（或称无灰滤纸）进行过滤，带沉淀的滤纸经灼烧后再进行称量。定量滤纸灼烧后灰分极少，常小于 0.1mg（约为 0.02～0.07mg），故其质量可忽略不计。如果灰分较重，应扣除空白。

国产定量滤纸按孔隙大小，分为快速、中速和慢速三种类型，在滤纸盒面上都分别注明，并分别作白色、蓝色和红色色带标志。圆形滤纸的直径规格有 7cm、9cm、11cm、

12.5cm 等。表 8-1 列出了定量滤纸的型号及用途。

表 8-1 常用国产定量滤纸的型号及用途

滤纸类型	孔度	滤纸盒色带标志	滤速/(s/100mL)	适用范围
快速	大	白色	60～100	无定形沉淀，如 $Fe(OH)_3$
中速	中	蓝色	100～160	粗晶形沉淀，如 $MgNH_4PO_4$
慢速	小	红色	160～200	细晶形沉淀，如 $BaSO_4$、$CaC_2O_4 \cdot 2H_2O$ 等

根据沉淀的类型、沉淀颗粒大小、沉淀的性质和沉淀量的多少选择滤纸类型和规格。无定形沉淀如$Fe(OH)_3$、$Al(OH)_3$等体积庞大，不易过滤，应选用孔隙较大、直径较大的快速滤纸，以免过滤太慢；而细晶形沉淀如 $BaSO_4$ 易穿透滤纸，宜选用紧密的慢速滤纸。选择滤纸的直径大小应与沉淀的量相适应，沉淀的量应不超过滤纸圆锥的一半，同时滤纸上边缘应低于漏斗边缘 0.5～1cm，以免沉淀延展到滤纸外。

2. 长颈漏斗

用于称量分析的漏斗应该是长颈漏斗，颈长为 15～20cm，漏斗锥体角度应为 60°，颈的直径要小些，一般为 3～5mm，以便在颈内容易保留水柱，出口处磨成 45°，如图 8-1 所示。其大小可根据滤纸的大小来选择。漏斗在使用前应洗净。

3. 微孔玻璃坩埚及吸滤瓶

有些沉淀不能与滤纸一起包烧，因其易被还原，如 AgCl 沉淀。有些沉淀不能高温灼烧，只需烘干即可称量，如丁二酮肟镍沉淀、磷钼酸喹啉沉淀等，也不能用滤纸过滤，因为滤纸烘干后，质量改变很多。此时，应使用微孔玻璃坩埚（或微孔玻璃漏斗）过滤，微孔玻璃坩埚又称砂芯坩埚，微孔玻璃漏斗又称玻璃砂芯漏斗，是一种漏斗形的砂芯过滤器，如图 8-2 所示。这类滤器的滤板是用玻璃粉末在高温下熔结而成的。这类滤器的选用可参见表 8-2。

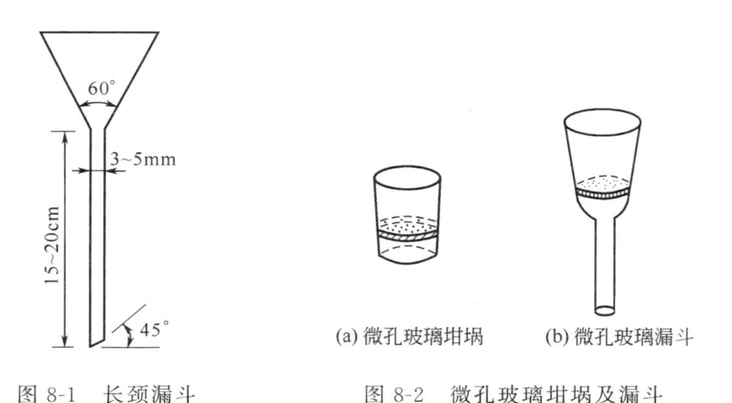

图 8-1 长颈漏斗　　图 8-2 微孔玻璃坩埚及漏斗

表 8-2 微孔玻璃坩埚的规格及用途

坩埚代号	滤孔大小/μm	一般用途
$P_{1.6}$	<1.6	滤除细菌
P_4	1.6～4	过滤极细颗粒沉淀

续表

坩埚代号	滤孔大小/μm	一般用途
P_{10}	4～10	过滤细颗粒沉淀
P_{16}	10～16	过滤细颗粒沉淀
P_{40}	16～40	过滤一般晶形沉淀
P_{100}	40～100	过滤较粗颗粒沉淀 过滤粗晶形颗粒沉淀
P_{160}	100～160	
P_{250}	160～250	

使用前，先用强酸（盐酸或硝酸）处理，然后再用水洗净。洗涤时通常采用抽滤法。如图 8-3 所示，在吸滤瓶口配一块稍厚的橡皮垫，垫上挖一孔，将微孔玻璃坩埚（或漏斗）插入圆孔中，抽滤瓶的支管以橡皮管与水泵相连接。先将强酸倒入微孔玻璃坩埚（或漏斗）中，然后开水泵抽滤，当结束抽滤时，应先拔掉抽滤瓶支管上的胶管，再关闭水泵，以免由于瓶内负压使水泵中的水倒吸入抽滤瓶中。待酸抽洗结束后，直接用蒸馏水抽洗，不能用自来水抽洗，否则自来水中的杂质会进入滤板。抽洗干净后不能用手直接接触，可用洁净的软纸衬垫着拿取，将其放在洁净的烧杯中，盖上表面皿，置于烘箱中在烘沉淀的温度下烘干，直至恒重（两次称量之差小于 0.2mg），置于干燥器中备用。

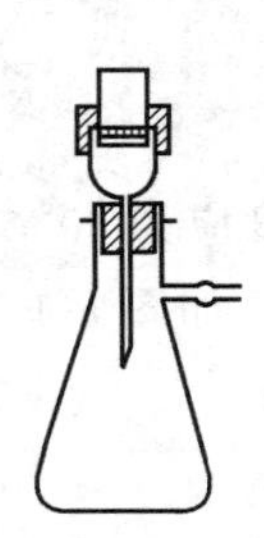

图 8-3　抽滤装置

微孔玻璃坩埚不能用来过滤不易溶解的沉淀（如二氧化硅等），否则沉淀将无法清洗；也不宜用来过滤浆状沉淀，以免堵塞滤板的细孔。

这种滤器耐酸（氢氟酸除外）不耐碱，因此，不可用强碱处理，也不适于过滤碱性强的溶液。

使用后，先尽量倒出其中沉淀，再用适当的清洗剂清洗（见表 8-3）。切不可用去污粉洗涤，也不要用坚硬的物体擦划滤板。

表 8-3　洗涤砂芯滤器的常用清洗剂

沉淀物	有效清洗剂	用法
新滤器	热盐酸；铬酸洗液	浸泡、抽洗
氯化银	氨水或 $Na_2S_2O_3$ 溶液	浸泡后抽洗
油脂等各种有机物	先用四氯化碳等适当的有机溶剂洗涤，继用铬酸洗液洗	抽洗
硫酸钡	浓 H_2SO_4 或 3%的 EDTA 500mL＋水 100mL 混合	浸泡后抽洗
丁二酮肟镍	盐酸	浸泡

4. 玻璃棒

玻璃棒用来搅拌溶液和协助倾出溶液，将其放在烧杯中时应露出烧杯口 4～6cm，太长易将烧杯打翻，太短则操作不方便。玻璃棒两端应烧光滑，一则可以防止划破烧杯，二则烧杯底部产生的气泡会聚在玻璃棒上，从而防止暴沸。

5. 干燥器

干燥器是具有磨口盖子的密闭厚壁玻璃器皿，如图 8-4 所示。常用以保存干燥物品，如坩埚、称量瓶、试样等。干燥器内搁置一块洁净带圆孔瓷板，将其分成上下两室，上室放被干燥物品，下室装干燥剂。

准备干燥器时，用洁净干布将瓷板和内壁擦净，干燥剂装到下室的约一半体积即可，太多容易沾污上层被干燥物品。装干燥剂时应避免干燥器壁受沾污，把干燥剂筛去粉尘后，借助纸筒加入到干燥器底部，如图 8-5 所示，再盖上多孔瓷板。

图 8-4　干燥器

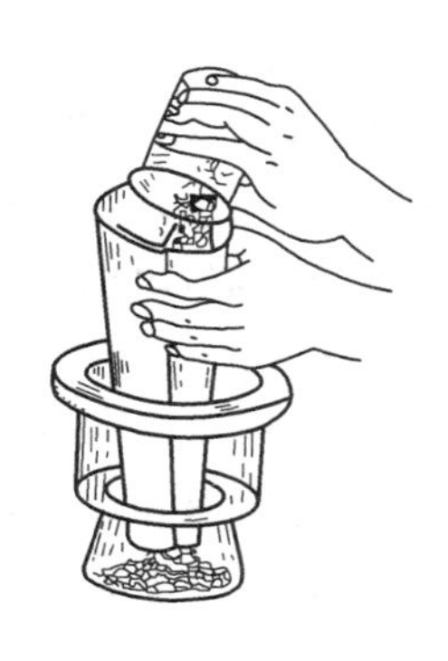

图 8-5　装干燥剂

最常用的干燥剂是变色硅胶和无水 $CaCl_2$。干燥剂吸收水分的能力有一定限度，当无水 $CaCl_2$ 吸潮，蓝色的硅胶变为红色（钴盐的水合物颜色）时，应更换无水 $CaCl_2$，或将硅胶重新处理烘干。

使用干燥器时应注意下列事项：

① 干燥器使用前，磨口边沿涂一薄层凡士林，使之能与盖子密合。

② 搬移干燥器时，双手大拇指紧紧按住盖子，其他手指托住下沿（如图 8-6 所示），绝对禁止用单手捧其下部，以防盖子滑落。

③ 开启或关闭干燥器盖时，不能往上掀盖，应用左手向身体一侧用力按住干燥器身，右手握着盖的圆把手小心向前平推（如图 8-7 所示），等冷空气徐徐进入后，才能完全推开，盖子必须仰放在桌子上，防止滚落在地。

图 8-6　干燥器的搬移

图 8-7　干燥器的开启与关闭

④ 不可将太热的物体放入干燥器中。刚灼烧后的物品应先在空气中冷却 30～60s，再放入干燥器。为防止干燥器中空气受热膨胀会把盖子顶起打翻，应当用手按住，不时把盖子稍微推开（不到 1s），以放出热空气，直至不再有热空气逸出时才可盖严盖子。

⑤ 灼烧或烘干后的坩埚和沉淀，在干燥器内不宜放置过久，否则会因吸收一些水分而使质量略有增加。

⑥ 干燥器不能用来保存潮湿的器皿或沉淀。

6. 瓷坩埚[1]与坩埚钳

经滤纸过滤后的沉淀需在坩埚中进行烘干、炭化、灼烧，最常用的是瓷坩埚。称量分析常用 30mL 瓷坩埚灼烧沉淀。为便于识别，新坩埚洗净烘干，用 $CoCl_2$ 或 $FeCl_3$ 溶液在坩埚外壁和坩埚盖上书写编号，烘干灼烧后即留下永不褪色的字迹。

灼烧可在高温电炉中进行。由于温度骤升或骤降常使坩埚破裂，最好将坩埚放入冷的炉膛中逐渐升高温度，或者将坩埚在已升至较高温度的炉膛口预热一下，再放进炉膛中。一般在 800～1000℃灼烧 30min（新坩埚需灼烧 1h）。从高温炉中取出坩埚时，应待坩埚红热退去后再移入干燥器中，将干燥器连同坩埚一起移至天平室，冷却至室温（约需 30min），取出称量。第二次再灼烧15～20min，冷却后称量，直至质量恒定（恒重）为止。

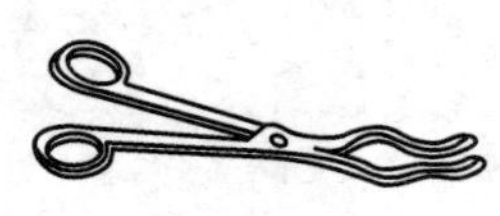

图 8-8 坩埚钳

坩埚钳，如图 8-8 所示，用铁或铜合金制作，表面镀镍或铬，用来夹持坩埚和坩埚盖。坩埚洗净后，坩埚的灼烧、称量过程中都不能用手直接拿取，应使用坩埚钳。坩埚钳使用前，要检查钳尖是否洁净，如有沾污必须处理（用细砂纸磨光）后才能使用。用坩埚钳夹取灼热坩埚时，必须预热。不用时坩埚钳要平放在台上，钳尖朝上，以免弄脏。

夹持铂坩埚（铂坩埚的使用见第一章第四节）的坩埚钳尖端应包有铂片，以防高温时钳子的金属材料与铂形成合金，使铂变脆。

7. 电热干燥箱(烘箱)

对于不能和滤纸一起灼烧的沉淀，以及不能在高温下灼烧，只能在不太高的温度下烘干后就称量的沉淀，可用已恒重的微孔玻璃坩埚过滤后，置于电热干燥箱中在一定温度下烘干。

实验室常用的电热鼓风干燥箱可控温 50～300℃，在此温度范围内可任意选定温度，并利用箱内的自动控制系统使温度恒定。

使用电热干燥箱应注意以下事项：

① 为保证安全操作，通电前必须检查是否断路或短路，箱体接地是否良好。

② 使用时，烘箱顶的排气孔应打开。

③ 加热温度不可超过烘箱的极限温度。

④ 不要经常打开烘箱，以免影响恒温。

⑤ 易挥发物（如苯、汽油、石油醚）和易燃物（如手帕、手套等）不能放入干燥箱中干燥。

⑥ 当停止使用时，应切断外电源以保证安全。

8. 高温电炉(俗称马弗炉)

高温电炉常用于金属熔融及有机物的灰化、炭化，在称量分析中用来灼烧坩埚和沉淀以及熔融某些试样。其温度可达 1100～1200℃，其最高使用温度为 950℃，短时间内可以

---

[1] 在处理试样和灼烧沉淀时，有时需使用其他材质的坩埚，可参阅第一章第四节。

为 1000℃。

常用的高温电炉炉体是由角钢、薄钢板构成的，炉膛是由碳化硅制成的长方体。电热丝盘绕于炉膛外壁，炉膛与炉壳之间由保温砖等绝热材料砌成。

高温电炉应与温度控制器及镍铬或镍铝热电偶配合使用，通过温度控制器可以指示、调节、自动控制温度。

实验室中常用的温度控制器测温范围在 0～1100℃之间，不同沉淀所需灼烧温度及时间各不相同。

使用高温电炉时应注意以下事项。

① 为保证安全操作，通电前应检查导线及接头是否良好，电炉与控制器必须接地可靠。

② 检查炉膛是否洁净和有无破损。

③ 欲进行灼烧的物质（包括金属及矿物）必须置于完好的坩埚或瓷皿内，用长坩埚钳送入（或取出），应尽量放在炉膛中间位置，切勿触及热电偶，以免将其折断。

④ 含有酸性、碱性挥发物质或本身为强氧化剂的化学药品应预先处理（用煤气灯或电炉预先灼烧），待其中挥发物逸尽后，才能置入炉内加热。

⑤ 旋转温度控制器的旋钮使指针指向所需温度，温度控制器的开关指向“关”。

⑥ 快速合上电闸，检查配电盘上指示灯是否已亮。

⑦ 打开温度指示器的开关，温度控制器的红灯即亮，表示高温电炉处于升温状态。当温度升到预定温度时，红灯、绿灯交替变换，表示电炉处于恒温状态。

⑧ 在加热过程中，切勿打开炉门；电炉使用过程中，切勿超过最高温度，以免烧毁电热丝。

⑨ 灼烧完毕，切断电源（拉闸），不能立即打开炉门。待温度降低至 200℃左右时，才能打开炉门，取出灼烧物品，冷却至 60℃左右后，放入干燥器内冷却至室温。

⑩ 长期搁置未使用的高温电炉，在使用前必须进行一次烘干处理。烘炉时间，从室温到 200℃烘 4h，400～600℃烘 4h。

第二节 沉淀称量法分析基本操作

沉淀称量法分析基本操作包括试样溶解、沉淀、过滤和洗涤、烘干和灼烧、冷却和称量等。

一、试样的称量和溶解[1]

准备好洁净的烧杯，配以合适的玻璃棒及直径略大于烧杯口的表面皿。称取一定量试样放入烧杯，用表面皿盖好烧杯。根据试样的性质用水、酸或其他溶剂溶解。溶样时如无气体产生，可敞口进行，将溶剂沿烧杯内壁倒入或沿下端紧靠烧杯内壁的玻璃棒流下，防止溶液飞溅，边加边搅拌至试样完全溶解，再盖上表面皿。如溶样时有气体产生（如碳酸盐用盐酸

[1] 难溶试样可加熔剂在高温炉中熔融，再以水或酸溶解。

溶解)，可将试样用少量水润湿，盖好表面皿，通过烧杯嘴和表面皿间的缝隙慢慢滴加溶剂，作用完后用洗瓶吹洗表面皿凸面，水流沿壁流下，再吹洗烧杯壁。

如果溶样必须加热，应盖好表面皿，加热温度不要太高，以免暴沸使溶液溅出。需要煮沸或加热蒸发时，可在烧杯口上放玻璃三角，再在上面放表面皿。搅拌可加速溶解，搅拌时玻璃棒不要触碰烧杯内壁及杯底。

二、沉淀

沉淀的性质不同，沉淀的条件如沉淀时溶液的体积、温度，加入沉淀剂的浓度、数量、加入速度、搅拌速度、放置时间等也不同，进行沉淀时要采取不同的操作方法。

1. 晶形沉淀

进行沉淀操作时，左手拿滴管，滴加沉淀剂，滴管口要接近液面，以免溶液溅出，滴加速度要慢，同时右手持玻璃棒充分搅拌溶液，注意玻璃棒不要碰烧杯壁或烧杯底，以免划损烧杯。需在热溶液中沉淀时，一般在水浴或电热板上进行。沉淀后应检查沉淀是否完全，检查的方法是：待沉淀下沉后，在上层澄清液中，沿杯壁加 1～2 滴沉淀剂，观察滴落处是否出现浑浊，无浑浊出现表明已沉淀完全，如出现浑浊，需再补加沉淀剂，直至沉淀完全为止。然后盖上表面皿，玻璃棒放于烧杯尖嘴处，放置过夜（或在水浴上加热 1h 左右），使沉淀陈化。

2. 非晶形沉淀

在较浓的溶液中进行沉淀，加入较浓的沉淀剂，在充分搅拌下，较快地加入沉淀剂进行沉淀。沉淀完全后，立即用蒸馏水稀释以减少沉淀的吸附，不必陈化，待沉淀下沉后即进行过滤和洗涤，必要时进行再沉淀。

三、过滤和洗涤

过滤是使沉淀从溶液中分离出来的一种方法。对于需要灼烧的沉淀，要用定量滤纸在玻璃漏斗中过滤；对于过滤后只要烘干至恒重即可称量的沉淀，则采用微孔玻璃坩埚进行减压抽滤。

洗涤沉淀的目的是为了除去混杂在沉淀中的母液和吸附在沉淀表面上的杂质。

1. 洗涤液的选择

洗涤沉淀用的洗涤液应符合下列条件：①易溶解杂质，但不溶解沉淀；②对沉淀无胶溶作用或水解作用；③烘干或灼烧沉淀时，易挥发除去；④不影响滤液的测定。

洗涤液的选择应根据沉淀性质而定。

晶形沉淀，如果沉淀溶解度极小又不易形成胶体，可用蒸馏水洗涤；溶解度较大，可用含共同离子的挥发性物质，如冷的可挥发的沉淀剂稀溶液洗涤，以减少沉淀溶解损失。如 $BaSO_4$ 沉淀，可用稀 H_2SO_4 溶液洗涤；CaC_2O_4 沉淀，可用 $(NH_4)_2C_2O_4$ 稀溶液洗涤。

非晶形沉淀，尤其是溶解度较小而又易形成胶体的沉淀，选择易挥发电解质的稀热溶液洗涤以防止胶溶作用，一般用易挥发的铵盐。如 $Fe(OH)_3$ 沉淀用 NH_4NO_3 稀溶液洗涤。

对于溶解度较大、易水解的沉淀，采用有机溶剂加沉淀剂作洗涤液。如氟硅酸钾

(K_2SiF_6) 沉淀，选用含5%氯化钾的乙醇（95%）溶液作洗涤液，可防止沉淀水解并降低沉淀的溶解度。

过滤和洗涤要连续进行，一次完成，不能间断，否则沉淀放置过久凝聚干涸，很难完全洗净。

2. 洗涤技术

为了提高洗涤效率，尽量减少沉淀溶解损失，应掌握洗涤方法要领。先用“倾泻法”过滤，然后采用“少量多次”“尽量沥干”的原则洗涤沉淀。即将上层清液先倾入漏斗中过滤，在沉淀中加入少量洗涤液，充分搅拌，待沉淀沉降后，再将上层清液倾入漏斗中过滤，如此反复多次，每次使用适当少的洗涤液分多次洗涤，尽量沥尽洗涤液后再加下一次洗涤液。最后一次加洗涤液时，搅拌后连同沉淀一起转移到滤纸上。

洗涤后定性检查沉淀是否洗净。例如用 $BaCl_2$ 溶液沉淀 SO_4^{2-} 时，洗涤沉淀直至洗出液不含 Cl^- 为止，可用洁净小表面皿承接1～2mL 滤液，酸化后，用 $AgNO_3$ 溶液检查，若无 AgCl 白色浑浊出现，表明沉淀已洗净，否则还需再洗。一般洗涤 8～10 次基本能够洗净，无定形沉淀可多洗几次。

“少量多次”、“尽量沥干”的洗涤原则能够提高洗涤效率（洗涤时间少，洗涤液用量相对也少）。以下通过计算说明。

设沉淀上残留母液 V_0(mL)，每次加入洗涤液为 V(mL)，未洗涤沉淀前可溶性杂质为 a_0(mg)，第一次洗涤后残留在溶液中的杂质为 a_1(mg)，则

$$a_1=\frac{V_0}{V+V_0}a_0$$

第二次洗涤后残留在溶液中的杂质为：

$$a_2=\left(\frac{V_0}{V+V_0}\right)^2 a_0$$

第 n 次洗涤后残留在溶液中的杂质为：

$$a_n=\left(\frac{V_0}{V+V_0}\right)^n a_0$$

例如，烧杯中沉淀含有母液 1mL，其中有可溶性杂质 10mg，用 36mL 洗涤液洗涤沉淀。第一种方法分四次洗，每次 9mL；第二种方法分两次洗，每次 18mL。每次洗涤液滤出后沉淀上仍剩洗涤液 1mL。两种方法洗涤效果列于表 8-4。

若沉淀残留母液 2mL，含有可溶性杂质 10mg，每次洗涤液滤出后沉淀上仍剩洗涤液 2mL。用 36mL 洗涤液分四次和分两次洗涤，其效果列于表 8-5。

表 8-4　洗涤效果比较之一

分四次洗涤			分两次洗涤		
顺序	洗涤液用量/mL	残留杂质量/mg	顺序	洗涤液用量/mL	残留杂质量/mg
0	0	10	0	0	10
1	9	1	1	18	0.53
2	9	0.1	2	18	0.028
3	9	0.01			
4	9	0.001			

表 8-5 洗涤效果比较之二

分四次洗涤			分两次洗涤		
顺序	洗涤液用量/mL	残留杂质量/mg	顺序	洗涤液用量/mL	残留杂质量/mg
0	0	10	0	0	10
1	9	1.8	1	18	1
2	9	0.33	2	18	0.1
3	9	0.06			
4	9	0.011			

可见，采用“少量多次”、“尽量沥干”的原则洗涤沉淀效果较好。

3. 过滤和洗涤操作

（1）折叠和安放滤纸　根据沉淀的性质选择滤纸和漏斗，滤纸的折叠一般采用四折法，如图 8-9 所示。折叠滤纸的手要洗净擦干，先把滤纸对折并将折边按紧，然后再对折，但不要按紧，把折成圆锥形的滤纸放入干燥漏斗中，此时滤纸的上边缘应低于漏斗边缘 0.5～1cm 左右，若高出漏斗边缘，可剪去一圈。滤纸应与漏斗内壁紧密贴合，若不贴合，可以稍稍改变上面第二次对折的滤纸折叠角度，打开后使顶角呈稍大于 60°的圆锥体，直至与漏斗贴合紧密时把第二次的折边折紧（滤纸尖角不要重折，以免破裂）。取出圆锥形滤纸，将半边为三层滤纸的外层折角撕下一小角，这样可以使内层滤纸紧密贴在漏斗内壁上，撕下来的滤纸角，不能弃去，保存在干燥洁净的表面皿上，留作擦拭烧杯内残留沉淀用。

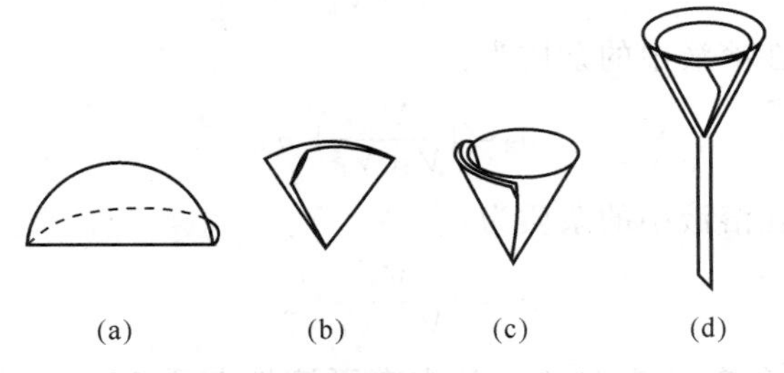

图 8-9 滤纸的折叠和安放

（2）做水柱　把正确折叠好的滤纸展开成圆锥体放入漏斗中，滤纸三层的一面在漏斗颈的斜口长侧，用手按紧使之密合，然后用洗瓶加少量水润湿全部滤纸。用干净手指轻压滤纸赶去滤纸与漏斗壁间的气泡，使其紧贴于漏斗壁上。然后加水至滤纸边缘，让水流出，此时漏斗颈内应全部充满水，且无气泡，形成水柱。滤纸上的水全部流尽后，漏斗颈内的水柱应仍能保留，这样过滤时漏斗颈内才能充满滤液，由其产生的重力作用可以加快过滤速度。

若无水柱形成，可用手指堵住漏斗颈下口，稍掀起滤纸多层的一边，用洗瓶向滤纸和漏斗间的空隙内加水，直到漏斗颈及锥体的一部分被水充满，然后边按紧滤纸边慢慢松开下面堵住出口的手指，此时水柱应该形成。如仍不能形成水柱，或水柱不能保持，则表示滤纸没有完全贴紧漏斗壁，或是因为漏斗颈不干净，必须重新折叠放置滤纸或重新清洗漏斗。应注意漏斗颈太大的漏斗，是做不出水柱的。

（3）倾泻法过滤和初步洗涤　做好水柱的漏斗应放在漏斗架上，用一个洁净的烧杯承接滤液，滤液可用作其他组分的测定。滤液有时是不需要的，但考虑到过滤过程中，可能有沉淀渗滤，或滤纸意外破裂，需要重滤，所以要用洗净的烧杯来承接滤液。将漏斗颈出口斜口长的一侧贴紧烧杯内壁，这样既可以加快过滤速度，又可防止滤液外溅。漏斗位置的高低，以过滤过程中漏斗颈的出口不接触滤液为度。

过滤时采用倾泻法。操作如图 8-10 所示，将烧杯移到漏斗上方，轻轻提起玻璃棒，将玻璃棒下端轻碰一下烧杯内壁使悬挂的液滴流回烧杯中，将烧杯嘴与玻璃棒贴紧，玻璃棒直立，下端接近三层滤纸的一边，但不要触及滤纸或滤液。慢慢倾斜烧杯使上层清液沿玻璃棒倾入漏斗，漏斗中的液面不要超过滤纸高度的 2/3。暂停倾注时，应沿玻璃棒将烧杯嘴往上提，逐渐使烧杯直立，使残留在烧杯嘴的液体流回烧杯中，将玻璃棒移入烧杯中（注意勿将清液搅浑，也不能靠在烧杯嘴处，以免沾有沉淀造成损失）。

如此重复操作，直至上层清液几乎倾完为止。过滤过程中，带有沉淀和溶液的烧杯放置方法如图 8-11 所示。当烧杯内的液体较少而不便倾出时，可将玻璃棒稍稍倾斜，使烧杯倾斜角度更大些，以使清液尽量流出。

图 8-10　倾泻法过滤

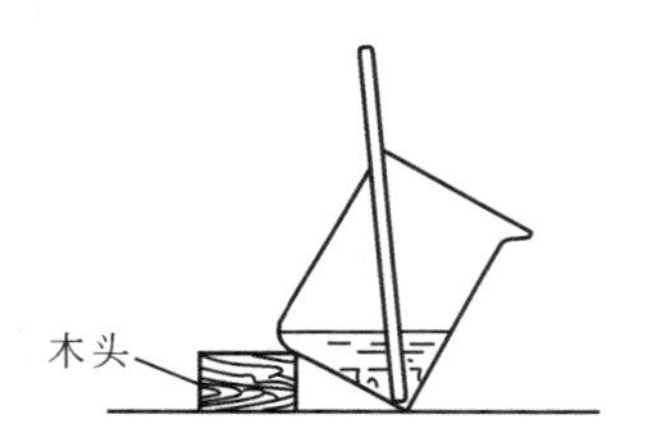

图 8-11　过滤时带有沉淀和溶液的烧杯放置方法

在上层清液倾注完以后，应在烧杯中作初步洗涤。洗涤液装入聚乙烯塑料洗瓶中，洗涤时，沿烧杯内壁四周注入少量洗涤液，每次 10～20mL，并注意清洗玻璃棒，使沾附的沉淀集中在烧杯底部，用玻璃棒充分搅拌，静置。待沉淀沉降后，按上法倾注过滤，如此洗涤沉淀 3～4 次，每次应尽可能把洗涤液倾尽沥干再加第二份洗涤液。

在过滤和洗涤过程中，随时检查滤液是否透明不含沉淀颗粒，如有浑浊，说明有穿滤现象，此时应重新过滤，或重做实验。

(4) 沉淀的转移　沉淀用倾泻法洗涤后，在盛有沉淀的烧杯中加入 10～15mL 洗涤液，搅起沉淀，小心使悬浊液沿玻璃棒全部倾入漏斗中。如此重复 2～3 次，使大部分沉淀转移至漏斗中。烧杯中剩余的极少量沉淀按图 8-12 所示吹洗方法洗至漏斗中，将玻璃棒横放在烧杯口上，玻璃棒下端比烧杯口长出 2～3cm，左手食指按住玻璃棒的较高地方，大拇指在前，其余手指在后，拿起烧杯，放在漏斗上方，倾斜烧杯使玻璃棒仍指向三层滤纸的一边，用右手以洗瓶冲洗烧杯壁上附着的沉淀，使洗涤液和沉淀沿玻璃棒全部流入漏斗中。吹洗过程中，应注意将烧杯底部高高翘起，吹洗动作自上而下。最后用撕下来保存好的滤纸角擦拭玻璃棒上的沉淀，再放入烧杯中，用玻璃棒压住滤纸擦拭。擦拭后的滤纸角，用玻璃棒拨入漏斗中，用洗涤液再冲洗烧杯将残存的沉淀全部转入漏斗中。仔细检查烧杯内壁、玻璃棒、表面皿是否干净，直至沉淀转移完全为止。

(5) 洗涤沉淀　沉淀全部转移后，再在滤纸上进行洗涤，以除去沉淀表面吸附的杂质和残留的母液。用洗瓶由滤纸边缘稍下一些地方螺旋形由上向下移动冲洗沉淀，至洗涤液充满滤纸锥体的一半，如图 8-13 所示。这样可使沉淀洗得干净且可将沉淀集中到滤纸锥体的底部，便于滤纸的折卷。不可将洗涤液直接冲到滤纸中央沉淀上，以免沉淀外溅。待每次洗涤液流尽后再进行第二次洗涤。三层滤纸的一侧不易洗净，注意多洗几次。检查沉淀是否洗净，至洗净为止。

图 8-12 最后少量沉淀的冲洗

图 8-13 在滤纸上洗涤沉淀

（6）沉淀的包裹 洗净的沉淀和滤纸按一定操作方法进行包裹。

对于晶形沉淀，用下端细而圆的玻璃棒从滤纸的三层处小心将滤纸从漏斗壁上拨开，用洗净的手把滤纸和沉淀取出，按图 8-14 的程序折卷成小包，把沉淀包卷在里边。步骤如下：

① 滤纸对折成半圆形；

② 自右端约 1/3 半径处向左折起；

③ 由上边向下折，再自右向左卷起；

④ 折卷好的滤纸包，放入已恒重的瓷坩埚中。

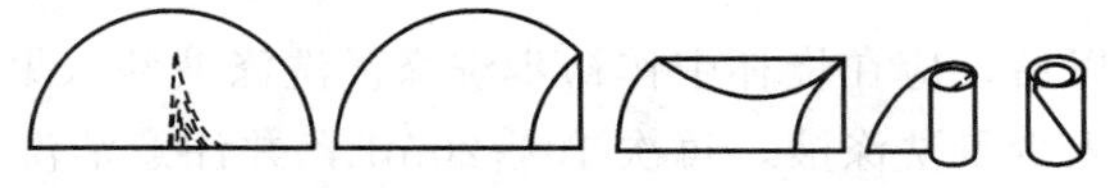

图 8-14 晶形沉淀的包裹

若是无定形沉淀，因沉淀体积较大，可用玻璃棒把滤纸边缘挑起，向中间折叠，将沉淀全部覆盖住，如图 8-15 所示。小心取出，放入已恒重的瓷坩埚中，使三层滤纸部分向上，以便滤纸的炭化和灰化。

不需灼烧只要烘干至恒重即可称量的沉淀，用微孔玻璃坩埚过滤。将已洗净、烘干至恒重的微孔玻璃坩埚装在抽滤瓶的橡皮圈中，用橡皮管连接抽滤瓶的支管和水泵，在开动水泵抽滤下，用倾泻法进行过滤、洗涤。操作完毕后，先拆下橡皮管，再关闭抽水泵。

图 8-15 无定形沉淀的包裹

四、烘干和灼烧

沉淀的烘干和灼烧是获得沉淀称量形式的重要步骤。通常在 250℃以下的热处理叫烘干，250～1200℃的热处理叫灼烧。

烘干的目的是除去沉淀中的水分，以免在灼烧沉淀时因冷热不均而使坩埚破裂。已恒重的瓷坩埚中放入折卷好的滤纸包，在一定温度下进行烘干和灼烧。

灼烧的目的是烧去滤纸，除去沉淀沾有的洗涤液，将沉淀转变为符合要求的称量形式。应当注意，有的沉淀在滤纸燃烧时，由于空气不足发生部分还原，可在灼烧前加几滴浓硝酸或硝酸铵润湿滤纸，以帮助滤纸在灰化时迅速氧化。

沉淀灼烧的温度和时间随沉淀的性质而不同，可参考表 8-6，但最后都应到恒重，即连续两次灼烧后质量之差不超过 0.2mg。灼烧好的沉淀连同坩埚稍冷后放入干燥器中冷却至室温，再进行称量。

表 8-6 一些沉淀灼烧要求的温度和时间

灼烧前的物质	灼烧后的物质	灼烧温度/℃	灼烧时间/min
$BaSO_4$	$BaSO_4$	800～900	10～20
CaC_2O_4	CaO	600	灼烧至恒重
$Fe(OH)_3$	Fe_2O_3	800～1000	10～15
$MgNH_4PO_4$	$Mg_2P_2O_7$	1000～1100	20～25
$SiO_2 \cdot nH_2O$	SiO_2	1000～1200	20～30

1. 烘干和炭化

灼烧沉淀前，一般先在电炉上将滤纸和沉淀烘干、炭化。将坩埚直立放在电炉上，坩埚盖半掩于坩埚上，使滤纸和沉淀慢慢干燥。烘干温度不能太高，否则瓷坩埚遇水滴易炸裂。继续加热，使滤纸炭化。烘干和炭化过程必须防止滤纸着火，否则会使沉淀飞散而损失。若已着火，应立即将坩埚盖盖上，让火焰自行熄灭，绝不允许用嘴吹灭。

2. 灰化

滤纸不再冒烟时表明已炭化完全，逐渐增高温度，并用坩埚钳不断转动坩埚，使滤纸灰化，将碳素完全燃烧成 CO_2 而除去的过程称为灰化。滤纸灰化完全时应不再呈黑色。

3. 灼烧

滤纸灰化后，将坩埚放在高温电炉中于指定温度下灼烧。一般第一次灼烧时间为 30～45min，以后每次灼烧 15～20min 直至恒重。

用微孔玻璃坩埚（或漏斗）过滤的沉淀只需按指定温度在恒温干燥箱中干燥即可称量，一般将微孔玻璃坩埚（或漏斗）连同沉淀放在表面皿上，然后放入烘箱中，根据沉淀性质确定烘干温度。一般第一次烘干时间要长些，约 2h，第二次烘干时间可短些，约 45min 到 1h，根据沉淀的性质具体处理。

五、冷却和称量

沉淀灼烧好后，取出移到石棉板上，冷却到红热消退时，再移入干燥器中。沉淀冷却到室温后称量，然后再灼烧、冷却、称量，直至恒重。

微孔玻璃坩埚中沉淀烘干后，取出直接置干燥器中冷却至室温后称量。反复烘干、称量，直至恒重。

第三节 称量分析法的应用

实验四十三 氯化钡含量的测定

一、实验目的

1. 掌握沉淀称量法测定 Ba^{2+} 含量的基本原理、操作方法和计算；

2. 熟练掌握晶形沉淀的沉淀条件；

3. 掌握沉淀、过滤、洗涤、烘干、灼烧及称量等称量分析基本操作技术。

二、实验原理

Ba^{2+} 可生成一系列微溶化合物，如 $BaCO_3$、BaC_2O_4、$BaCrO_4$、$BaHPO_4$、$BaSO_4$ 等，其中 $BaSO_4$ 溶解度最小，100mL 水中 100℃时溶解 0.4mg，25℃时仅溶解 0.25mg。当过量沉淀剂存在时，溶解度大为减小，一般可以忽略不计。$BaSO_4$ 的化学组成稳定，符合称量分析对沉淀的要求，所以通常以生成 $BaSO_4$ 来测定 Ba^{2+} 的含量，也可用于测定 SO_4^{2-} 的含量。反应式为：

$$Ba^{2+} + SO_4^{2-} = \underset{(白色)}{BaSO_4} \downarrow$$

$BaSO_4$ 是典型的晶形沉淀，在最初形成时是细小的结晶，过滤时易穿透滤纸。因此，为了得到比较纯净而粗大的晶形沉淀，应按照晶形沉淀的沉淀条件进行操作。

称取一定量 $BaCl_2 \cdot 2H_2O$ 试样，加水溶解，稀释，加稀 HCl 溶液酸化，加热至微沸，在不断搅动的条件下，慢慢地加入热的稀 H_2SO_4 溶液，Ba^{2+} 与 SO_4^{2-} 反应，形成 $BaSO_4$ 晶形沉淀。沉淀经陈化、过滤、洗涤，定量转入坩埚中烘干、炭化、灰化、灼烧后冷却，以 $BaSO_4$ 形式称量。可求出 $BaCl_2 \cdot 2H_2O$ 中氯化钡的含量。

$BaSO_4$ 称量法一般在 0.05mol/L 左右盐酸介质中进行沉淀，这是为了防止产生 $BaCO_3$、$Fe(OH)_3$、$BaHPO_4$、$BaHAsO_4$ 沉淀以及防止生成 $Ba(OH)_2$ 共沉淀。同时，适当提高酸度，增加 $BaSO_4$ 在沉淀过程中的溶解度，以降低其相对过饱和度，有利于获得较好的晶形沉淀。故沉淀的条件是在盐酸酸化的热溶液中，在不断搅拌下，缓缓加入热的稀 H_2SO_4 溶液。待加入过量沉淀剂后，放置过夜进行陈化或在水浴中不时搅拌加热 1h，代替陈化。

用 $BaSO_4$ 称量法测定 Ba^{2+} 时，一般用稀 H_2SO_4 作沉淀剂。为了使 $BaSO_4$ 沉淀完全，H_2SO_4 必须过量。由于 H_2SO_4 在高温下可挥发除去，故混入沉淀中的 H_2SO_4 不会引起误差，因此沉淀剂可过量 50%～100%。如果用 $BaSO_4$ 称量法测定 SO_4^{2-}，沉淀剂 $BaCl_2$ 只允许过量 20%～30%，因为 $BaCl_2$ 灼烧时不易挥发除去。

本实验的干扰有以下几方面。

$PbSO_4$、$SrSO_4$ 的溶解度均较小，Pb^{2+}、Sr^{2+} 对氯化钡的测定有干扰；K^+、Ca^{2+}、Fe^{3+} 等阳离子常以硫酸盐或硫酸氢盐的形式共沉淀，其中以 Fe^{3+} 共沉淀现象最显著（Fe^{3+} 的价数高，更易被吸附）。NO_3^-、ClO_3^-、Cl^- 等阴离子常以钡盐的形式共沉淀。NO_3^-、ClO_3^-、Cl^- 干扰的消除：

在沉淀 Ba^{2+} 前，加酸蒸发以除去 NO_3^- 和 ClO_3^-。

$$NO_3^- + 3Cl^- + 4H^+ \Longrightarrow Cl_2\uparrow + NOCl + 2H_2O$$

$$ClO_3^- + 5Cl^- + 6H^+ \Longrightarrow 3Cl_2\uparrow + 3H_2O$$

可通过洗涤除去 Cl^-，用极稀的 H_2SO_4 沉淀剂为洗涤液，洗至无 Cl^- 为止。最后用1%的 NH_4NO_3 溶液洗涤1～2次以洗去滤纸上附着的酸，使滤纸在烘干时不致炭化，而在滤纸灰化时又促进氧化。

三、仪器与试剂

1. 仪器

(1) 称量瓶（1个）；

(2) 烧杯（100mL、250mL、400mL各2个）；

(3) 表面皿（9cm 2个）；

(4) 小试管；

(5) 量筒（10mL、100mL各1个）；

(6) 玻璃棒（2支）；

(7) 滴管（2支）；

(8) 长颈漏斗（2个）；

(9) 漏斗架（1个）；

(10) 瓷坩埚（25mL 2个）；

(11) 坩埚钳（1把）；

(12) 干燥器；

(13) 高温炉；

(14) 定量滤纸（慢速）。

2. 试剂

(1) $BaCl_2 \cdot 2H_2O$ 固体试样；

(2) $c(HCl)=2mol/L$ 的HCl溶液；

(3) $c(H_2SO_4)=1mol/L$、0.1mol/L的 H_2SO_4 溶液；

(4) $c(HNO_3)=2mol/L$ 的 HNO_3 溶液；

(5) $c(AgNO_3)=0.1mol/L$ 的 $AgNO_3$ 溶液；

(6) $c(NH_4NO_3)=1\%$ 的 NH_4NO_3 溶液。

四、实验步骤

1. 称样及溶解

准确称取两份0.4～0.6g的 $BaCl_2 \cdot 2H_2O$ 固体试样，分别置于250mL洁净烧杯中，各加入100mL水、3mL HCl溶液，搅拌溶解，盖上表面皿，加热近沸（不使溶液沸腾，防止产生的蒸气带走液滴或试液飞溅而损失）。

2. 沉淀和陈化

另取4mL 1mol/L的 H_2SO_4 溶液两份于两个100mL烧杯中，加水30mL，加热至近沸。取下烧杯，用蒸馏水冲洗表面皿。趁热将两份 H_2SO_4 溶液分别用小滴管逐滴加入到两份热的氯化钡溶液中（开始时约每秒2～3滴，有较多沉淀析出时可加快些），并用玻璃棒不断搅拌，搅拌时不要碰烧杯底及内壁，以免划破烧杯，且使沉淀沾附在烧杯壁上。直至两份 H_2SO_4 溶液加完为止，用洗瓶冲洗玻璃棒和烧杯上部边缘使沉淀冲下去。盖好表面皿，静置数分钟。

待 $BaSO_4$ 沉淀下沉后，于上层清液中加入1～2滴0.1mol/L的 H_2SO_4 溶液，仔细观察沉淀是否完全。沉淀完全后，盖上表面皿（切勿将玻璃棒拿出杯外），放置过夜陈化。也可将沉淀放在水浴或砂浴上，保温40min陈化，其间要不时搅拌。

3. 空坩埚的灼烧和恒重

将两只洁净干燥的瓷坩埚放在（850±20)℃的恒温马弗炉中灼烧至恒重。第一次灼烧40min，第二次后每次灼烧20min。灼烧也可在煤气灯上进行。

4. 沉淀的过滤和洗涤

（1）安装过滤器　过滤时选用慢速定量滤纸，折叠好放入长颈漏斗中，做水柱，将漏斗放在漏斗架上，漏斗下放一洁净的400mL烧杯承接滤液，漏斗颈斜边长的一侧贴靠烧杯壁。

（2）倾泻法过滤和洗涤　配制300～400mL稀 H_2SO_4 洗涤液（每100mL水加入1mol/L的 H_2SO_4 溶液2mL)，装入洗瓶中。勿将陈化好的沉淀搅起，先将上层清液分数次倾在滤纸上，再用倾泻法洗涤3～4次，每次约10～15mL。然后将沉淀定量转移到滤纸上，用洗瓶吹洗烧杯壁上附着的沉淀至漏斗中，用撕下来的滤纸角擦拭玻璃棒和烧杯，拨入漏斗中。

再用稀 H_2SO_4 溶液洗涤4～6次，使沉淀集中到滤纸锥体的底部。洗涤直至滤液中不含 Cl^- 为止（检查方法：用洁净表面皿收集2mL滤液，加2滴2mol/L的 HNO_3 溶液酸化，加入1滴 $AgNO_3$ 溶液，若无白色浑浊产生，表示 Cl^- 已洗净)。再用1%的 NH_4NO_3 溶液洗涤1～2次，以除去残留的 H_2SO_4。

5. 沉淀的灼烧和称量

将折叠好的沉淀滤纸包置于已恒重的瓷坩埚中，先在电炉上烘干和炭化，提高温度灰化后，再于（850±20)℃的马弗炉中灼烧20min，取出稍冷，放入干燥器中冷却至室温（约20min)，称量。再灼烧15min，冷却，称量，反复操作直至恒重。

五、计算公式

$$w(BaCl_2 \cdot 2H_2O)=\frac{(m_2-m_1)\dfrac{M(BaCl_2 \cdot 2H_2O)}{M(BaSO_4)}}{m}\times 100\% \tag{8-1}$$

式中 $w(BaCl_2 \cdot 2H_2O)$——$BaCl_2 \cdot 2H_2O$ 的质量分数，%；

m_1——空坩埚的质量，g；

m_2——灼烧恒重后坩埚和沉淀的质量，g；

m——试样的质量，g；

$M(BaCl_2 \cdot 2H_2O)$——$BaCl_2 \cdot 2H_2O$ 的摩尔质量，244.26g/mol；

$M(BaSO_4)$——$BaSO_4$ 的摩尔质量，233.39g/mol。

六、注意事项

1. 沉淀操作时，放入 $BaCl_2$ 溶液中的玻璃棒不能拿出，以免溶液有损失。

2. 注意晶形沉淀的沉淀条件。稀硫酸和试样溶液都必须加热至沸，并趁热加入硫酸，最好在断电的热电炉上加入，加入硫酸的速度要慢并不断搅拌，否则形成的沉淀太细会穿透滤纸。

3. 灼烧沉淀时应注意：

（1）滤纸未灰化前，温度不要太高，以免沉淀颗粒随火焰飞散。

(2) 滤纸灰化时空气要充足，否则 $BaSO_4$ 易被滤纸的碳还原为绿色的 BaS。

$$BaSO_4+4C \xlongequal{} BaS\downarrow+4CO\uparrow$$

$$BaSO_4+4CO \xlongequal{} BaS\downarrow+4CO_2\uparrow$$

如遇此情况，可将坩埚冷却后，加入几滴（1+1）的 H_2SO_4 溶液，小心加热，至 SO_3 白烟冒尽再继续灼烧。BaS 和分解形成的 BaO 可再转化为 $BaSO_4$。

$$BaS+H_2SO_4 \xlongequal{} BaSO_4\downarrow+H_2S\uparrow$$

$$BaO+H_2SO_4 \xlongequal{} BaSO_4\downarrow+H_2O$$

(3) 灼烧温度不能太高，如超过 900℃，空气不足灼烧时，$BaSO_4$ 也会被碳还原。如超过 900℃，部分 $BaSO_4$ 按下式分解。

$$BaSO_4 \xlongequal{} BaO+SO_3\uparrow$$

4. 在灼烧、冷却、称量过程中，应注意每次放于干燥器中冷却的条件与时间应尽量一致，使用同一台天平和同一盒砝码，这样才容易达到恒重。

洗净的坩埚放取或移动都应依靠坩埚钳，不得用手直接拿。放置坩埚钳时，要将钳尖向上，以免沾污。

七、思考题

1. 本实验为什么要在稀热 HCl 溶液中且不断搅拌条件下逐滴加入沉淀剂？HCl 溶液加入太多有何影响？

2. 为什么要在热溶液中沉淀 $BaSO_4$，但要在冷却后过滤？

3. 什么叫沉淀的陈化？晶形沉淀为什么要陈化？

4. 什么叫倾泻法过滤？倾泻法过滤和洗涤有哪些优点？

5. 如何选择洗涤液？洗涤沉淀时，为什么用洗涤液或水时都要少量多次？

6. 恒重的标志是什么？

实验四十四 硫酸镍中镍含量的测定

一、实验目的

1. 掌握丁二酮肟镍称量法测定镍含量的基本原理、操作方法和计算；

2. 掌握微孔玻璃坩埚的使用方法；

3. 掌握抽滤过滤基本操作。

二、实验原理

丁二酮肟分子式为 $C_4H_8O_2N_2$，摩尔质量为 116.2g/mol，是一种二元弱酸，以 H_2D 表示。离解平衡为：

$$H_2D \underset{+H^+}{\overset{-H^+}{\rightleftharpoons}} HD^- \underset{+H^+}{\overset{-H^+}{\rightleftharpoons}} D^{2-}$$

在氨性溶液中主要以 HD^- 状态存在，与 Ni^{2+} 发生配位反应：

$$Ni^{2+}+\begin{matrix}CH_3-C=NOH\\ |\\ CH_3-C=NOH\end{matrix}+2NH_3\cdot H_2O \xlongequal{} \begin{matrix} & O\cdots H-O & \\ & \uparrow \quad\quad | & \\ CH_3-C=N & & N=C-CH_3\\ | \quad\quad\quad \searrow & Ni & \swarrow \quad\quad\quad |\\ CH_3-C=N & & N=C-CH_3\\ & | \quad\quad \downarrow & \\ & O-H\cdots O & \end{matrix}\downarrow+2NH_4^++2H_2O$$

鲜红色沉淀 $Ni(HD)_2$

经过滤、洗涤，在 120℃下烘干至恒重，称量丁二酮肟镍沉淀的质量，计算 Ni 的质量分数。

丁二酮肟镍沉淀的酸度条件为 pH＝8～9 的氨性溶液。酸度大，生成 H_2D，使沉淀溶解度增大；酸度小，生成 D^{2-}。氨浓度太高时，会生成 Ni^{2+} 的氨配合物 $Ni(NH_3)_4^{2+}$，同样可增加沉淀的溶解度。

丁二酮肟是一种选择性较高的有机沉淀剂，它只与 Ni^{2+}、Pd^{2+}、Fe^{2+} 生成沉淀。Co^{2+}、Cu^{2+}、Fe^{3+} 与其生成水溶性配合物，不仅会消耗 H_2D，而且会引起共沉淀现象，是本实验的干扰离子，含量高时，最好进行二次沉淀。此外，Fe^{3+}、Al^{3+}、Cr^{3+}、Ti^{4+} 等离子，在氨性溶液中生成氢氧化物沉淀，干扰测定，故在溶液加氨水前，需加入柠檬酸或酒石酸等配位剂掩蔽。

为获得大颗粒沉淀，可在酸性热溶液中加入沉淀剂，然后滴加氨水调节溶液的 pH 为 8～9，使沉淀慢慢析出（均匀沉淀法），再在 60～70℃保温 30min。

三、仪器与试剂

1. 仪器

（1）减压抽滤装置（抽滤瓶、抽气水泵、橡皮垫圈）；

（2）P_{16} 号微孔玻璃坩埚（2 个）；

（3）称量瓶（1 个）；

（4）烧杯（400mL 2 个）；

（5）表面皿（11cm 2 个）；

（6）玻璃棒（2 支）；

（7）滴管（2 支）；

（8）干燥器；

（9）干燥箱。

2. 试剂

（1）HCl 溶液（1＋19）；

（2）200g/L 的 NH_4Cl 溶液；

（3）200g/L 和 20g/L 的酒石酸溶液；

（4）10g/L 的丁二酮肟乙醇溶液；

（5）$NH_3 \cdot H_2O$ 溶液（1＋1、3＋97）；

（6）$c(HNO_3)=2mol/L$ 的 HNO_3 溶液；

（7）$c(AgNO_3)=0.1mol/L$ 的 $AgNO_3$ 溶液；

（8）硫酸镍试样。

四、实验步骤

1. 空坩埚的准备

洗净两个微孔玻璃坩埚，用真空泵抽 2min 以除去玻璃砂板中的水分，便于干燥。放进 130～150℃烘箱中，第一次干燥 1.5h，冷却 0.5h，以后每次干燥 1h，冷却，称量，直至恒重。

2. 测定

准确称取 0.2g 试样两份分别放于两个 400mL 烧杯中，各加入 2mL（1＋19）的 HCl 溶液和 20mL 水溶解。再加入 150mL 水稀释，加入 5mL 200g/L 的 NH_4Cl 溶液、5mL 200g/L

的酒石酸溶液。烧杯上加盖表面皿，加热至沸，取下，用水吹洗表面皿和杯壁，搅拌均匀，在不断搅拌下，于温度为70～80℃时，缓慢加入10g/L的丁二酮肟乙醇溶液（1mg Ni^{2+}约需1mL 10g/L的丁二酮肟溶液），最后再多加20～30mL。但所加试剂的总量不要超过试液体积的1/3，以免增大沉淀的溶解度。然后在不断搅拌下滴加（1+1）的$NH_3 \cdot H_2O$溶液至pH约为8～9（用pH试纸检验），再过量1～2mL。加盖表面皿，在70～80℃水浴上陈化30～40min。取下，稍冷后用倾泻法将沉淀过滤于微孔玻璃坩埚中，用（3+97）的氨水溶液洗涤烧杯和沉淀8～10次，再用温热水洗涤沉淀至无Cl^-为止（检查Cl^-时，可将滤液以稀HNO_3酸化，用$AgNO_3$检查）。

将带有沉淀的微孔玻璃坩埚置于130～150℃烘箱中烘1h，冷却，称量，直至恒重为止。根据丁二酮肟镍的质量，计算试样中镍的含量。

五、计算公式

$$w(\mathrm{Ni})=\frac{(m_2-m_1)\times\dfrac{M(\mathrm{Ni})}{M(\mathrm{NiC_8H_{14}N_4O_4})}}{m}\times 100\% \tag{8-2}$$

式中 $w(\mathrm{Ni})$——Ni的质量分数，%；

m_1——微孔玻璃坩埚的质量，g；

m_2——沉淀与微孔玻璃坩埚的总质量，g；

$M(\mathrm{Ni})$——Ni的摩尔质量，58.6934g/mol；

$M(\mathrm{NiC_8H_{14}N_4O_4})$——$Ni(HD)_2$的摩尔质量，288.91g/mol；

m——试样的质量，g。

六、注意事项

1. 过滤时溶液的量不要超过坩埚高度的1/2。
2. 实验完毕，微孔玻璃坩埚以稀盐酸洗涤干净。

七、思考题

1. 丁二酮肟镍是哪种类型的沉淀？为得到理想的沉淀，应选择和控制好哪些实验条件？
2. 称量法测定镍，也可将丁二酮肟镍灼烧成氧化镍称量。这与本方法相比较，哪种方法更优越？为什么？
3. 什么是均匀沉淀法？有何优点？
4. 沉淀剂用量为什么不能超过溶液总体积的1/3？
5. 本实验的干扰离子有哪些？如何消除？
6. 为什么用微孔玻璃坩埚过滤丁二酮肟镍沉淀？测定后怎样清洗微孔玻璃坩埚？

第九章 分析化学中常用的分离方法

分析试样一般是复杂物质，试样中其他组分的存在常常干扰某些组分的定量测定。当干扰组分的量较小且有适当的方法进行掩蔽时，可以采用掩蔽法来消除干扰。但有时干扰甚为严重且无适当的方法掩蔽，此时必须根据试样的具体情况，采用适当的分离方法，把干扰组分分离除去，再分别加以测定。而对于试样中的某些痕量组分，在进行分离的同时往往也得到了必要的浓缩和富集，使其便于测定。因此对于复杂物质的分析，分离和测定具有同样重要的意义。

分析化学中常用的分离方法有：沉淀分离法、萃取分离法、离子交换分离法、色谱分离法以及蒸馏和挥发法等。本章主要讨论离子交换分离法。

离子交换分离法简称离子交换法，是利用离子交换树脂（又称有机离子交换剂）与溶液中离子之间发生的交换反应来进行分离的一种分离方法和测定技术。其用途非常广泛，如可用于带相同电荷离子间的分离、带相反电荷离子间的分离、相似元素的分离、微量元素的富集、高纯物质的制备、去离子水的制备、盐类含量的测定等。

离子交换分离法进行静态交换时在敞口容器内进行，动态交换多数在柱上进行。因离子交换为可逆反应，故动态交换比静态交换效果好。

一、离子交换分离法的柱上操作

1. 装柱

根据需要，选择好树脂的类型和颗粒大小后，先用 HCl 溶液浸泡，以除去其中的杂质。再用水漂洗直至中性，以除去 HCl 溶液。此时若是阳离子交换树脂，则已处理成 H^+ 型；若是阴离子交换树脂，则已处理成 Cl^- 型。如果需要特殊的类型，可以用不同的溶液处理，例如用 NaCl 处理 H^+ 型阳离子交换树脂，则 H^+ 型转化成 Na^+ 型；用 NaOH 或 Na_2SO_4 处理 Cl^- 型阴离子交换树脂，则 Cl^- 型转化成 OH^- 型或 SO_4^{2-} 型。

离子交换树脂制备成需要的形式后，浸泡在蒸馏水中备用。

离子交换柱如图 9-1 所示，其中图 9-1(a) 可用滴定管代替，装柱方法如下。

将湿润的玻璃棉塞在离子交换柱下端，以防止树脂流出。在离子交换柱中充满蒸馏水，将处理好的浸泡于蒸馏水中的树脂用玻璃棒搅拌，随同少量蒸馏水加入到离子交换柱中，边装边由柱下端缓慢放出蒸馏水。装柱过程需防止树脂层中产生气泡。最后在树脂层的上面盖一层玻璃棉，以防止加入溶液时把树脂层冲动。

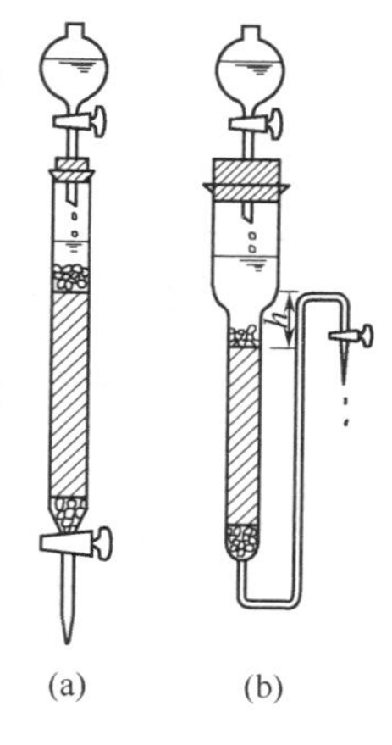

图 9-1 离子交换柱

在装柱和以后的操作过程中，必须使树脂层始终处于离子交换柱中液面以下，否则会因树脂层干涸而混入气泡。如发生这种情况，应取出树脂，再重新装柱。

2. 柱上操作

离子交换柱装好后，即可进行柱上操作。通常有交换、洗涤、洗脱、再生几个步骤。在正常情况下，装好的离子交换柱可反复使用。

（1）交换 将试液加入到离子交换柱中，按规定的流速自上而下流经离子交换柱，进行交换。

（2）洗涤 在交换步骤完成后，通常用洗涤液将树脂上残留的试液和已交换下来的离子洗下来。洗涤液常用蒸馏水，也可以用不含试样的空白溶液。

（3）洗脱 选取适当的洗脱液将已交换到柱上的离子淋洗下来的过程称为洗脱。

（4）再生 使离子交换柱上的树脂恢复到交换前的类型，以便随时使用。在很多情况下，洗脱时树脂已得到了再生。

二、离子交换分离法在分离和测定中的应用

1. 制备去离子水

自来水含有多种杂质，其净化方法也很多（参见第一章第二节），离子交换分离法是其中的一种重要方法。使自来水通过 H^+ 型强酸性阳离子交换树脂以交换除去各种阳离子，再通过 OH^- 型强碱性阴离子交换树脂以交换除去各种阴离子，得到去离子水。

以 $CaCl_2$ 代表水中的杂质，依次通过强酸性阳离子交换树脂和强碱性阴离子交换树脂时，净化过程简单表示如下：

$$R(-SO_3^- H^+)_2 + CaCl_2 \rightleftharpoons R(-SO_3^-)_2Ca^{2+} + 2HCl$$

$$R-N^+(CH_3)_3OH^- + HCl \rightleftharpoons R-N^+(CH_3)_3Cl^- + H_2O$$

式中 R——树脂骨架；

$-SO_3^- H^+$——阳离子交换树脂中的磺酸基团；

$-N^+(CH_3)_3OH^-$——阴离子交换树脂中的季铵碱基团。

通常用“复柱法”进行水的纯化。在每根离子交换柱中只填充一种离子交换树脂，将阳、阴离子交换树脂串联起来使用。“复柱法”的缺点是，柱上的交换产物多少会发生逆反应，制备水的纯度不够高，电导率约 4.0×10^{-6}S/cm，相当于一次蒸馏水的纯度。

若要求水的纯度更高一些，可采用“混合柱法”。即将阳、阴离子交换树脂按一定比例混合装柱，制备水的电导率可达 8.0×10^{-8}S/cm。

目前多采用复柱和混合柱串联法，效果更好，柱的使用寿命更长。即将自来水通过一根阳离子交换树脂柱和一根或两根阴离子交换树脂柱，然后通过一根混合柱（阴离子交换树脂和阳离子交换树脂以 2∶1 混合），装置如图 9-2 所示。

由离子交换分离法制备的去离子水应不断进行质量检验（详见第一章第二节），如达不到质量标准，说明离子交换树脂已失效，应进行再生处理后再使用。

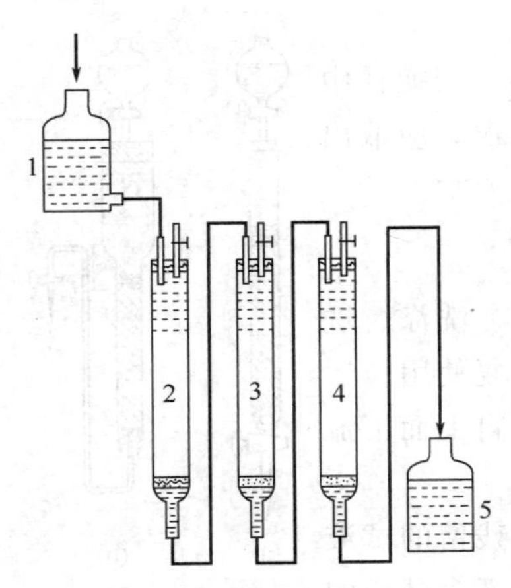

图 9-2 离子交换分离法制备去离子水的装置

1—水高位槽；2—阳离子交换树脂柱；3—阴离子交换树脂柱；4—阴、阳离子交换树脂混合柱；5—去离子水水槽

离子交换树脂在使用前应进行预处理（精制和转型）。方法如下。

阳离子交换树脂在 1mol/L 的 NaOH 溶液中浸泡 4h（40～70℃），不时搅拌，即有黄色物溶于水中，滤出树脂（根据树脂情况，可反复浸泡 2～3 次），用水洗至中性。将树脂装入离子交换柱中，用 1mol/L 的 HCl 溶液以 0.8～1.2mL/min 的流速进行动态处理，直至流出溶液的酸度与流入溶液的酸度相等为止。再用蒸馏水以 25～30mL/min 的流速洗涤，至流出液无 Cl^-（定性检验）。树脂层应浸于液面下，水面高出树脂层 1～1.5cm。此时阳离子交换树脂已被处理成 H^+ 型。

阴离子交换树脂在 1mol/L 的 HCl 溶液中浸泡 4h（40～70℃），不时搅拌，除去水溶性杂质，滤出树脂（根据树脂情况，可反复浸泡 2～3 次），用水洗至中性。将树脂装入离子交换柱中，用 1mol/L 的 NaOH 溶液以 0.8～1.2mL/min 的流速进行动态处理，直至流出溶液的碱度与流入溶液的碱度相等为止。再用蒸馏水以25～30mL/min 的流速洗涤至中性。树脂层应浸于液面下，水面高出树脂层 1～1.5cm。此时阴离子交换树脂已被处理成 OH^- 型。

各取出少量处理过的阳离子树脂和阴离子树脂放在一起，如出现抱团现象，说明树脂已处理好。若彼此分开，则表明没有处理好，需要重新处理。

阳、阴离子交换树脂进行一段时间的交换反应后，会降低或失去交换能力，也称为“老化”。可以经再生成为 H^+ 型和 OH^- 型，重复使用。再生方法和预处理方法基本相同。混合柱（床）的阳离子树脂和阴离子树脂应分开后再进行再生。分开阳、阴离子交换树脂的方法可用饱和 NaCl 溶液（40%）浸泡，再用自来水返冲混合柱中的树脂层，阴离子交换树脂质轻上浮，阳离子交换树脂质重则下沉，明显分层，即可将两者分开。

2. 富集微量组分

如矿石中 Pt^{4+}、Pd^{2+} 的含量极低，以 g/t 计，必须富集后才能进行测定。称取 10～20g 试样，处理成 $[PtCl_6]^{2-}$、$[PdCl_4]^{2-}$ 形式后，流经装有 Cl^- 型强碱性阴离子交换树脂的微型交换柱，此时 $[PtCl_6]^{2-}$ 和 $[PdCl_4]^{2-}$ 被吸附于离子交换树脂上。取出树脂，高温灰化，用王水浸取残渣，于溶液中用比色法测定 Pt^{4+} 和 Pd^{2+}。

3. 性质相似元素的分离

例如稀土元素或碱金属元素，彼此进行分离比较困难，可选择离子交换法进行分离。将性质相似的元素交换到柱上，根据树脂对每种离子亲和力的差别，选用适当的洗脱剂洗脱，各离子先后被洗脱下来而得到分离。

如 Li^+、Na^+、K^+ 的分离。将含有 Li^+、Na^+、K^+ 的中性溶液通过填充有 H^+ 型强酸性阳离子交换树脂的交换柱，三种离子都交换到柱上。用 0.1mol/L 的 HCl 溶液洗脱 Li^+、Na^+，然后改用 0.2mol/L 的 HCl 溶液洗脱 K^+。将洗脱下来的 Li^+、Na^+、K^+ 分别用容器承接，进行测定。由于树脂对三种离子的亲和力大小顺序是 $K^+ > Na^+ > Li^+$，因此 Li^+

最先被洗脱，然后是 Na^+，最后是 K^+。

4. 盐类含量的测定

如硝酸钠纯度的测定。将硝酸钠试样溶解，试液通过填充有 H^+ 型强酸性阳离子交换树脂的交换柱，Na^+ 与树脂中 H^+ 发生交换，生成硝酸，用碱标准溶液滴定。计算硝酸钠的含量。

实验四十五 离子交换树脂交换容量的测定

一、实验目的

1. 掌握离子交换树脂的处理方法；
2. 掌握离子交换法的基本操作；
3. 学会测定离子交换树脂的交换容量。

二、实验原理

离子交换树脂的交换容量是指单位质量树脂具有的离子交换能力，以每克干树脂所能交换的离子（相当于一价离子）的物质的量[1]表示，单位为 mmol/(g 干树脂)。

阳离子交换树脂交换容量的测定，是将 Na^+ 型阳离子交换树脂用 HCl 溶液动态处理成 H^+ 型阳离子交换树脂，与中性 NaCl 发生离子交换，用 NaOH 标准溶液滴定交换出来的 H^+，根据 NaOH 标准溶液的浓度和消耗的体积计算交换容量。

阴离子交换树脂交换容量的测定，是将 OH^- 型阴离子交换树脂用 HCl 溶液动态处理成 Cl^- 型阴离子交换树脂，与中性 Na_2SO_4 发生离子交换，用 $AgNO_3$ 标准溶液滴定交换出来的 Cl^-，根据 $AgNO_3$ 标准溶液的浓度和消耗的体积计算交换容量。

三、仪器与试剂

1. 仪器

（1）离子交换柱［内径 20mm，柱高 400mm，带有微孔砂芯（可用 50mL 滴定管代替）］；
（2）称量瓶；
（3）锥形瓶；
（4）定性滤纸。

2. 试剂

（1）$c(NaOH)=1mol/L$ 的 NaOH 溶液；
（2）$c(HCl)=1mol/L$ 的 HCl 溶液；
（3）$c(NaCl)=1mol/L$ 的 NaCl 溶液；
（4）$c(Na_2SO_4)=1mol/L$ 的 Na_2SO_4 溶液；
（5）$\rho=1g/L$ 的甲基橙溶液；
（6）$\rho=10g/L$ 的酚酞乙醇溶液；
（7）$\rho=50g/L$ 的 $AgNO_3$ 溶液；
（8）$c(NaOH)=0.1mol/L$ 的 NaOH 标准溶液；
（9）$c(AgNO_3)=0.1mol/L$ 的 $AgNO_3$ 标准溶液；
（10）$\rho=100g/L$ 的铬酸钾指示剂；

---

[1] 一般阳离子交换树脂的交换容量为 4.5～5.5mmol/(g 干树脂)；阴离子交换树脂的交换容量≥3.0mmol/(g 干树脂)。

(11) 732 (强酸 1×7) 强酸性阳离子交换树脂;

(12) 717 (强碱 201×7) 强碱性阴离子交换树脂。

四、实验步骤

1. 离子交换树脂的预处理

阳离子交换树脂和阴离子交换树脂都要进行如下预处理。

(1) 返洗　取 10g (约 10mL) 离子交换树脂置于交换柱中，用自来水或纯水返洗，除去其中的水溶性物质及漂洗出机械杂质，直至试样中无可见机械杂质，且出水澄清为止。

(2) 进行酸碱处理　在上述离子交换柱中，依次用 50mL 1mol/L 的 HCl 溶液、100mL 纯水、50mL 1mol/L 的 NaOH 溶液和 100mL 纯水自上而下通过树脂层，试剂流速为 1.8～2mL/min，纯水流速为 10mL/min。在每次更换试剂时，使液面高出树脂层 1cm，保证树脂层中无气泡。此操作进行两次。

经上述处理后，强酸性阳离子交换树脂成为 Na^+ 型，强碱性阴离子交换树脂成为 OH^- 型。

2. 阳离子交换树脂交换容量的测定

将 5～10g Na^+ 型阳离子交换树脂装入离子交换柱中，用 1mol/L 的 HCl 溶液以 2～3mL/min 的流速作动态处理，直至流出液的酸度和流入液的酸度相等为止 (约需 400mL 1mol/L 的 HCl 溶液动态处理 45min～1h)。再用蒸馏水以 25～30mL/min 的流速洗涤至流出液呈中性 (用甲基橙作指示剂检验)。倾出树脂，抽滤 (或用滤纸尽量吸去水分)，装入密闭称量瓶中。

准确称取按上述处理的树脂 1g (两份)，放入 250mL 锥形瓶中，加入 1mol/L 中性 NaCl 溶液 50～100mL，摇匀 5min，静置 2h，加入酚酞指示剂 3 滴，用 0.1mol/L 的 NaOH 标准溶液滴定至粉红色 15s 内不褪色为终点。记录消耗 NaOH 标准溶液的体积。

准确称取按上述处理的树脂 1g 于恒重的称量瓶中，打开盖，在 105～110℃烘箱中烘 1.5～2h，直至恒重，计算水分。

3. 阴离子交换树脂交换容量的测定

将 5～10g OH^- 型阴离子交换树脂装入离子交换柱中，用 1mol/L 的 HCl 溶液以 2～3mL/min 的流速作动态处理，直至流出液的酸度和流入液的酸度相等为止 (约需 400mL 1mol/L 的 HCl 溶液动态处理 45min～1h)。再用蒸馏水以 25～30mL/min 的流速洗涤至流出液无 Cl^- (用 $AgNO_3$ 溶液检验)。倾出树脂，抽滤 (或用滤纸尽量吸去水分)，装入密闭称量瓶中。

准确称取按上述处理的树脂 1g (两份)，放入 250mL 锥形瓶中，加入 1mol/L 的 Na_2SO_4 溶液 50～100mL，摇匀 5min，静置 2h，加入 100g/L (即 10%) 的 K_2CrO_4 指示剂 5 滴，用 0.1mol/L 的 $AgNO_3$ 标准溶液滴定至淡砖红色为终点。记录消耗 $AgNO_3$ 标准溶液的体积。

准确称取按上述处理的树脂 1g 于恒重的称量瓶中，打开盖，在 (105±3)℃烘箱中烘 1.5～2h，直至恒重，计算水分。

五、计算公式

1. 水分

$$w(H_2O)=\frac{m_1-m_2}{m}\times 100\% \tag{9-1}$$

式中　$w(H_2O)$——树脂中的水分，%；

m_1——烘前称量瓶和树脂的质量，g；

m_2——烘至恒重后称量瓶和树脂的质量，g；

m——树脂的质量，g。

2. 阳离子交换树脂的交换容量［mmol/(g 干树脂)］

$$交换容量=\frac{cV}{m[1-w(H_2O)]} \tag{9-2}$$

式中　c——NaOH 标准溶液的物质的量浓度，mol/L；

V——滴定时消耗 NaOH 标准溶液的体积，mL；

m——树脂的质量，g。

3. 阴离子交换树脂的交换容量［mmol/(g 干树脂)］

$$交换容量=\frac{cV}{m[1-w(H_2O)]}$$

式中　c——$AgNO_3$ 标准溶液的物质的量浓度，mol/L；

V——滴定时消耗 $AgNO_3$ 标准溶液的体积，mL；

m——树脂的质量，g。

六、思考题

1. 离子交换树脂在使用前为什么要进行预处理？怎样进行预处理？
2. 离子交换树脂的两个特性指标是什么？
3. 什么是离子交换树脂的交换容量？如何表示？
4. 写出阳、阴离子交换树脂的交换容量测定中的离子交换反应式。
5. 测定阳、阴离子交换树脂的交换容量为什么都要用 HCl 进行动态处理？处理后树脂各为何种类型？

实验四十六　硝酸钠纯度的测定

一、实验目的

1. 了解阳离子交换树脂的性能及交换原理；
2. 掌握用离子交换法测定 $NaNO_3$ 含量的基本原理和方法。

二、实验原理

$$R{-}SO_3H + NaNO_3 \xlongequal{\quad} R{-}SO_3Na + HNO_3$$

$$HNO_3 + NaOH \xlongequal{\quad} NaNO_3 + H_2O$$

三、仪器与试剂

1. 仪器

(1) 离子交换柱，如图 9-1，可用 100mL 酸式滴定管代替；

(2) 250mL 容量瓶；

(3) 500mL 锥形瓶；

(4) 10mL 移液管。

2. 试剂

(1) 732（强酸 1×7）强酸型阳离子交换树脂；

(2) HCl 溶液，(1+6)；

（3）NaOH 标准溶液，$c(NaOH)=0.1mol/L$；

（4）酚酞指示剂，$\rho=10g/L$ 的乙醇溶液；

（5）$NaNO_3$ 试样；

（6）脱脂棉或玻璃棉。

四、实验步骤

1. 阳离子交换树脂的处理

取 Na^+ 型阳离子交换树脂 20g，用温水浸泡 3h，使其充分膨胀。在离子交换柱下端用长玻璃棒塞入少许脱脂棉或玻璃棉，压实但不要太紧。将浸泡后的树脂全部装入交换柱中，在树脂层的上面再盖一层脱脂棉或玻璃棉，用（1+6）HCl 溶液 100mL 分 5 次注入交换柱中，流速为 6～7mL/min，流完后用水洗至无氯离子，再用 250mL 蒸馏水洗至中性。

2. 试样中 $NaNO_3$ 含量的测定

准确称取在 105～110℃烘箱中烘至恒重的试样[1] 5g，加水溶解后，定量转移至 250mL 容量瓶中，稀释至刻度，摇匀。吸取 10.00mL，注入已处理好的离子交换树脂柱中[2]，保持流经树脂的流速为 6～7mL/min，将流出液盛于 500mL 锥形瓶中，当试液刚流至树脂层上端时，用 250mL 蒸馏水分 10 次洗至流出液无酸性，向流出液中加 2 滴酚酞指示剂，以 $c(NaOH)=0.1mol/L$ NaOH 标准溶液[3]滴定至粉红色 30s 不褪为终点。取 250mL 蒸馏水按试液处理，进行空白试验。

五、计算公式

$$w(NaNO_3)=\frac{c(NaOH)(V_2-V_1)\times 10^{-3}M(NaNO_3)}{m\times\frac{10}{250}}\times 100\% \quad (9\text{-}3)$$

式中 $w(NaNO_3)$——试样中 $NaNO_3$ 的质量分数，%；

$c(NaOH)$——NaOH 标准溶液的浓度，mol/L；

V_2——滴定试样时消耗 NaOH 标准溶液的体积，mL；

V_1——空白试验时消耗 NaOH 标准溶液的体积，mL；

$M(NaNO_3)$——$NaNO_3$ 的摩尔质量，85.00g/mol；

m——$NaNO_3$ 试样的质量，g。

六、思考题

1. 常用离子交换树脂有什么类型？离子交换树脂由何种物质构成？有何特性？
2. 用阳离子交换树脂测定 $NaNO_3$ 含量的基本原理是什么？
3. 若试样中有微量 NaCl 和 $NaNO_2$，分析结果应如何处理？
4. 在离子交换分离操作中，为什么要控制流出液的流量？
5. 用离子交换法标定溶液浓度的基本原理是什么？标定操作如何进行？写出计算式。

---

[1] 试样中如有游离 HNO_3 应在计算结果中扣除。

[2] 树脂层不得有气泡。

[3] NaOH 标准溶液可用 NaCl 为基准物按操作方法进行标定。

第十章
电化学分析法

第一节 概述

一、电化学分析的分类

电化学分析法是根据物质的电学及电化学性质来测定物质含量的仪器分析方法。电化学分析种类繁多，归纳起来，可分为三大类。

1. 直接测定法

以待测物质的浓度在某一特定实验条件下与某些电化学参数间的函数关系为基础的分析方法。通过测定这些电化学参数，直接对溶液的组分作定性、定量分析，如直接电位法和直接电导法等。这类方法操作简单快速，缺点是这些电化学参数与溶液组分间的关系随测定条件而改变，因此测定方法的准确度不高。

2. 电容量分析法

以滴定过程中某些电化学参数的突变作为滴定分析中指示终点的方法。这类分析方法与化学容量分析法类似，也是把一种已知浓度的标准滴定溶液滴加到被测溶液中，直到化学反应定量完成，根据消耗标准滴定溶液的量计算出被测组分的量。不同的是电容量分析法不用指示剂颜色变化确定滴定终点，而是根据溶液中某个电化学参数的突变来确定终点。这类方法包括电位滴定、电导滴定、库仑滴定等。

3. 电称量分析法

试液中某种待测物质通过电极反应转化为固相沉积在电极上，然后通过称量确定被测组分含量的方法。这种方法的准确度高，但需要时间较长。如电解分析法。

二、电化学分析的特点

仪器设备简单，操作方便快速，测试费用低，易于普及；灵敏性、选择性和准确性很高，适用面广；试样用量少，若使用特制的电极，所需试液可少至几微升；由于测定过程中得到的是电信号，可以连续显示和自动记录，因而这种方法更有利于实现连续、自动和遥控分析，特别适用于生产过程的在线分析，自动化程度高；电化学分析法精密度较差，当要求精密度较高时不宜采用此法，电极电位值的重现性受实验条件的影响较大。

第二节 电位分析法

一、电极电位与能斯特方程

将一金属片 M 浸入该金属离子 M^{n+} 的水溶液中，在金属和溶液界面间产生了双电层，两相之间产生一个电位差，称为电极电位（φ），其值可用能斯特方程表示为

$$M^{n+}+ne \longrightarrow M$$

$$\varphi=\varphi^{\ominus}_{M^{n+}/M}+\frac{RT}{nF}\ln a_{M^{n+}} \tag{10-1}$$

式中，$\varphi^{\ominus}_{M^{n+}/M}$ 为标准电极电位，V；R 为气体常数，8.3145J/(mol·K)；T 为热力学温度，K；n 为电极反应中转移的电子数；F 为法拉第常数，96486.7C/mol；$a_{M^{n+}}$ 为金属离子 M^{n+} 的活度，mol/L。测定电极电位可以确定离子的活度或在一定条件下确定其浓度（离子浓度很小时可用浓度代替活度），这就是电位分析的理论依据。

二、参比电极和指示电极

1. 参比电极

参比电极是指能够提供测量参考恒定电位的电极，它与被测物质浓度无关。对参比电极的要求是电极电位已知、稳定、可逆性好；重现性好；装置简单，使用方便，寿命长。

常用的参比电极有甘汞电极和银-氯化银电极。

2. 指示电极

指示电极的电位能反映被测离子的活度（浓度）及其变化，流过该电极的电流很小，一般不引起溶液本体成分的明显变化，其电极电位与溶液中相关离子的活度（浓度）的关系符合能斯特方程。理想的指示电极只应对要测量的离子有响应，对其他离子没有响应。

（1）第一类电极：金属-金属离子电极；

（2）第二类电极：金属-金属难溶盐电极；

（3）零类电极：惰性金属电极；

（4）膜电极：离子选择性电极。

三、电位分析法的应用

（一）直接电位法测 pH

1. 测定原理

测定溶液 pH 时，以 pH 玻璃电极做指示电极，饱和甘汞电极做参比电极，与试液组成

一个工作电池，见图 10-1，此电池可用下式表示：

$$\text{Ag-AgCl}|\text{HCl}(\text{H}^+\text{已知})\text{玻璃膜}|\text{试液}(a_{\text{H}^+}=x)\parallel \text{KCl}(\text{饱和})|\text{Hg}_2\text{Cl}_2\text{-Hg}$$

玻璃电极　　　　饱和甘汞电极

电池的电动势为 $E_{电池}$

$$E_{电池}=\varphi_{甘汞}-\varphi_{玻璃}=K'+0.059\text{pH}_{试} \quad (10\text{-}2)$$

待测溶液的 pH 与工作电池的电动势呈直线关系。K' 为电池常数，与玻璃电极的成分、内外参比电极的电位差、温度等因素有关，因此 K' 无法测量。在实际测定中，溶液的 pH_x 是通过与标准缓冲溶液的 pH_s 相比较而确定的。

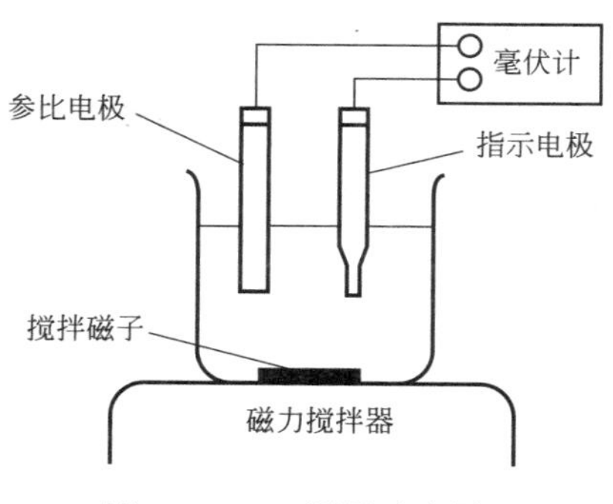

图 10-1　pH 测量示意图

若测得 pH_s 的标准缓冲溶液的电动势为 E_s，则

$$E_s=K'_s+0.059\text{pH}_s$$

在同样条件下，测得 pH_x 的试样溶液的电动势为 E_x，则

$$E_x=K'_x+0.059\text{pH}_x$$

由于测量的电池电动势是在同一条件下完成，则 $K'_s=K'_x$，由上两式得到：

$$\text{pH}_x=\text{pH}_s+\frac{E_x-E_s}{0.059} \quad (10\text{-}3)$$

式中，pH_s 是已知确定的数值，通过测量 E_s 和 E_x，就可以求得 pH_x，此式称为溶液 pH 的操作定义，亦称 pH 标度。

2. 标准缓冲溶液

电位法测定溶液 pH 时，需用 pH 标准缓冲溶液来定位校准仪器，pH 标准缓冲溶液是 pH 测定的基准。可直接购买经国家鉴定合格的袋装 pH 标准物质或采用分析纯以上级别的试剂，使用煮沸并冷却、电导率小于 2.0×10^{-6} S/cm 的蒸馏水配制，或采用实验室三级用水来配制。配好的标准溶液应在聚乙烯或硬质玻璃瓶中密闭保存，在室温条件下，一般可保存 1～2 个月。当发现有浑浊、发霉或沉淀现象时，不能继续使用。

我国标准计量局颁布了六种 pH 标准缓冲溶液及其在一定温度范围的 pH，见表 10-1。

表 10-1　标准缓冲溶液的 pH

试剂	浓度 /(mol/L)	不同温度下的 pH					
		10℃	15℃	20℃	25℃	30℃	35℃
四草酸钾	0.05	1.67	1.67	1.68	1.68	1.68	1.69
酒石酸氢钾	饱和	—	—	—	3.56	3.55	3.55
邻苯二甲酸氢钾	0.05	4.00	4.00	4.00	4.00	4.01	4.02
磷酸氢二钠-磷酸二氢钾	0.025-0.025	6.92	6.90	6.88	6.86	6.86	6.84
四硼酸钠	0.01	9.33	9.28	9.23	9.18	9.14	9.11
氢氧化钙	饱和	13.01	12.82	12.64	12.46	12.29	12.13

实验室常用的三种标准缓冲溶液有邻苯二甲酸氢钾缓冲溶液（pH＝4.008，25℃）、磷酸盐缓冲溶液（pH＝6.865，25℃）和硼砂缓冲溶液（pH＝9.180，25℃）。配制过程见实验四十七。

3. 酸度计(pH 计)

测定 pH 的仪器称为酸度计，也称为 pH 计。它是通过测量原电池的电动势，确定被测溶液中氢离子浓度的仪器，是根据$pH_x = pH_s + \frac{E_x - E_s}{0.059}$而设计的。酸度计一般由电极和电位计两部分组成，电极与试液组成工作电池，电池的电动势则由电位计表盘（显示屏）读取，表盘以 mV 为单位，或直接刻度为 pH，可直接读取（显示出）试液的 pH。

测量时，先将已知 pH 的标准溶液加入工作电池中，调节酸度计的指针（或显示数），恰好指在标准溶液的 pH 上，这个操作称为定位，换上被测试液，此时指针指示或屏显的数值即为被测溶液的 pH。

（二）电位滴定法

电位滴定法的基本原理与普通容量分析相似，其区别在于确定终点的方法不同，电位滴定法是根据滴定过程中电极电位的变化来确定滴定终点的分析方法。

进行电位滴定时，首先在待测溶液中插入指示电极和参比电极，组成一个工作电池，然后滴加滴定剂，随着滴定剂的加入，待测离子或与之有关的离子浓度不断变化，电极电位也随之发生变化，在滴定到化学计量点时，电极电位值发生突跃，从而确定滴定终点。

1. 电位滴定法的装置

手动电位滴定装置和自动电位滴定装置分别见图 10-2 和图 10-3。

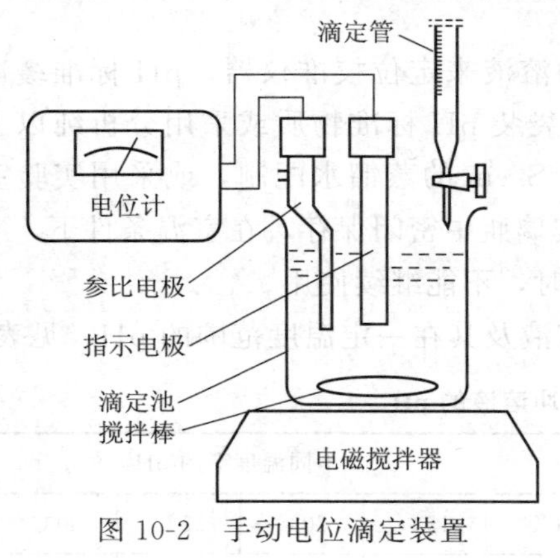

图 10-2 手动电位滴定装置

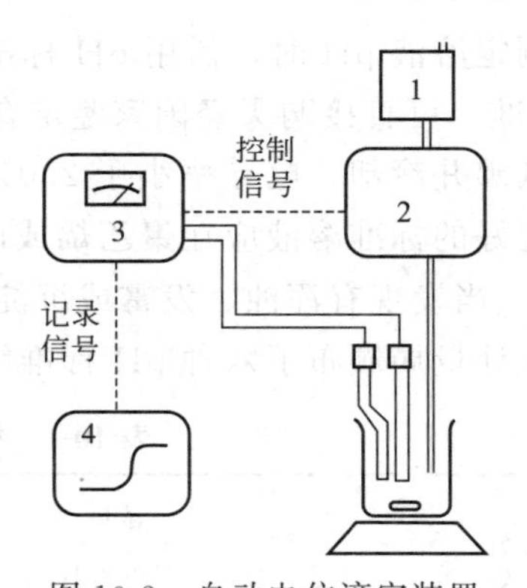

图 10-3 自动电位滴定装置

1—储液器；2—加液控制器；3—电位测量；4—记录仪

2. 电位滴定法的特点

与化学滴定法相比，电位滴定法具有以下特点：

（1）测定准确度高，与化学滴定法一样，测定相对误差可低于 0.2%。

（2）可用于难以用指示剂判断终点的浑浊或有色溶液的滴定。

（3）用于非水溶液的滴定，某些有机物的滴定需在非水溶液中进行，一般缺乏合适的指示剂，可采用电位滴定法。

(4) 能用于连续滴定和自动滴定，并适用于微量分析。

3. 滴定终点的确定方法

进行电位滴定时，每加入一定体积的滴定剂 V，就测定一个电池的电动势 E，并对应地将它们记录下来，根据所得数据，按以下三种方法来确定终点。

(1) 以加入滴定剂的体积 V(mL) 为横坐标，对应的电动势 E(V) 为纵坐标，绘制 E-V 曲线，曲线上的拐点所对应的体积为滴定终点。见图 10-4(a)。

(2) $\Delta E/\Delta V$ 为电位 (E) 的变化值与相对应的加入滴定剂体积的增量之比，是一阶微商 dE/dV 的近似值，由 $\Delta E/\Delta V$ 对 V 作图，得到 $\Delta E/\Delta V$ 对 V 的曲线，其最高点对应的滴定剂的体积为滴定终点，见图 10-4(b)。

(3) 计算二阶微商 $\Delta^2 E/\Delta V^2$ 值，由 $\Delta^2 E/\Delta V^2 = 0$ 求得滴定终点，见图 10-4(c)。

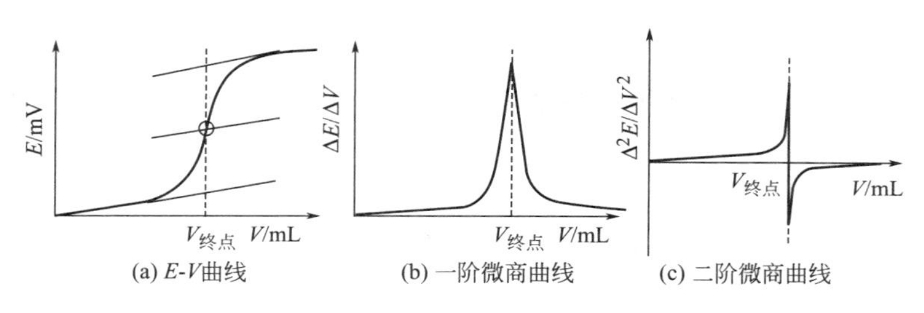

图 10-4 电位滴定曲线

4. 滴定类型及指示电极的选择

(1) 酸碱滴定　通常采用 pH 玻璃电极（或锑电极）为指示电极，饱和甘汞电极为参比电极。

(2) 氧化还原滴定　滴定过程中，氧化态和还原态的浓度比值发生变化，可采用惰性电极、铂电极作为指示电极，饱和甘汞电极、钨电极为参比电极。

(3) 沉淀滴定　根据沉淀反应选用不同的指示电极，常选用银电极、汞电极、双盐桥饱和甘汞电极、玻璃电极为参比电极。

(4) 配位滴定　在用 EDTA 滴定金属离子时，可采用相应的金属离子选择性电极、汞电极作为指示电极，饱和甘汞电极为参比电极。

5. 电位滴定法的应用

电位滴定法适用于没有适当指示剂及浓度很稀的试液的滴定，也适用于浑浊、荧光性的、有色的甚至不透明溶液的滴定。采用自动电位滴定仪，还可提高分析精度，减少人为误差，加快分析速度，实现全自动操作。例如：

(1) 在醋酸介质中用高氯酸溶液滴定吡啶，在乙醇介质中用盐酸滴定三乙醇胺属于酸碱滴定。

(2) 用硝酸银滴定 Cl^-、Br^-、I^-、CNS^-、S^{2-}、CN^- 等属于沉淀滴定。

(3) 用 $KMnO_4$ 滴定 I^-、NO_2^-、Fe^{2+}、$C_2O_4^{2-}$；用 $K_2Cr_2O_7$ 滴定 Fe^{2+}、Sn^{2+}、I^-、Sb^{3+} 等属于氧化还原滴定。

(4) 用 EDTA 滴定 Cu^{2+}、Zn^{2+}、Ca^{2+}、Mg^{2+} 和 Al^{3+} 等多种金属离子属于配位滴定。

第三节 电导分析法

电导分析法是根据测量溶液的电导值来确定被测物质含量的分析方法。直接根据溶液电导值大小确定物质含量的方法，称为直接电导法；根据溶液的电导变化来确定滴定终点的方法称为电导滴定法。

直接电导法不破坏被测样品，测定的是离子电导之和，灵敏度高、没有选择性。主要用于水的纯度测定、海水或土壤中可溶性总盐量的测定，以及某些物理化学常数如溶度积常数、弱电解质的离解常数测定等，与分离方法结合可以测定某种离子的含量，亦可将电导池作为离子色谱的检测器。

1. 电导

电解质溶液的导电能力通常用电导来表示。电导（L）是电阻（R）的倒数，单位为S（西门子），$1S=1\Omega^{-1}$。

$$L=\frac{1}{R} \tag{10-4}$$

2. 电导率

在电解质溶液中插入两个电极，并施加一定的交流电压，则溶液中的阳离子和阴离子在外加电场的作用下，由于离子迁移，产生导电现象。当温度、压力等条件恒定时，电解质溶液的电阻 R 与两电极间的距离 l（cm）成正比，与电极的截面积 A（cm^2）成反比，即

$$R=\rho\frac{l}{A} \tag{10-5}$$

式中　ρ——比例常数，称为电阻率，即长度为1cm、截面积为$1cm^2$的导体的电阻值，其单位为$\Omega \cdot cm$。

电导率（κ）是电阻率（ρ）的倒数，单位为S/cm，常用mS/cm或μS/cm表示。

$$L=\frac{1}{R}=\frac{A}{\rho l}=\kappa\frac{A}{l}=\kappa\frac{1}{Q} \tag{10-6}$$

式中　κ——电导率，是电阻率的倒数，它是两电极面积分别为$1cm^2$，电极间距离为1cm时溶液的电导值，其单位为S/cm。

$Q=\frac{l}{A}$称为电导池常数（电导电极常数），当 l 和 A 一定时，Q 为定值。显然，电导率$\kappa=LQ$。

一、电导的测量原理

由$\kappa=LQ$可知，当已知电导池常数，只要测出水样的电阻 R（L）后，即可求出电导率。

电导池常数常用已知电导率的标准KCl溶液来测定，不同浓度KCl溶液电导率（25℃）见表10-2。

$$Q = \kappa R \tag{10-7}$$

对于 0.01000mol/L 标准 KCl 溶液，25℃时 κ 为 1413μS/cm，则上式为 $Q=1413R$。电导率是以数字表示溶液传导电流的能力。

电导率随温度的变化而变化，温度每升高 1℃，电导率增加约 2%，通常规定 25℃为测定电导率的标准温度。如果温度不是 25℃，必须进行温度校正，经验公式为

$$\kappa_t = \kappa_s[1 + \alpha(t - 25)] \tag{10-8}$$

式中 κ_s——25℃时的电导率；

κ_t——温度 t 时的电导率；

α——各种离子电导率的平均温度系数，定为 0.022。

表 10-2 不同浓度 KCl 溶液的电导率

浓度/(mol/L)	电导率/(μS/cm)	浓度/(mol/L)	电导率/(μS/cm)
0.0001	14.94	0.01	1413
0.0005	73.90	0.02	2767
0.001	147.0	0.05	6668
0.005	717.8	0.1	12900

溶液的电导率通常使用电导率仪（电导仪）来测量，电导率仪的主要部件见图 10-5，测量电源使用交流电（因直流电源会导致电极产生电解作用而改变电阻）。电极一般用铂片制成。商品仪器多用直读式指示器。

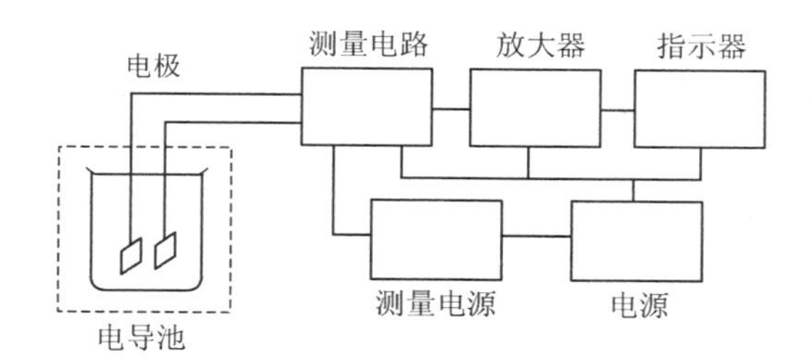

图 10-5 电导率仪示意图

二、电导分析法应用

1. 水质监测

水的电导率反映了水中电解质的总量，是水纯度的重要指标。在实验室及一切需要用高纯水的地方用电导法监测或检查蒸馏水或去离子水的质量，或用电导率评估江河湖泊等天然水的水质。某些典型溶液的电阻率和电导率见图 10-6。

不同类型的水有不同的电导率。新鲜蒸馏水的电导率为 0.5～2μS/cm，但放置一段时间后，因吸收了二氧化碳，增加到 2～4μS/cm；超纯水的电导率小于 0.1μS/cm；天然水的电导率多在 50～500μS/cm 之间；矿化水可达 500～1000μS/cm；含酸、碱、盐的工业污水电导率往往超过 10000μS/cm；海水的电导率约为 30000μS/cm。

2. 溶液或海水中盐度的测定

强电解质在溶液中的质量分数小于 0.2 时，其电导率随着浓度增加，二者近似线性关

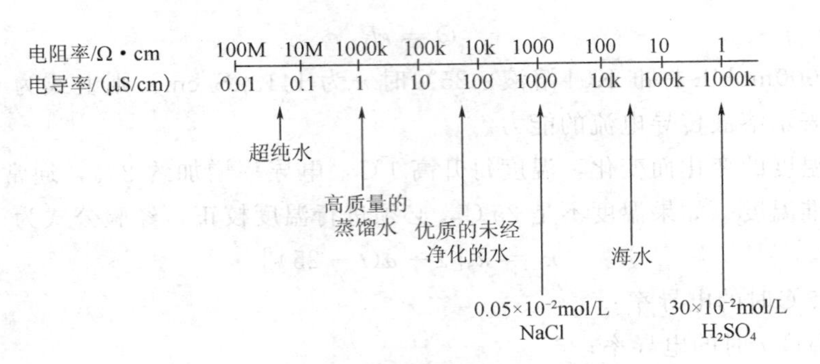

图 10-6 某些典型溶液的电阻率和电导率

系；若电解质含量更高时则因离子间引力增大而致电导率降低。在线性范围内可以通过测量溶液的电导率求得强电解质的总量，称为“盐度”。盐度的单位可用百万分之几（mg/L）或千分之几（‰）表示。

3. 电导滴定

若试样溶液与滴定剂或反应产物的电导率有明显差别，就可以用电导法判断滴定分析的终点，称为电导滴定法。以溶液的电导率对滴定剂体积作图，由于滴定终点前后电导率变化规律不同（例如终点前取决于剩余被测物，终点后取决于过量滴定剂），得到两条斜率不同的直线，延长使之相交，其交点所对应滴定剂体积即为滴定终点。电导滴定适用于各种类型的滴定反应，主要优点在于可滴定很稀的溶液，并可用于测定一些化学分析法不能直接滴定的极弱酸碱，如苯酚等。

实验四十七 直接电位法测定水溶液的 pH

一、实验目的

1. 掌握 pHS-3 型 pH 计的使用；
2. 通过实验加深理解直接电位法的基本原理；
3. 学会校验 pH 电极的性能。

二、实验原理

电位法测定溶液 pH，是以玻璃电极为指示电极（－），饱和甘汞电极为参比电极（＋）组成原电池。25℃时，溶液的 pH 变化 1 个单位时，电池的电动势改变 59.0mV。

$$E=K'+0.059\text{pH} \quad (25℃)$$

式中，K'在一定条件下虽有定值，但不能准确或计算得到，在实际测量中，选用 pH 与水样 pH 接近的标准缓冲溶液，校正 pH 计（又叫定位），并保持溶液温度恒定后，才可以在相同条件下测量溶液的 pH。用两种不同 pH 的缓冲溶液校正，如用一种 pH 的缓冲溶液定位后，在测定相差约 3 个 pH 单位的另一种缓冲溶液的 pH 时，误差应在±0.1pH 之内。

$$E_s=K'+0.059\text{pH}_s \quad (25℃)$$

$$E_x=K'+0.059\text{pH}_x \quad (25℃)$$

由上两式得到

$$\text{pH}_x=\text{pH}_s+\frac{E_x-E_s}{0.059}$$

校正后的 pH 计，可以直接测定水样或溶液的 pH。

三、仪器与试剂

1. 仪器

（1） pHS-3 型精密数字式 pH 计（或其他类型的酸度计）；

（2） 复合式 pH 电极；

（3） 洗瓶 1 只；

（4） 50mL 小烧杯四只。

2. 试剂

（1） 两种不同 pH 的未知液（A）和（B）。

（2） pH＝4.00 的标准缓冲溶液　称取 110℃时干燥 1h 的邻苯二甲酸氢钾 5.11g，用不含 CO_2 的蒸馏水溶解，并稀释到 500mL。贮于用所配溶液荡洗过的聚乙烯试剂瓶中，贴上标签。

（3） pH＝6.86 的标准缓冲溶液　称取在 110～130℃干燥过 2h 的磷酸二氢钾 1.70g 及磷酸氢二钠 1.78g，用不含 CO_2 的蒸馏水溶解，稀释到 500mL。贮于用所配溶液荡洗过的聚乙烯试剂瓶中，贴上标签。

（4） pH＝9.18 的标准缓冲溶液　称取 1.91g 四硼酸钠，溶解于不含 CO_2 的蒸馏水中，并稀释到 500mL，防止溶液接触空气。贮于用所配溶液荡洗过的聚乙烯试剂瓶中，贴上标签。

（5） 饱和氯化钾溶液。

（6） 广泛 pH 试纸。

四、实验步骤

1. 配制缓冲溶液

配制 pH 分别为 4.00、6.86 和 9.18 的标准缓冲溶液各 250mL。

2. 酸度计使用前的准备

（1） 接通电源，使仪器预热 20min。

（2） 安装电极：把电极夹在复合电极杆上，然后将电极的插头插在主机相应插口内紧圈，电极插头应保持清洁干燥。

（3） 将仪器的功能开关置于 pH 挡。

3. 校正酸度计（二点校正法）

（1） 斜率调节器顺时针旋到底，旋转“温度”调节器使所指的温度与溶液的温度相同，并摇动试杯使溶液均匀。

（2） 把电极插入已知 pH＝6.86 的缓冲溶液，旋转“定位”调节器，使仪器的指示值为该缓冲溶液所在温度相应的 pH（pH＝6.86）。

（3） 用蒸馏水清洗电极，并用滤纸吸干，把电极插入另一只已知 pH＝4.00 或 pH＝9.18 缓冲溶液（与待测试液 pH 相近的缓冲溶液），并摇动试杯使溶液均匀。

（4） 旋转“斜率”调节器，使仪器的指示值为溶液所在温度相应的 pH（pH＝4.00 或 pH＝9.18）。

至此仪器校正工作结束，校正后的仪器定位旋钮与斜率旋钮不应再有变动，否则重新进行校正。

4. 测量待测试液的 pH

(1) 移去标准缓冲溶液，清洗电极，并用滤纸吸干电极外壁水。取一洁净试杯，用待测试液荡洗三次后倒入 50mL 左右试液。用温度计测量试液的温度，并将温度调节器置此温度位置上。

(2) 将电极插入被测试液中，轻摇试杯以促使电极稳定。待数字显示稳定后读取并记录被测试液的 pH。平行测定两次，并记录。

5. 实验工作结束

关闭酸度计电源开关，拔出电源插头。取出玻璃电极用蒸馏水清洗干净后浸泡在蒸馏水中。取出甘汞电极用蒸馏水清洗，再用滤纸吸干外壁水，套上小帽存放在盒内。清洗试杯，晾干后妥善保存。用干净抹布擦净工作台，罩上仪器防尘罩，填写使用记录。

五、数据处理

1. 分别计算各试液 pH 的平均值及相对平均偏差。

2. 数据记录参考格式见表 10-3。

表 10-3 pH 测定数据记录

试液名称	1_{pH}	2_{pH}	平均数	相对平均偏差/%
试液 A				
试液 B				

六、注意事项

1. 玻璃电极在使用前需浸泡在蒸馏水中活化 24h。

2. 玻璃电极在使用前应检查有无裂缝及污物，有裂缝应调换新电极，有污物可用 0.1mol/L HCl 溶液清洗。

3. 玻璃电极在使用前应使球内无气泡，并使溶液浸没电极。

4. 加入的 KCl 溶液一定要饱和，体系内没有气泡，并要求浸没 $Hg\text{-}Hg_2Cl_2$ 芯。

5. 仪器的输入端（测量电极口）必须保持清洁，防止灰尘和潮气进入插孔。

七、思考题

1. 有哪些因素会给 pH 测定带来误差？

2. 为什么电极插头不可受潮？

3. 在测量溶液的 pH 时，既然有用标准缓冲溶液“定位”这一操作步骤，为什么在酸度计上还要有温度补偿装置？

实验四十八 氟离子选择性电极测定自来水中氟的含量

一、实验目的

1. 学习直接电位法测定饮用水中氟离子浓度的方法及实验操作；

2. 学会使用离子计；

3. 安全用电，合理处理实验废液。

二、实验原理

以氟离子选择性电极为指示电极，饱和甘汞电极为参比电极，可测定溶液中氟离子含量。工作电池的电动势 E，在一定条件下与氟离子活度 $a(F^-)$ 的对数值成直线关系，测量时，若指示电极接正极，则 $E=K'-0.0592\lg a(F^-)$（25℃）。当溶液的总离子强度不变时，上式可改写为：$E=K-0.0592\lg c(F^-)$。因此在一定条件下，电池电动势与试液中的氟离子浓度的对数呈线性关系，可用标准曲线法和标准加入法测定。为了保证测定的准确度，需向标液和试液中加入总离子强度调节缓冲溶液（TISAB）。

三、仪器与试剂

1. 仪器

（1）pHS-29A 型数字式离子计；

（2）氟电极；

（3）饱和甘汞电极；

（4）电磁搅拌器。

2. 试剂

（1）1.000×10^{-1} mol/L F^- 标准贮备液：准确称取 NaF（120℃烘 1h）4.199g 溶于 1000mL 容量瓶中，用蒸馏水稀释至刻线，摇匀。贮于聚乙烯瓶中待用。

（2）总离子强度调节缓冲溶液（TSIAB）：称取氯化钠 58g，柠檬酸钠 10g 溶于 800mL 蒸馏水中，再加冰醋酸 57mL，用 6mol/LNaOH 溶液调至 pH5.0～5.5 之间，然后稀释至 1000mL。

（3）自来水样。

四、实验步骤

1. 电极的准备

包括氟电极的准备、饱和甘汞电极的准备。

2. 仪器的准备和电极的安装

按仪器说明书，接通电源，预热 20min。接入饱和甘汞电极和氟离子选择性电极。

3. 绘制标准曲线

在 5 只 100mL 容量瓶中，用 1.000×10^{-1} mol/LF^- 的标准贮备液分别配制内含 10mL TISAB 的 1.000×10^{-2}～1.000×10^{-6} mol/L 标准溶液。将适量的所配制的标准溶液分别倒入 5 只洁净的塑料烧杯中，插入氟离子选择性电极和饱和甘汞电极，放入搅拌子，启动搅拌器，在搅拌的条件下，由稀至浓分别测量标准溶液的电位值 E。

4. 水样中氟的测定

（1）标准曲线法　准确移取自来水水样 50mL 于 100mL 容量瓶中，加入 10mL TISAB，用蒸馏水稀释至刻度，摇匀，然后倒入一干燥的塑料烧杯中，插入电极。在搅拌的条件下待电位稳定后读出电位值。重复测定两次，取平均值。

（2）标准加入法　在（1）实验中测得电位值 E_x 后的溶液中，准确加入 1.00mL 浓度为 1.000×10^{-3} mol/L 的 F^- 标准溶液。搅拌后，在相同的条件下测定电位值。重复测定两次取平均值。

5. 结束工作

用蒸馏水清洗电极数次，直至接近空白电位值，晾干后收入电极盒中保存，关闭仪器电源，整理工作台，填写记录。

五、数据处理

1. 数据记录（表 10-4～表 10-6）

表 10-4 氟离子工作曲线

$c(F^-)/(mol/L)$						
初始电位/mV						
E'/mV						
$E=E'$−初始电位/mV						

表 10-5 标准曲线法测定氟离子浓度

初始电位/mV	E'_x/mV	$E_x=E'_x$−初始/mV	平均

表 10-6 标准加入法测定氟离子浓度

初始电位/mV	E'_{x+s}/mV	$E_{x+s}=E'_{x+s}$−初始/mV	平均

2. 数据处理

(1) 以所测出来的 F^- 标准溶液的电位值 E 对所对应的标准溶液 F^- 的浓度的对数作图 [E-$\lg c_{(F^-)}$]。从标准曲线的线性部分求出该离子选择性电极的实际斜率，并由 E_x 值求出试样中 F^- 的浓度（以 mg/L 表示）。

(2) 用标准加入法求出试样中 F^- 的浓度。

六、注意事项

1. 测量时浓度应由稀至浓。每次测定前要用被测试液清洗电极、烧杯及搅拌子。

2. 绘制标准曲线时，测定一系列标准溶液后，应将电极清洗至原空白电位值，然后再测定未知液的电位值。

3. 测定过程中搅拌溶液的速度应恒定；读数时应停止搅拌。

七、思考题

1. 为什么要加入总离子强度调节剂？

2. 在测量前氟电极应怎样处理，达到什么要求？

3. 试比较标准曲线法和标准加入法的测定结果有何差异？并说明原因？

实验四十九 自动电位滴定法测定 I^- 和 Cl^- 的含量

一、实验目的

1. 学习用自动电位滴定法测定 I^- 和 Cl^- 含量的方法；

2. 学会使用 ZD-2 型自动电位滴定仪。

二、实验原理

用 $AgNO_3$ 溶液可以一次取样连续滴定 Cl^-、Br^- 和 I^- 的含量。滴定时，由于 AgI 的溶度积（$K_{sp,AgI}=1.5\times10^{-16}$）小于 AgBr 的溶度积（$K_{sp,AgBr}=7.7\times10^{-13}$），所以 AgI 首先沉淀。随 $AgNO_3$ 溶液的滴入，溶液中 $[I^-]$ 不断降低，而 $[Ag^+]$ 逐渐增大，当溶液中 $[Ag^+]$ 达到使 $[Ag^+][Br^-]\geqslant K_{sp,AgBr}$ 时，AgBr 开始沉淀。如果溶液中 $[Br^-]$ 不是很

大，则 AgI 几乎沉淀完全时，AgBr 才会开始沉淀。同理，AgCl 的溶度积 $K_{sp,AgCl}=1.56\times10^{-10}$，当溶液中［$Cl^-$］不是很大时，AgBr 几乎沉淀完全后，AgCl 才开始沉淀。这样就可以在一次取样中连续分别测定 I^-、Br^-、Cl^- 的含量。若 I^-、Br^-、Cl^- 的浓度均为 1mol/L，理论上各离子的测定误差小于 0.5%。然而在实际滴定中发现，当进行 Br^- 与 Cl^- 混合物滴定时，AgBr 沉淀往往引起 AgCl 共沉淀，所以 Br^- 的测定值偏高，而 Cl^- 的测定值偏低，准确度差，只能达到 1%～2%。不过 Cl^- 与 I^- 或 I^- 与 Br^- 混合物滴定可以获得准确结果。

本实验用 $AgNO_3$ 滴定 Cl^- 和 I^- 的混合液，指示电极用银电极（也可用银离子选择性电极），其电极电位与［Ag^+］的关系符合能斯特方程。参比电极用 217 型双液接饱和甘汞电极，盐桥管内充饱和 KNO_3 溶液。

三、仪器与试剂

1. 仪器

DZ-2 型自动电位滴定仪（或其他型号）；银电极；217 型双液接饱和甘汞电极；滴定管；移液管。

2. 试剂

（1）0.1000mol/L $AgNO_3$ 标准滴定溶液。

（2）含 Cl^-、I^- 的未知液。

四、实验步骤

1. 准备工作

（1）银电极的准备：用蒸馏水冲洗干净置电极架上。

（2）饱和甘汞电极的准备：检查电极内液位、晶体和气泡，作适当处理后，用蒸馏水清洗干净，吸干外壁水分，置电极架上。

（3）在清洗干净的滴定管中装入 0.1000mol/L $AgNO_3$ 标准溶液，并将液位调至 0.00 刻线上。

（4）按仪器说明书连接好仪器，开启仪器电源，预热 20min。

2. 手动滴定求滴定终点

（1）于 100mL 烧杯中移取 20.00mL 含 I^-、Cl^- 的未知溶液，加入 20mL 蒸馏水，插入电极。

（2）将仪器上“选择”开关置于“mV”挡。打开搅拌器开关，调节转速，待读数指针稳定后开始滴定。

（3）用手动操作，以 $AgNO_3$ 标准溶液进行滴定。每加 2.00mL 记录一次电位值。当接近突跃点时，每加一滴（0.05mL）记录一次。将电位 E 对 $AgNO_3$ 标准溶液滴定体积 V 作曲线，并求出终点 E。

3. 自动滴定求滴定终点

（1）将仪器上“选择”开关至于“mV”挡，接通“读数”开关，将预定设定终点调节至终点 E 处。再将仪器上“选择”开关至于“mV”挡，读数指针调至 0mV 处。将工作开关置于“滴定”位置，滴定开关置“—”位置。打开搅拌器开关，调节转速，按下“滴定开始”开关，待滴定结束后，读取 $AgNO_3$ 消耗的体积 V 并记录。

（2）平行测定三次。

4. 结束工作

(1) 关闭电磁搅拌器，关闭滴定计电源开关。

(2) 清洗电极、烧杯、滴定管等。

(3) 清理工作台，填写仪器使用记录。

五、数据处理

1. 由 $AgNO_3$ 标准滴定溶液消耗的体积 V_1 计算试液中 I^- 的含量（以 mg/L 表示）。

2. 由 $AgNO_3$ 标准滴定溶液消耗的体积 V_2 计算试液中 Cl^- 的含量（以 mg/L 表示）。

3. 计算 Cl^- 和 I^- 含量的平均值与标准偏差。

4. 数据记录参考格式见表 10-7。

表 10-7 I^- 和 Cl^- 的含量测定数据记录

	组分	测量次数	测量值	平均值	标准偏差
水样	碘	1			
		2			
		3			
	氯	1			
		2			
		3			

六、注意事项

1. 测量前正确处理好电极。

2. 每测完一份试液，电极均要清洗。银电极上黏附物用擦镜纸擦后再清洗。

七、思考题

1. 为什么 $AgNO_3$ 滴定卤素需要用双盐桥饱和甘汞电极作参比电极？如果用 KCl 盐桥的饱和甘汞电极对测定结果有何影响？

2. 通过本实验你能体会到自动电位滴定法有哪些优点？

实验五十 重铬酸钾电位滴定法测定硫酸亚铁铵溶液中亚铁含量

一、实验目的

1. 学习氧化还原电位滴定法的原理与实验方法。

2. 学习组装电位滴定装置。

二、实验原理

以铂电极作指示电极，SCE 作参比电极，与被测溶液组成工作电池。用重铬酸钾滴定，用作图法或二阶微商法确定终点。

$$Fe^{2+} + Cr_2O_7^{2-} + 5Fe^{2+} + 14H^+ \xlongequal{} 2Cr^{3+} + 6Fe^{3+} + 7H_2O$$

三、仪器与试剂

1. 仪器

(1) pH-29A 型酸度计；

(2) 复合电极；

(3) 电磁搅拌器；

(4) 滴定管；

（5）移液管。

2. 试剂

（1）HNO_3（10%）溶液；

（2）$c(1/6K_2Cr_2O_7)=0.1000mol/L(1000mL)$；

（3）H_2SO_4-H_3PO_4 混酸（1+1）；

（4）邻苯氨基苯甲酸指示液（2g/L）；

（5）硫酸亚铁铵试液。

四、实验步骤

（1）开启仪器电源开关，预热 20min。

（2）将铂电极浸入 HNO_3（10%）中数分钟，取出用水冲洗，再用蒸馏水冲洗。

（3）$K_2Cr_2O_7$ 标液置于干净的滴定管中。

（4）试液 Fe^{2+} 含量测定：

①移取 20.00mL 试液于 250mL 烧杯中，加入 H_2SO_4-H_3PO_4 10mL，稀释至约 50mL，加 1 滴邻苯氨基苯甲酸指示液，放入洗净的搅拌子，将烧杯放在搅拌器上，插入电极。

②开启搅拌器，选“mV”挡，记录起始电位，然后滴加 $K_2Cr_2O_7$，待电位稳定，读取电位值及滴定管读数。在滴定开始时，每加 5mL 标液记一次数，然后依次减少 1.0mL、0.5mL 后记录。在化学计量点附近时，每加 0.1mL 记一次数，过化学计量点后再每加 1mL 记录一次数，直至电位值变化不大为止。观察并记录溶液颜色变化和对应的电位值及滴定体积。平行测定三次。

五、数据处理

1. 数据记录

数据记录于表 10-8。

表 10-8　0.1000mol/L 重铬酸钾溶液滴定硫酸亚铁铵溶液中 Fe^{2+} 含量

序号	作 E-V 曲线所用数据		作 $\Delta E/\Delta V$-V 曲线所用数据				作 $\Delta^2 E/\Delta V^2$-V 曲线所用数据	
	加 $K_2Cr_2O_7$ 溶液体积 V/mL	E/mV	ΔE/mV	ΔV/mL	$\Delta E/\Delta V$	加 $K_2Cr_2O_7$ 溶液体积 V/mL	$\Delta^2 E/\Delta V^2$	加 $K_2Cr_2O_7$ 溶液体积 V/mL
1								
2								
3								
4								
5								
…								

2. 数据处理

（1）计算试液中 Fe^{2+} 的质量浓度（g/L），求出三次平行测定的平均值和标准偏差。

（2）报告测定结果的平均值和标准偏差。

六、注意事项

1. 滴定速度不宜过快，尤其是接近化学计量点处，否则体积不准确。

2. 滴入滴定剂后，继续搅拌至仪器显示的电位值基本稳定，然后停止搅拌，放置至电位值稳定后，再读数。

七、思考题

1. 铂电极做指示电极所起到的作用是什么？

2. 电位滴定法和化学滴定法的区别是什么？其优点有哪些？

实验五十一　电导法检测水的纯度

一、实验目的

1. 掌握测定电导率的原理及水的电导率的测定方法。

2. 熟练电导率仪的使用操作。

二、实验原理

由 $\kappa=LQ$ 可知，只要测出水样的电阻 R（L）后，即可求出电导率 κ。电导电极常数的测定常用已知电导率的标准 KCl 溶液测定 $Q=\kappa R$，对于 0.01000 mol/L 标准 KCl 溶液，25℃时 κ 为 1413μS/cm，则上式为 $Q=1413R$。

测定自来水、未知试液时，采用铂黑电导电极，其电导电极常数约为 $10cm^{-1}$；测定实验室使用的蒸馏水、去离子水时，采用光亮电导电极，电导电极常数约为 $1cm^{-1}$。

三、仪器与试剂

1. 仪器

(1) 电导率仪；

(2) DJS-1 型光亮电导电极；

(3) DJS-1 型铂黑电导电极；

(4) 温度计。

2. 试剂

(1) KCl 标准溶液　0.0100mol/L，将优级纯的氯化钾在 200～240℃下烘干 2h，然后放入干燥器中冷却至室温。称取 0.7455g 氯化钾，用去离子水溶解后，移入 1000mL 容量瓶中，稀释至刻度，摇匀。

(2) 去离子水　电导率小于 0.2μS/cm。

(3) 水样　实验室用水、自来水和河湖水样等。

四、实验步骤

1. 开启仪器电源，预热 20min。

2. 校准电导电极常数

(1) 取一个洁净的 100mL 烧杯，用 0.0100mol/L 的 KCl 标准溶液洗涤三次，加入 50mL KCl 标准溶液。

(2) 用去离子水洗涤电导电极多次，再用 0.0100mol/L 的 KCl 标准溶液润洗三次。

(3) 将电导电极夹在电极夹中，浸入 0.0100mol/L KCl 标准溶液中。

(4) 置电导电极常数调节器于 $J=1.00$，测量 0.0100mol/L 的 KCl 标准溶液的电导率，重复测量三次，取平均值，计算出电导电极常数。

3. 温度补偿

用温度计测量被测溶液温度，调节“温度补偿”旋钮为被测溶液的温度值。

4. 测定实验室用水的电导率

(1) 取一个洁净的 100mL 烧杯，用实验室用水洗涤三次，加入 50mL 实验室用水。

（2）用去离子水洗涤光亮电导电极多次，再用实验室用水润洗三次。
（3）将光亮电导电极夹在电极夹上，浸入实验室用水中。
（4）测量频率用低频，读取电导率值。平行测定三次，取平均值。
5. 测定自来水和河湖水样的电导率
（1）取一个洁净的100mL烧杯，用被测水样洗涤三次，加入50mL被测水样。
（2）用被测水样洗涤铂黑电导电极多次，再用被测水样润洗三次。
（3）将铂黑电导电极夹在电极夹上，浸入被测水样中。
（4）测量频率用高频，读取电导率值。平行测定三次，取平均值。
6. 实验结束
关闭仪器电源、清洗电导电极，拔出电源插头，填写仪器使用记录。

五、数据处理

1. 数据记录
实验数据记录于表10-9中。

表10-9　水样电导率的测定

水样名称	1	2	3	平均值
一次水				
二次水				
自来水				
湖水				

2. 数据处理
计算各水样电导率的平均值。

六、注意事项

1. 电导电极要轻拿轻放，切勿触碰铂黑或用滤纸擦拭铂黑。用蒸馏水或去离子水洗净。
2. 测量低电导溶液时，应选择溶解度极小的容器，如中性玻璃、石英或塑料制品等。
3. 高纯水应迅速测量，防止CO_2溶入水中使电导率迅速增加。
4. 温度对电导率测定影响较大，在测量过程中应保持温度恒定。

七、思考题

1. 水及溶液的电导率在水质分析中有何意义？
2. 电导电极常数的定义是什么？如何测定？
3. 电导率仪为什么使用交流电电源？

第十一章 紫外-可见分光光度法

利用物质分子对 200～780nm 区域内光辐射的吸收而建立起来的分光光度法称为紫外-可见分光光度法。由于在 200～780nm 区域内光辐射能量对应于原子的价电子能级跃迁，所以该法又称为电子光谱法。它是仪器分析检验的重要手段之一。

紫外-可见分光光度分析灵敏度高、通用性强、应用范围广；大多数无机组分和有机物都可以直接或间接地用此法测定，测定物质浓度下限可达 10^{-7}g/mL，准确度较好，通常相对误差为 2%。故适用于测定试样中微量组分，如无机和有机化工产品中杂质分析、水质分析等。

第一节 紫外-可见分光光度法的基本原理

一、物质对光的选择性吸收

很多物质的溶液具有颜色，是由于溶液中的分子或离子选择性地吸收了不同波长的光而引起的。例如，一束白光通过 $CuSO_4$ 溶液时，黄色光大部分被吸收了，透过溶液的主要是蓝色光，因而我们看到 $CuSO_4$ 溶液呈蓝色，即溶液呈现的是它吸收光的互补色光的颜色。溶液浓度愈大，观察到的颜色愈深，这就是目视比色分析的基础。

有些物质本身无色或颜色很浅，但能与适当的试剂发生显色反应，如 Fe^{2+} 能与有机试剂 1,10-邻二氮菲生成橙红色的 1,10-邻二氮菲亚铁配合物，可于显色之后进行比色或在可见光区进行分光光度分析。

紫外线比可见光具有更高的能量，可以激发一些物质分子的外层电子而不同程度地被物质吸收。在无机物中如 SO_4^{2-}、NO_3^-、I_3^- 及镧系元素的一些离子，对紫外线有吸收。在有机物中，含有共轭双键或双键上连有氧、氮、硫等杂原子的化合物，以及芳香族化合物，都能吸收一定波长的紫外线。因此，这些物质可以不经过显色，直接在紫外线区进行光度测定。比较重要的应用是能够产生 $\pi \rightarrow \pi^*$ 跃迁和 $n \rightarrow \pi^*$ 跃迁的物质的测定。

精确地描述某种物质的溶液对不同波长光的选择吸收情况，可以通过实验测绘光吸收曲线。为此，用不同波长的单色光照射一定浓度的吸光物质的溶液，测量该溶液对各单色光的吸收程度（即吸光度 A）。以波长（λ）为横坐标，吸光度（A）为纵坐标作图，即可得到一条曲线。这种曲线描述了物质对不同波长光的吸收能力，称为吸收曲线或吸收光谱。光吸收程度最大处的波长，称为最大吸收波长，以 λ_{max} 表示。若在最大吸收波长处，没有其他组分的干扰，则可以选择最大吸收波长为测量波长，若在最大吸收波长处，有较严重的干扰，则可以选择次波长为测量波长。

光的吸收定律即朗伯-比耳定律阐明了溶液对光的吸收程度：当一束平行单色光垂直入射通过一定光程的均匀稀溶液时，溶液的吸光度与吸光物质浓度及光程长度的乘积成正比。

即

$$A=\varepsilon bc \tag{11-1}$$

式中　b——吸收池内溶液的光程长度（液层厚度），cm；

c——溶液中吸光物质的浓度，mol/L；

ε——摩尔吸光系数，L/(cm・mol)。

若溶液中吸光物质含量以质量浓度ρ(g/L) 表示，则朗伯-比耳定律可写成下列形式：

$$A=\alpha b\rho \tag{11-2}$$

式中，α 称为质量吸光系数，单位为 L/(cm・g)。

摩尔吸光系数 ε 或质量吸光系数 α 是吸光物质的特性常数，其值与吸光物质的性质、入射光波长及温度有关。ε 或 α 值愈大，表示该吸光物质的吸光能力愈强，用于分光光度测定的灵敏度愈高。

利用紫外-可见分光光度法定量的方法有目视比色法、工作曲线法（标准曲线法）、直接比较法和标准加入法，最常用的是工作曲线法。

二、紫外-可见分光光度计

在紫外和可见光区用于测定溶液吸光度的分析仪器称为紫外-可见分光光度计。目前，紫外-可见分光光度计种类和型号较多，但它们的基本构造相似，都是由光源、单色器、吸收池、检测器和信号显示系统五大部分组成。下面介绍两种较常用的分光光度计的一般操作方法。

1. 721E 型可见分光光度计的操作方法

721E 型可见分光光度计仪器主要操作键介绍如下。

（1）电源开关　用于控制仪器电源开或关。

（2）“方式设定”键（MODE）　用于设置测试方式。两种可供选择的测试方式：透光率方式（τ 方式）和吸光度方式（A 方式），按 MODE 键切换。

（3）“0%T”键　用于在 τ 方式下调节透光率为 0%。仪器在开机预热后，将“调零透光率”挡板置于光路，在 τ 方式下，按“0%T”键调零透射比，仪器会自动将透光率零参数保存在微处理器中。仪器在不改变波长的情况下，一般无需再次调零透光率。但在仪器长时间使用过程中，0%T 有时会产生漂移，调整 0%T 可提高测试数据的准确度。

（4）“100%T”键　用于在 τ 方式下调节透光率为 100%（即吸光度为 0）。注意在波长改变时，都需要重新调零调百。

（5）“波长设置”旋钮　用于设置分析波长。波长显示窗在仪器的顶部。

2. 721E 型可见分光光度计的操作方法

（1）打开电源开关，使仪器预热 20min。

(2) 用"波长设置"旋钮将波长设置在将要使用的波长位置上。

(3) 按"方式设定"键(MODE)将测试方式设置为透光率方式。

(4) 将参比溶液和被测溶液分别倒入两只配套的比色皿中,打开样品室盖,装参比溶液和被测溶液的比色皿分别插入比色皿槽中第一、第二个槽位,轻盖样品室盖。

(5) 将"调零透光率"挡板置于光路(拉或推比色皿架拉杆),在 τ 方式下,按"0% T"键调零透光率。

(6) 将参比溶液推入光路中,按"100%T"键调节透光率为100%,按"方式设定"键(MODE)将测试方式切换为吸光度方式(此时吸光度为0)。

(7) 将被测溶液置于光路,显示器上所显示的为被测溶液的吸光度。

3. T6新世纪紫外-可见分光光度计的操作方法

(1) 开机自检　依次打开打印机、仪器主机电源,仪器开始初始化;约3min时间初始化完成。

初始化	43%
1. 样品池电机	OK
2. 滤光片	OK
3. 光源电机	OK

初始化完成后,仪器进入主菜单界面。

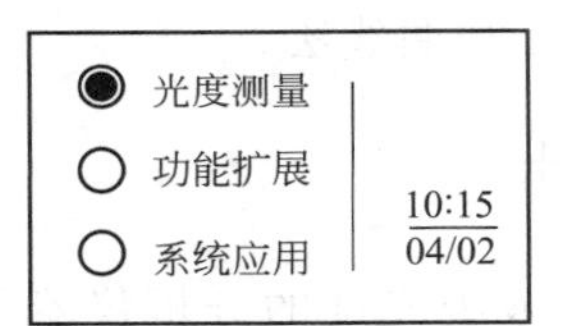

(2) 进入光度测量状态　在上图所示状态按 ENTER 键,进入光度测量界面。

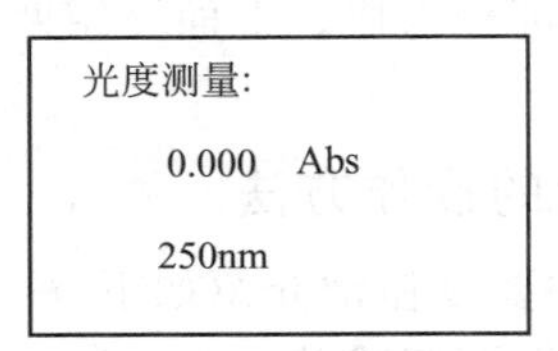

(3) 进入测量界面　按 START/STOP 键进入样品测定界面。

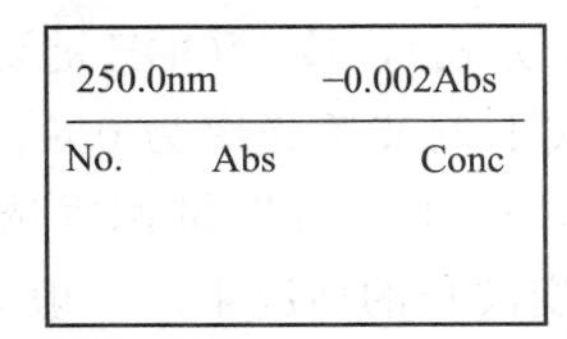

(4) 设置测量波长　按 GOTO λ 键,在下图界面输入测量的波长,例如需要在460nm测量,输入460,按 ENTER 键确认,仪器将自动调整波长。

请输入波长:

调整波长完成后如下图：

460.0nm		–0.002Abs
No.	Abs	Conc

（5）进入设置参数　在这个步骤中主要设置样品池。按 SET 键进入参数设定界面，按▼键使光标移动到“试样设定”，如下图显示。按 ENTER ↵ 键确认，进入设定界面。

○ 测光方式
○ 数学计算
● 试样设定

（6）设定使用样品池个数　按▼键使光标移动到“使用样池数”，如下图显示。按 ENTER ↵ 键循环选择需要使用的样品池个数（主要根据使用比色皿数量确定，比如使用 2 个比色皿，则修改为 2）。

○ 试样室：八联池
● 样池数：2
○ 空白溶液校正：否
○ 样池空白校正：否

（7）样品测量　按 RETURN 键返回到参数设定界面，再按 RETURN 键返回到光度测量界面。在 1 号样品池内放入空白溶液，2 号池内放入待测样品。关闭好样品池盖后按 ZERO 键进行空白校正，再按 START/STOP 键进行样品测量。测量结果如下图显示：

460.0nm	–0.02Abs	
No.	Abs	Conc
1—1	0.012	1.000
2—1	0.052	2.000

如果需要测量下一个样品，取出比色皿，更换为下一个测量的样品，按 START/STOP 键即可读数。

如果需要更换波长，可以直接按 GOTO λ 键，调整波长。

注意：更换波长后必须重新按 ZERO 进行空白校正。

如果每次使用的比色皿数量是固定个数，下一次使用仪器时可以跳过第五、六步骤直接进入样品测量。

（8）结束测量　测量完成后按 PRINT 键打印数据，如果没有打印机请记录数据。退出程序或关闭仪器后测量数据将消失。确保已从样品池中取出所有比色皿，清洗干净以便下一次使用。按 RETURN 键直到返回到仪器主菜单界面后再关闭仪器电源。

第二节 紫外-可见分光光度法的应用

实验五十二 邻二氮菲分光光度法测定水中微量铁

一、实验目的

1. 初步掌握常见型号可见分光光度计的使用方法；
2. 掌握吸收光谱曲线的测绘方法和测定波长的选择；
3. 掌握邻二氮菲分光光度法测定水中微量铁的基本原理、操作方法和数据处理。

二、实验原理

邻二氮菲（简写为 phen）又称 1,10-邻二氮菲，或邻菲罗啉。它与 Fe^{2+} 在 pH 为 2～9 的溶液中均可形成稳定的橘红色配合物 $[Fe(phen)_3]^{2+}$，其 $\lg K_{稳}=21.3$（20℃）。最大吸收波长 $\lambda_{max}=510nm$，摩尔吸光系数 $\varepsilon_{510}=1.1\times10^4 L/(mol\cdot cm)$，因此测定的灵敏度高，可以利用这一方法测定水中的微量铁。这种方法也是国家标准规定的测定化工产品中杂质铁的通用方法。

测定时，可用醋酸盐缓冲溶液控制溶液酸度在 pH=5 左右，酸度过高，反应进行较慢；酸度过低，则 Fe^{2+} 水解，影响显色和准确度。

水中的 Fe^{3+} 可以先用盐酸羟胺或抗坏血酸还原成二价后再进行测定。

三、仪器与试剂

1. 仪器

可见分光光度计（721E 型或其他常见型号）；容量瓶（50mL10 个，100mL1 个，1000mL1 个）；烧杯（100mL）；吸量管（1mL1 支，2mL1 支，5mL3 支，10mL1 支）；移液管（10mL 1 支）。

2. 试剂

（1）铁标准贮备液（含 Fe^{3+} 100.0μg/mL） 准确称取 0.8634g 硫酸铁铵 $NH_4Fe(SO_4)_2\cdot12H_2O$ 置于烧杯中，加入 10mL 硫酸溶液 $[c(H_2SO_4)=3mol/L]$，定量移入 1000mL 容量瓶中，定容，摇匀作贮备液。

（2）铁标准溶液（含 Fe^{3+} 10.00μg/mL） 吸取上述铁标准贮备液 10.00mL 于 100mL 容量瓶中，用水稀释至刻度，摇匀。

（3）盐酸羟胺溶液（100g/L 水溶液，临用时配制）。

（4）邻二氮菲溶液（1.5g/L） 称取 1,10-邻二氮菲 0.15g，用少量乙醇溶解，再用水稀释至 100mL。

（5）醋酸钠溶液（1.0mol/L）。

四、实验步骤

1. 准备工作

（1）清洗容量瓶、吸量管及需用的玻璃器皿。

（2）配制铁标准溶液和其他辅助试剂。

（3）按仪器使用说明书检查仪器，预热 20min，并调试至工作状态。

(4) 检查比色皿的配套性。

取4只洁净的2cm玻璃比色皿，装入蒸馏水至2/3处，置于比色皿架内，在600nm处，以第一个比色皿为参比，调节τ为100%，测量其他各比色皿的透光率，透光率的偏差小于0.5%的比色皿可配成一套使用。记录参考格式如下：

比色皿配套性检查：(1) τ=100%，(2) τ=____%，可以配套使用。

2. 测绘吸收曲线，选择测定波长

取2只洁净的50mL容量瓶，移取10.00μg/mL铁标准溶液5.00mL于其中一个容量瓶中，然后在两容量瓶中各加入1mL 100g/L盐酸羟胺溶液，平摇摇匀后再分别加入2mL 1.5g/L邻二氮菲溶液、5mL NaAc溶液，用蒸馏水稀释至标线，摇匀。

用2cm比色皿，以未加铁标准溶液的试剂空白为参比，在440～540nm间，每隔10nm测量一次吸光度值（注意每改变一次波长，都要重新调节仪器零点和参比溶液的τ=100%）。在峰值附近每隔2nm测量一次。以波长为横坐标，吸光度为纵坐标绘制吸收曲线，确定λ_{max}作为测定波长。要求总测量点不少于13个点。记录参考格式见表11-1。

表11-1 邻二氮菲分光光度法测定水中微量铁吸收曲线测定数据记录

λ/nm											
A											
λ/nm											
A											

选取的测量波长：λ_{max}=____ nm。

3. 配制标准系列显色溶液，测绘工作曲线

于6个洁净的50mL容量瓶中各加入10.00μg/mL铁标准溶液0.00mL、2.00mL、4.00mL、6.00mL、8.00mL、10.00mL，1mL 100g/L盐酸羟胺溶液，平摇摇匀后再分别加入2mL 1.5g/L邻二氮菲溶液，5mL NaAc溶液，用蒸馏水稀释至标线，摇匀。

在选定的波长下，用2cm比色皿分别取上述配制的标准系列显色溶液，以未加铁标准溶液的试剂空白为参比，测定各溶液的吸光度。

以50mL容量瓶中铁的质量浓度为横坐标，相应的吸光度为纵坐标，绘制吸光度对铁含量的标准曲线。记录参考格式见表11-2。

表11-2 邻二氮菲分光光度法测定水中微量铁工作曲线测定数据记录

溶液编号	0	1	2	3	4	5
吸取标液体积/mL	0.00	2.00	4.00	6.00	8.00	10.00
ρ/(μg/mL)	0.00	0.40	0.80	1.20	1.60	2.00
A	0.000					

4. 铁含量的测定

取3只洁净的50mL容量瓶，分别加入适量（以吸光度落在工作曲线中部为宜）含铁未知试液，各加入1mL100g/L盐酸羟胺溶液，平摇摇匀后再分别加入2mL 1.5g/L邻二氮菲溶液及5mL NaAc溶液，用蒸馏水稀释至标线，摇匀。在选定的波长下测量吸光度并记录。记录参考格式见表11-3。

表 11-3 邻二氮菲分光光度法测定水中微量铁数据记录

平行测定次数	1	2	3
测得吸光度 $A_{测}$			
在曲线上查得的浓度$\rho/(\mu g/mL)$			
原始试液浓度$\rho/(\mu g/mL)$			
原始试液平均浓度$\rho/(\mu g/mL)$			
相对平均偏差/%			

5. 结束工作

测量完毕，关闭电源，拔下电源插头，取出比色皿，清洗晾干后放盒内保存。清理实验台，罩好仪器防尘罩，填写仪器使用记录。清洗所用玻璃仪器并放回原处。

五、注意事项

1. 在显色过程中，每加入一种试剂均要平摇摇匀，稀释至刻线后方可盖好容量瓶塞倒置摇匀。

2. 测定试样和工作曲线时实验条件保持一致，最好两者同时显色同时测定。

六、数据记录与处理

按各步骤记录的原始数据完成以下各项。

1. 在坐标纸上绘制吸收光谱曲线，标注曲线名称、横纵坐标含义及单位、坐标分度和最大吸收波长。

2. 在坐标纸上绘制工作曲线，标注曲线名称、横纵坐标含义及单位、坐标分度、所用标准溶液名称和浓度、测量条件（仪器型号、入射光波长、比色皿厚度、参比液名称）、制作日期和制作者姓名。

3. 在曲线上查出铁含量（以 μg/mL 表示），计算原始试样中铁含量和相对平均偏差。

原始试样中铁含量为：

$$\rho=\rho_{查}\times\frac{50}{V}$$

式中 $\rho_{查}$——根据试样溶液吸光度在标准曲线上查得的铁含量，μg/mL；

V——吸取试样溶液的体积，mL。

七、思考题

1. 测定中加入盐酸羟胺和醋酸钠溶液的作用是什么？

2. 在测定纯碱试样中铁含量时，试样如何进行预处理？

实验五十三 分光光度法测定铬和钴的混合物

一、实验目的

1. 学习用分光光度计测定有色混合物组分的原理和方法。

2. 理解吸光度的加和性。

二、实验原理

本实验测 Cr 和 Co 的混合物。先配制 Cr 和 Co 的系列标准溶液，然后分别在 λ_1 和 λ_2 测量 Cr 和 Co 系列标准溶液的吸光度，并绘制工作曲线，所得四条工作曲线的斜率即为 Cr 和 Co 在 λ_1 和 λ_2 处的摩尔吸光系数，代入下列联立方程中即可求出 Cr 和 Co 的浓度。

$$A_1=\varepsilon_{x1}bc_x+\varepsilon_{y1}bc_y$$

$$A_2=\varepsilon_{x2}bc_x+\varepsilon_{y2}bc_y$$

三、仪器与试剂

1. 仪器

（1）V722N 型可见分光光度计（UV9600 型或紫外-可见分光光度计）1 台；

（2）50mL 容量瓶 9 个；

（3）10mL 吸量管 2 支。

2. 试剂

（1）0.700 mol/L $Co(NO_3)_2$ 溶液；

（2）0.200mol/L $Cr(NO_3)_2$ 溶液。

四、实验步骤

（1）开机预热 20min，并调试至工作状态。

（2）吸收池（比色皿）的配套性检查：玻璃吸收池在 440nm 装蒸馏水，以一个吸收池为参比，调节 τ 为 100%，测定其余吸收池的透光率，其偏差应小于 0.5%，可配成一套使用，记录其余比色皿的透光率。

（3）系列标准溶液的配制：取 4 个洁净的 50mL 容量瓶分别加入 2.50mL、5.00mL、7.50mL、10.00mL 0.700mol/L $Co(NO_3)_2$ 溶液，另取 4 个洁净的 50mL 容量瓶分别加入 2.50mL、5.00mL、7.50mL、10.00mL 0.200mol/L $Cr(NO_3)_2$ 溶液，分别用蒸馏水将容量瓶中的溶液稀释至标线，摇匀。

（4）测绘 $Co(NO_3)_2$ 和 $Cr(NO_3)_2$ 溶液的吸收光谱曲线，并确定入射光波长 λ_1 和 λ_2。

取步骤（3）配制的 $Co(NO_3)_2$ 和 $Cr(NO_3)_2$ 系列标准溶液中各一份，以蒸馏水为参比在 420～700nm，每隔 20nm 测一次吸光度，分别绘制 $Co(NO_3)_2$ 和 $Cr(NO_3)_2$ 的吸收曲线，并确定 λ_1 和 λ_2。

（5）工作曲线的绘制。以蒸馏水为参比在 λ_1 和 λ_2 处分别测定步骤（3）配制的 $Co(NO_3)_2$ 和 $Cr(NO_3)_2$ 系列标准溶液的吸收，并记录各溶液不同波长下的各相应吸光度。

（6）未知试液的测定。取一个洁净的 50mL 容量瓶，加入 5.00mL 未知试液。用蒸馏水稀释至标线，摇匀。在波长 λ_1 和 λ_2 处测量试液的吸光度 $A_{\lambda1}^{Co+Cr}$ 和 $A_{\lambda2}^{Co+Cr}$。

（7）结束工作。测量完毕，关闭电源，按下电源插头，取出吸收池，清洗倒扣晾干后装入盒中保存。清理工作台，罩上仪器防尘罩，填写仪器使用记录。清洗容量瓶和其他所用的玻璃仪器并放回原处。

五、数据处理

1. 吸收曲线的绘制

根据表 11-4 的波长-吸光度数据绘制吸收曲线。

表 11-4　波长-吸光度数据

序　号	1	2	3	4	5	6	7	8	9	10	11	12
$Co(NO_3)_2$ 波长/nm												
吸光度 A												

续表

序 号	1	2	3	4	5	6	7	8	9	10	11	12
$Cr(NO_3)_2$ 波长/nm												
吸光度 A												

测量波长：________ 波长选择依据：________

2. 比色皿差检验

$T_1=100.0\%$ $T_2=$________ $T_3=$________

3. 未知试样的定量测量

(1) 标准曲线的绘制 根据表 11-5 数据绘制标准曲线。

表 11-5 标准溶液吸光度数据

$A_1=0.000$ $A_2=$________ $A_3=$________

溶液代号	吸取标液体积/mL	$c\,[Co(NO_3)_2]$ /(mol/L)	$c\,[Cr(NO_3)_2]$ /(mol/L)	$A_{\lambda_1}^{Co}$	$A_{\lambda_1}^{Cr}$	$A_{\lambda_2}^{Co}$	$A_{\lambda_2}^{Cr}$	$A_{\lambda_1}^{Co}$ 校正	$A_{\lambda_1}^{Cr}$ 校正	$A_{\lambda_2}^{Co}$ 校正	$A_{\lambda_2}^{Cr}$ 校正
0											
1											
2											
3											
4											
5											
6											

回归方程 1：________ 相关系数 $\gamma_1=$________

回归方程 2：________ 相关系数 $\gamma_2=$________

回归方程 3：________ 相关系数 $\gamma_3=$________

回归方程 4：________ 相关系数 $\gamma_4=$________

(2) 未知试液的配制 按表 11-6 配制未知试液。

表 11-6 配制未知试液

稀释次数	吸取体积/mL	稀释后体积/mL	稀释倍数
1			
2			

(3) 未知物含量的测定

未知物含量的测定数据见表 11-7。

表 11-7 未知物含量的测定数据

平行测定次数	1	2	3
$A_{\lambda_1}^{Co+Cr}$			
$A_{\lambda_2}^{Co+Cr}$			
$A_{\lambda_1}^{Co+Cr}$ 校正			
$A_{\lambda_2}^{Co+Cr}$ 校正			

续表

平行测定次数	1	2	3
算得的 $Co(NO_3)_2$ 浓度/(mol/L)			
算得的 $Cr(NO_3)_3$ 浓度/(mol/L)			
原始试液 $Co(NO_3)_2$ 浓度/(mol/L)			
原始试液 $Cr(NO_3)_3$ 浓度/(mol/L)			
原始试液 $Co(NO_3)_2$ 平均浓度/(mol/L)			
原始试液 $Cr(NO_3)_2$ 平均浓度/(mol/L)			

六、注意事项

作吸收曲线时，每改变一次波长，都必须重调参比溶液 $T=100\%$，$A=0$。

七、思考题

1. 同时测定两组混合试液时，应如何选择入射波长？
2. 如何测定三组分混合试液？

实验五十四　紫外分光光度法测定苯甲酸含量

一、实验目的

1. 初步掌握 T6 新世纪型（或其他型号）紫外-可见分光光度计的使用方法；
2. 熟练掌握吸收光谱曲线的测绘方法和测定波长的选择；
3. 掌握苯甲酸的紫外吸收光谱分析基本原理、操作方法和数据处理。

二、实验原理

利用紫外吸收光谱进行定性的方法是：将未知试样和标准样在相同的溶剂中，配制成大致相同的浓度，在相同条件下，分别绘制它们的紫外吸收光谱曲线，两者进行比较，如果两光谱图形状相似，λ_{max}和 ε_{max}相同，则可初步判断是同一物质。

苯甲酸的化学式为：（苯环—COOH），由此可见它会产生 $\pi \rightarrow \pi^*$ 跃迁和 $n \rightarrow \pi^*$ 跃迁，在 227nm 处有较强的吸收，见图 11-1。可用此波长作为测量波长，用工作曲线法定量。

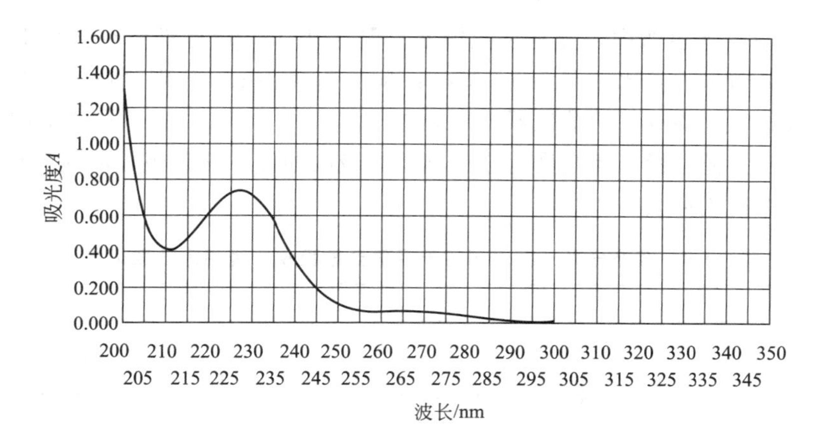

图 11-1　苯甲酸的紫外吸收曲线

三、仪器与试剂

1. 仪器

紫外-可见分光光度计（T6 新世纪）；配石英比色皿（1cm 3 只）；容量瓶（100mL10只）；吸量管（10mL2 支）；烧杯（100mL）。

2. 试剂

（1）苯甲酸标准贮备液（1mg/mL）准确称取 1.0000g 苯甲酸置于 100mL 烧杯中，加入 50mL 蒸馏水，微热溶解，定量移入 1000mL 容量瓶中，定容，摇匀作贮备液。

（2）苯甲酸标准溶液（0.1mg/mL）移取 10.00mL 1mg/mL 苯甲酸标准贮备液于 100mL 容量瓶中，加蒸馏水稀释，定容，摇匀。

（3）苯甲酸未知试液（为 40～60μg/mL）。

四、实验步骤

1. 准备工作

（1）清洗容量瓶、移液管及需用的玻璃器皿。

（2）配制苯甲酸标准溶液。

（3）按仪器使用说明书检查仪器，预热 20min，并调试至工作状态。

（4）检查比色皿的配套性。

取 3 只洁净的 1cm 石英比色皿，装入蒸馏水至 2/3 处，置于比色皿架内，在 220nm 处以第一个比色皿为参比，调节 τ 为 100%，测量其他各比色皿的透光率，透光率的偏差小于 0.5%的比色皿可配成一套使用。记录参考格式如下：

比色皿配套性检查：（1）τ=100%，（2）τ=________%，可以配套使用。

2. 配制标准系列溶液和未知试液

准确移取 0.1mg/mL 苯甲酸标准溶液 0.00mL、1.00mL、2.00mL、4.00mL、6.00mL、8.00mL、10.00mL 于 7 个洁净的 100mL 容量瓶中，用蒸馏水稀释定容，摇匀。得测定用第一至第七份标准系列溶液。

准确移取苯甲酸未知液 10.00mL 于洁净的 100mL 容量瓶中，用蒸馏水稀释定容，摇匀。得测定用苯甲酸未知试液。

3. 测绘吸收曲线，选择测定波长

在 3 只 1cm 石英比色皿中，分别装蒸馏水、测定用第五份标准系列溶液和测定用苯甲酸未知试液。以蒸馏水为参比，在 200～350nm 间，每隔 10nm 分别测量一次吸光度值（注意每改变一次波长，都要重新调节仪器零点和参比溶液的 τ=100%）。在峰值附近每隔 2nm 测量一次。以波长为横坐标，吸光度为纵坐标绘制吸收曲线，比较吸收曲线的形状，确定测定波长。记录参考格式见表 11-8。

表 11-8 紫外分光光度法测定苯甲酸含量吸收曲线测定数据记录

λ/nm											
标液 A											
未知液 A											
λ/nm											
标液 A											
未知液 A											

选取的测量波长：λ=____nm。

4. 测绘工作曲线

在选定的波长下，用 1cm 石英比色皿分别取上述配制的测定用标准系列溶液和测定用苯甲酸未知试液，以蒸馏水为参比，测定各溶液的吸光度。

以 10mL 容量瓶中铁的质量浓度为横坐标，相应的吸光度为纵坐标，绘制吸光度对苯甲酸含量的标准曲线。记录参考格式见表 11-9。

表 11-9 紫外分光光度法测定苯甲酸含量工作曲线测定数据记录

溶液编号	0	1	2	3	4	5	6
吸取标液体积/mL	0.00	1.00	2.00	4.00	6.00	8.00	10.00
ρ/(μg/mL)	0.00	1.00	2.00	4.00	6.00	8.00	10.00
A	0.000						

根据苯甲酸未知液的吸光度在标准曲线上查出相应浓度，换算为苯甲酸原始试液的浓度。记录参考格式见表 11-10。

表 11-10 紫外分光光度法测定苯甲酸含量数据记录

平行测定次数	1	2	3
测得吸光度 $A_{测}$			
在曲线上查得的浓度ρ/(μg/mL)			
原始试液浓度ρ/(μg/mL)			
原始试液平均浓度ρ/(μg/mL)			
相对平均偏差/%			

5. 结束工作

测量完毕，关闭电源，拔下电源插头，取出比色皿，清洗晾干后放盒内保存。清理实验台，罩好仪器防尘罩，填写仪器使用记录。清洗所用玻璃仪器并放回原处。

五、数据记录与处理

按各步骤记录的原始数据完成以下各项。

1. 在同一坐标纸上绘制标准溶液和未知液的吸收光谱曲线，标注曲线名称、横纵坐标含义及单位、坐标分度和测量波长，比较两曲线的形状和 λ_{max}，给出定性结论。

2. 在坐标纸上绘制工作曲线，标注曲线名称、横纵坐标含义及单位、坐标分度、所用标准溶液名称和浓度、测量条件（仪器型号、入射光波长、比色皿厚度、参比液名称）、制作日期和制作者姓名。

3. 在曲线上查出苯甲酸含量（以 μg/mL 表示），计算原始试样中苯甲酸含量和相对平均偏差。

原始试液中苯甲酸含量为：

$$\rho=\rho_{查}\times\frac{100}{V}$$

式中 $\rho_{查}$——根据试样溶液吸光度在标准曲线上查得的苯甲酸含量，μg/mL；

V——吸取苯甲酸未知液的体积，mL。

实验五十五　紫外分光光度法测定蒽醌含量

一、实验目的

1. 学习紫外光谱测定蒽醌含量的原理和方法。

2. 了解当样品中有干扰物质存在时，入射光波长的选择方法。

3. 熟练使用紫外-可见分光光度计。

二、实验原理

蒽醌会产生 $\pi—\pi^*$ 跃迁和 $n—\pi^*$ 跃迁。蒽醌在 λ_{251nm} 处有强吸收，在 λ_{323nm} 处还有一中强吸收。然而，工业蒽醌中常常混有副产品邻苯二甲酸酐，它在 λ_{251nm} 处会对蒽醌吸收产生干扰。因此，实际定量测定时选择的波长是 323nm。由此可避免干扰。

紫外吸收定量测定与可见分光光度法相同。在一定波长和一定比色皿厚度下，绘制工作曲线，由工作曲线找出待测试样中蒽醌含量即可。

三、仪器与试剂

1. 仪器

（1）紫外-可见分光度计；

（2）石英吸收皿；

（3）1000mL、50mL 容量瓶各一个；

（4）10mL 容量瓶 10 个。

2. 试剂

（1）蒽醌；

（2）邻苯二甲酸酐；

（3）甲醇（均为分析纯）；

（4）工业品蒽醌试样。

四、实验步骤

1. 配制蒽醌标准溶液

（1）0.100mg/mL 的蒽醌标准溶液　准确称取 0.1000g 蒽醌，加甲醇溶解后，定量转移至 1000mL 容量瓶中，用甲醇稀释至标线，摇匀。

注意：蒽醌用甲醇溶解时，应采用回流装置，水浴加热回流方能完全溶解。

（2）0.0400mg/mL 的蒽醌标准溶液　移取 20.00mL 质量浓度为 0.100mg/mL 的蒽醌标准溶液于 50mL 容量瓶中，用甲醇稀至标线，混匀。

（3）0.0900mg/mL 邻苯二甲酸酐标准溶液　准确称取 0.0900g 邻苯二甲酸酐，加甲醇溶解后，定量转移至 1000mL 容量瓶中，用甲醇稀释至标线，摇匀。

2. 仪器使用前准备

（1）打开样品室盖，取出样品室内干燥剂，接通电源，预热 20min 并点亮氘灯。

（2）检查仪器波长示值准确性。清洗石英吸收池，进行成套性检验。

（3）将仪器调试至工作状态。

3. 绘制吸收曲线

（1）蒽醌吸收曲线的绘制　移取 0.040mg/mL 的蒽醌标准溶液 2.00mL 于 10mL 容量瓶中，用甲醇稀释至标线，摇匀。用 1cm 吸收池，以甲醇为参比，在 200～380nm 波段，每隔 10nm 测定一次吸光度（峰值附近每隔 2nm 测一次）。绘出吸收曲线，确定最大吸收波长。

（2）邻苯二甲酸酐吸收曲线绘制 取 0.0900mg/mL 的邻苯二甲酸酐标准溶液于 1cm 吸收池中，以甲醇为参比，在 240～330nm 波段测定一次吸光度（峰值附近每隔 2nm 测一次），绘出吸收曲线，确定最大吸收波长。

注意：改变波长，必须重调参比溶液 $\tau=100\%$。

4. 绘制蒽醌工作曲线

用吸量管分别吸取 0.0400mg/mL 的蒽醌标准溶液 2.00mL、4.00mL、6.00mL、8.00mL 于四个 10mL 容量瓶中，用甲醇稀释至标线，摇匀。用 1 cm 吸收池，以甲醇为参比，在最大吸收波长处，分别测定吸光度，并记录之。

5. 测定蒽醌试样中蒽醌含量

准确称取蒽醌试样 0.0100g，按溶解标样的方法溶解并转移至 100mL 容量瓶中，用甲醇稀释至标线，摇匀。用 1cm 吸收池，以甲醇为参比，在确定的入射光波长处测定吸光度并记录之。

6. 结束工作

（1）实验完毕，关闭电源，取出吸收池，清洗晾干放入盒内保存。

（2）清理工作台，罩上仪器防尘罩，填写仪器使用记录。

五、数据处理

1. 吸收曲线的绘制（见表 11-11）

表 11-11 波长-吸光度数据

序　　号	1	2	3	4	5	6	7	8	9	10	11	12
蒽醌波长/nm												
吸光度 A												
序　　号	1	2	3	4	5	6	7	8	9	10	11	12
邻苯二甲酸酐波长/nm												
吸光度 A												

测量波长：________________波长选择依据：________________

2. 比色皿差检验

$T_1=100.0\%$　　　　$T_2=$________________

3. 未知试样的定量测量

（1）标准溶液的配制（见表 11-12）

表 11-12 标准溶液的配制

标准贮备溶液浓度：________________ 标准溶液浓度：________________

稀释次数	吸取体积/mL	稀释后体积/mL	稀释倍数
1			
2			

（2）标准曲线的绘制（表 11-13）

表 11-13 标准溶液吸光度数据

A_1＝0.000　　A_2＝

溶液代号	吸取标液体积/mL	ρ/(μg/mL)	A	$A_{校正}$
0				
1				
2				
3				
4				
5				
6				

回归方程：＿＿＿＿＿＿＿＿相关系数 γ＝＿＿＿＿＿＿＿＿

(3) 未知液的配制（见表 11-14）

表 11-14 未知液的配制

稀释次数	吸取体积/mL	稀释后体积/mL	稀释倍数
1			
2			

(4) 未知物含量的测定（表 11-15）

表 11-15 未知物含量的测定

平行测定次数	1	2	3
A			
$A_{校正}$			
算得的浓度/(μg/mL)			
原始试液浓度/(μg/mL)			
原始试液的平均浓度/(μg/mL)			

六、注意事项

1. 本实验应完全无水，故所有玻璃器皿干燥。
2. 甲醇易挥发，对眼睛有害，使用时应注意安全。

七、思考题

1. 本实验为什么要使用甲醇作参比？
2. 若既要测蒽醌含量又要测出杂质邻苯二甲酸酐的含量，应如何进行？
3. 为什么紫外分光光度计定量测定中没加显色剂？

第十二章 气相色谱法

第一节 气相色谱法的基本原理

色谱分析法是一种非常重要的分离技术和测定方法。该法是基于试样混合物中各组分在某种固定相（固体或液体）和流动相（气体或液体）之间分配特性的不同而建立起来的分离分析方法。按照流动相聚集状态不同，分为气相色谱法（GC）和液相色谱法（LG）。气相色谱法是以气体作为流动相的色谱分析法，气相色谱法中的流动相又称为载气。气相色谱法分为气固色谱法（GSC）和气液色谱法（GLC）。

气相色谱法适用于气体分析，以及易挥发的或可以转化为易挥发的液体及固体试样的分析。一般试样的沸点在450℃以下能汽化且不分解都可以用气相色谱法进行分析，该法具有分离效率高、灵敏度高、分析速度快、仪器易于普及等特点，现已成为石油、化工、生化、医药、环境监测等领域广泛应用的分离分析手段。

气固色谱法以气体作为流动相，以固体吸附剂作为固定相。气固色谱分离是基于固定相对试样中各组分吸附能力的差异而达到分离的目的。试样被载气带入色谱柱时，立即被吸附剂吸附。载气不断流过吸附剂时，已吸附的组分又被洗脱下来（脱附），已脱附的组分随着载气继续前进，再次被前面的吸附剂吸附……这样经过多次的吸附—脱附—再吸附—再脱附的过程，使试样中各组分彼此分离，按一定顺序流出色谱柱。

气液色谱法以气体作为流动相，固定相是涂在多孔载体表面上的固定液。固定液多是高沸点液体，对样品中的各组分有溶解作用。气液色谱是根据各组分在固定液中溶解能力的差别进行分离的。

当汽化了的试样混合物进入色谱柱时，首先接触到固定液，并立刻溶解到固定液中。随着载气的流动，已溶解的组分会从固定液中挥发到气相，接着又溶解在后面的固定液中，这样经过多次溶解—挥发—再溶解—再挥发的过程，即在气液两相间进行反复多次的分配，使试样中各组分达到分离的目的。可见，这是一种分配色谱法。

气相色谱常用的定量方法有三种：内标法、归一化法和外标法。

当只要求测定试样中某个或某几个组分，或试样中所有组分不能全部出峰时，可采用内标法定量。将已知量的内标物（试样中没有的一种纯物质）加入到试样中，进样出峰后根据待测组分和内标物的峰面积（或峰高）及相对校正因子（或峰高相对校正因子）计算待测组分的含量。

设 m 为称取试样的质量；m_s 为加入内标物的质量；A_i、A_s 分别为待测组分和内标物的峰面积；f_i、f_s 分别为待测组分和内标物的校正因子。则

$$\frac{m_i}{m_s}=\frac{f_iA_i}{f_sA_s}$$

$$w_i=\frac{m_i}{m}\times100\%=f'_{i/s}\frac{A_im_s}{A_sm}\times100\% \tag{12-1}$$

内标法定量准确，但需要称量试样和内标物的质量，组分和内标物均出峰，出峰临近且完全分离，不适宜于快速控制分析。

若试样中所有组分全部能够流出色谱柱并单独出峰，且已知各组分的相对校正因子，可采用归一化法定量。把所有出峰组分的质量分数之和按 100%计的定量方法称为归一化法。其计算公式为：

$$w_i=\frac{m_i}{m_1+m_2+\cdots+m_n}\times100\%=\frac{f'_iA_i}{f'_1A_1+f'_2A_2+\cdots+f'_nA_n}\times100\% \tag{12-2}$$

式中 w_i——试样中组分 i 的质量分数；

m_1、m_2、…、m_n——各组分的质量；

A_1、A_2、…、A_n——各组分的峰面积；

f'_1、f'_2、…、f'_n——各组分的相对质量校正因子；

m_i、A_i、f'_i——试样中组分 i 的质量、峰面积和相对质量校正因子。

对于气体试样，可代入各组分的相对摩尔校正因子（f'_M），按式(12-2）的形式求出试样中各组分的体积分数（ϕ）。

若试样各组分 f'值近乎相等，如同系物中沸点接近的组分，用式(12-2）计算时可略去 f'，直接用面积归一化法。此法简便、准确。进样量和操作条件变化时，对分析结果影响很小。

外标法就是标准曲线法。取待测组分的纯物质配成不同浓度的标准系列，在与待测组分相同的色谱条件下，等体积准确进样，测定各个峰的峰面积或峰高，以所得峰面积或峰高对含量作标准曲线。分析试样时，在同样的操作条件下，注入相同体积的试样，根据待测组分的峰面积或峰高，在标准曲线上查出其含量。

当被测组分含量变化范围不大时，也可以不绘制标准曲线，而用单点校正法。即配制一个和被测组分含量接近的标准样，分别准确进样，根据所得峰面积直接计算被测组分的含量。

$$w_i=\frac{A_i}{A'_i}w'_i \tag{12-3}$$

式中 w_i、w'_i——试样和标样中待测组分的含量；

A_i、A'_i——试样和标样中待测组分的峰面积。

外标法操作和计算都简便，适用于生产控制分析。但要求色谱操作条件稳定，进样量严格准确。

气相色谱法的应用

实验五十六 气相色谱仪气路连接、安装和检漏

一、实验目的

1. 学会连接安装气相色谱仪气路中各部件；

2. 学习气路的检漏和排漏方法；

3. 学会用皂膜流量计测定载气流量。

二、仪器与试剂

1. 仪器

(1) 气相色谱仪（102-G 型或其他型号）；

(2) 气体钢瓶；

(3) 减压阀；

(4) 净化器；

(5) 色谱柱；

(6) 聚四氟乙烯管；

(7) 垫圈；

(8) 皂膜流量计。

2. 试剂

肥皂水。

三、实验步骤

1. 准备工作

(1) 根据所用气体选择减压阀　使用氢气钢瓶选择氢气减压阀（氢气减压阀与钢瓶连接的螺母为左旋螺纹）；使用氮气（N_2）、空气等气体钢瓶，选择氧气减压阀（氧气减压阀与钢瓶连接的螺母为右旋螺纹）。

(2) 准备净化器　清洗气体净化管并烘干。分别装入分子筛、硅胶。在气体出口处，塞一段脱脂棉。

2. 连接气路

(1) 连接钢瓶与减压阀接口；

(2) 连接减压阀与净化器；

(3) 连接净化器与仪器载气接口；

(4) 连接色谱柱（柱一头接汽化室，另一头接检测器）。

3. 气路检漏

(1) 钢瓶至减压阀间的检漏　关闭钢瓶减压阀上的气体输出节流阀，打开钢瓶总阀门（此时操作者不能面对压力表，应位于压力表右侧），用皂液（洗涤剂饱和溶液）涂在各接头处（钢瓶总阀门开关、减压阀接头、减压阀本身），如有气泡不断涌出，则说明这些接口处有漏气现象。

（2）汽化室密封垫圈的检查　检查汽化室密封垫圈是否完好，如有问题应更换新垫圈。

（3）气源至色谱柱间的检漏　用垫有橡胶垫的螺帽封死汽化室出口，打开减压阀输出节流阀并调节至输出表压0.025MPa；打开仪器的载气稳压阀（逆时针方向打开，旋至压力表呈一定值）；用皂液涂各个管接头处，观察是否漏气，若有漏气，须重新仔细连接。关闭气源，待半小时后，仪器上压力表指示的压力下降小于0.005MPa，则说明汽化室前的气路不漏气，否则，应仔细检查找出漏气处，重新连接，再行试漏。

（4）汽化室至检测器出口间的检漏　接好色谱柱，开启载气，输出压力调在0.2～0.4MPa。将转子流量计的流速调至最大，再堵死仪器主机左侧载气出口处，若浮子能下降至底，表明该段不漏气。否则再用皂液逐点检查各接头，并排除漏气（或关载气稳压阀，半小时后，仪器上压力表指示的压力下降小于0.005MPa，说明此段不漏气，反之则漏气）。

4. 转子流量计的校正

（1）将皂膜流量计接在仪器的载气排出口（柱出口或检测器出口）；

（2）用载气稳压阀调节转子流量计中的转子至某一高度，如10、20、30、40等示值处；

（3）轻捏一下胶头，使皂液上升封住支管，产生一个皂膜；

（4）用秒表测量皂膜上升至一定体积所需要的时间；

（5）计算与转子流量计转子高度相应的柱后皂膜流量计流量$F_{皂}$，并记录在下表。

$F_{转}$/(mL/min)	10	20	30	40
$F_{皂}$/(mL/min)				

5. 结束工作

（1）关闭气源。

（2）关闭高压钢瓶。关闭钢瓶总阀，待压力表指针回零后，再将减压阀关闭（T字阀杆逆时针方向旋松）。

（3）关闭主机上载气稳压阀（顺时针旋松）。

（4）填写仪器使用记录，做好实验室整理和清洁工作，并进行安全检查后，方可离开实验室。

四、数据处理

依据实验数据在坐标纸上绘制$F_{转}$-$F_{皂}$校正曲线，并注明载气种类和柱温、室温及大气压力等参数。

五、注意事项

1. 高压气瓶和减压阀螺母一定要匹配，否则可能导致严重事故。

2. 安装减压阀时应先将螺纹凹槽擦净，然后用手旋紧螺母，确定入扣后再用扳手扣紧，所用工具严禁带油。

3. 在恒温室或其他近高温处的接管，一般用不锈钢管和紫铜垫圈而不用塑料垫圈。

4. 检漏结束应将接头处涂抹的肥皂水擦拭干净，以免管道受损，检漏时氢气尾气应排出室外。

5. 用皂膜流量计测流速时每改变流量计转子高度后，都要等0.5～1min，然后再测流速值。

六、思考题

1. 为什么要进行气路系统的检漏试验？

2. 如何打开气源？如何关闭气源？

实验五十七 内标法测定乙醇中微量水

一、实验目的

1. 掌握气相色谱仪使用热导检测器的操作及液体进样技术；

2. 掌握内标法测定乙醇中的微量水定量分析的原理和方法。

二、实验原理

用气相色谱法分析有机物中微量水，宜采用高分子微球（GDX）作为固定相，因为该多孔聚合物与羟基化合物的亲和力极小，且基本上按相对分子质量顺序出峰，相对分子质量较小的水分子在有机物之前流出，水峰陡而对称，便于测量。

本实验以 GDX-102 为固定相，以无水甲醇作内标物，使用热导检测器，按内标法定量分析乙醇中微量水。

三、仪器与试剂

1. 仪器

（1）9790Ⅱ型气相色谱仪（热导检测器）；

（2）色谱柱（不锈钢柱或玻璃柱，3mm×2m；GDX-102，60～80 目）（色谱柱的制备：将 60～80 目的聚合物固定相 GDX-102 装入长 2m 的不锈钢柱或玻璃柱中，于 150℃老化处理数小时）；

（3）微量注射器（1μL）；

（4）带胶盖的气相色谱配样瓶。

2. 试剂

（1）乙醇试样；

（2）无水乙醇：在分析纯试剂无水乙醇中，加入于 500℃加热处理过的 5A 分子筛，密封放置一日，以除去试剂中的微量水分；

（3）无水甲醇：按照无水乙醇同样方法做脱水处理；

（4）蒸馏水。

四、实验步骤

（一）开机设定仪器操作条件

启动仪器，设定仪器操作条件为：柱温 120℃；汽化室温度 180℃；检测器温度 170℃；载气（H_2）流速 30mL/min；桥电流 100mA。

1. 开载气钢瓶

（1）开氢气总阀门（逆时针旋转阀门是开，顺时针旋转阀门是关）。

（2）打开减压阀（顺时针旋转减压阀是开，逆时针旋转减压阀是关），调节压力值在 0.15～0.18MPa 之间。

（3）检查压力值是否和钢瓶上的压力表所显示的压力值一致，打开仪器右侧小门，调节测量气路减压阀至 0.1MPa，参比气路压力 0.05MPa。

（4）检查气路是否漏气［用试漏瓶（内装肥皂水）检查气路接头处和进样口是否漏气］。如果进样口漏气，需要更换气垫。

2. 打开色谱仪左侧绿色开关，同时打开电脑。

3. 设置参数（三个温度，一个电流）

（1）温度设置按“←↑→↓”键选定柱箱，按数字输入120，再按“Enter”确定。用相同方法设置进样口：180℃，热导池：170℃。

注：所设温度应为带“开”字样的参数，其他参数不用设置。

（2）设置电流“100mA”，即按“Menu”键，查看显示窗口最下边的选项，按△方向键选择“检测器”，按“Enter”键确认将电流设置（手动输入数字）为100。

（3）按下“复位”按钮。(复位按钮在蓝色箱内，该按钮为白色长方形按钮)。

（4）按“Menu”键，选择“温控”，回车键确认后，即可查看温度是否达到所设温度（一般开机后需预热30min方可升到预设温度，测定过程中注意监测温度和气压是否正常）。

当仪器条件都达到预定数值后，打开FL9500色谱工作站，选择通道1，点击“方法”选择新建，建立步骤如下：点击“新建”输入样品名，点击“下一步”，然后选择定量基准“峰高”或“峰面积”，在同一页面选择“内标法”，再点击“下一步”，输入“组分名”（首先输入甲醇，组分类型选择内标物），再点击“添加”按钮，继续添加其他组分［水、乙醇等，组分类型均选“组分”。再点击“下一步”，设定样品X的“常规信息”（不需要设直接进入下一步），点击“下一步”，点击“完成”，再设定“仪器条件”，然后点击“确定”，如果没必要设定，请直接点击“取消”］。

进入工作页面后看“做样框”内容是否正确，如“做样框”不可见，点击“做样框”使其凹下。点击“衰减”，选择合适的衰减倍数，点击“调零”使基线归零。在进样后，立即按下启动按钮或点击“开始”按钮，注意观察实时记录的谱图状况（拖动右键可以移动谱图位置）。

待所有谱峰出完后，点击“停止”按钮来停止分析。若设定了适宜的“分析时长”，则当分析进行到该设定值时，系统会自动停止分析（若要放弃分析，点击“取消”按钮），然后，转入“进样后处理”操作。点击分析结果，记录保留时间、峰高和峰面积。将实验操作条件填入表12-1。

表12-1 实验操作条件

色谱柱规格	3m×3mm	载气流速/(mL/min)	
色谱柱材料	不锈钢	色谱柱温度/℃	
固定相		汽化室温度/℃	
桥流(热导池电流)/mA		检测器温度/℃	

（二）测定峰高相对校正因子

1. 配制标准溶液

将带胶盖气相色谱配样瓶洗净、烘干。加入蒸馏水和无水甲醇各约1mL，分别称量（称准至0.0001g，下同），混匀。

2. 进样测量

分别吸取0.5μL上述配制的标准溶液，进样，记录水、甲醇的峰高和峰面积，按相对校正因子计算公式计算出水相对甲醇的峰高校正因子。平行进样4次，计算出平均校正因子（在公式中用峰面积代替峰高再计算出水相对甲醇的峰面积校正因子）。

3. 数据记录

实验数据记录于表 12-2。

表 12-2　标样数据记录

记录项目	标样中水				标样中甲醇			
测定次数	1	2	3	4	1	2	3	4
质量 m/g								
峰高 h/μV								
峰面积 A/μV·s								
$f'_{水/甲醇}$(峰高)					1.00			
平均 $f'_{水/甲醇}$(峰高)					1.00			
$f'_{水/甲醇}$(峰面积)					1.00			
平均 $f'_{水/甲醇}$(峰面积)					1.00			

4. 计算水相对甲醇的峰高相对校正因子

按下式计算峰高相对校正因子，并将计算结果填入上表中。

$$f'_{水/甲醇}=\frac{m_{水}\ h_{甲醇}}{m_{甲醇}h_{水}}$$

式中　$m_{水}$，$m_{甲醇}$——水和甲醇的质量，g；

$h_{水}$，$h_{甲醇}$——水和甲醇的峰高，μV。

把公式中峰高用峰面积代替，可以计算出水相对甲醇的峰面积相对校正因子。

（三）测定乙醇试样中的水分

1. 配制试样溶液

将带胶盖的气相色谱配样瓶洗净、烘干、称量，加入 3mL 乙醇试样，称量；再加入 5 滴无水甲醇（视试样中水含量而定，应使甲醇峰高接近试样中水的峰高），混匀，称量。

2. 进样测量

吸取 1μL 加入甲醇内标物的试样溶液，进样，记录水、甲醇的峰高和峰面积，分别用峰高和峰面积按内标法计算出水的质量分数。平行测定 4 次。

3. 数据记录

数据记录于表 12-3。

表 12-3　试样数据记录

记录项目	试样中水				试样中甲醇			
测定次数	1	2	3	4	1	2	3	4
质量 m/g	试样				甲醇			
$f'_{水/甲醇}$	峰高				峰面积			
峰高 h/μV								
峰面积 A/μV·s								
$w_{水}$(利用峰高计算)/%								
$w_{水}$(利用峰面积计算)/%								
$\overline{w}_{水}$(利用峰高计算)/%					1.00			

续表

记录项目	试样中水	试样中甲醇	
$\overline{w}_{水}$(利用峰面积计算)/%		两种定量方法比较	
相对平均偏差/%	峰高测定结果：		
	峰面积测定结果：		

4. 计算试样中水的质量分数

按下式利用峰高计算乙醇试样中水的质量分数，并将计算结果填入表中。

$$w_{水}=f'_{水/甲醇}\times\frac{h_{水}}{h_{甲醇}}\times\frac{m_{甲醇}}{m}$$

式中 $f'_{水/甲醇}$——水对甲醇的峰高相对校正因子；

m——乙醇试样的质量，g；

$m_{甲醇}$——加入甲醇的质量，g；

$h_{水}$，$h_{甲醇}$——水和甲醇的峰高，mm。

同理用峰面积代替峰高，用峰面积校正因子代替峰高校正因子，可以计算出试样中水的质量分数，比较两种方法有什么不同点。

五、思考题

1. 分析内标法的优缺点。
2. 分析用峰高和峰面积定量有何差别?

实验五十八　苯系混合物的分析

一、实验目的

1. 掌握气相色谱仪使用氢焰检测器的操作方法；
2. 了解气相色谱数据处理机的功能和使用操作；
3. 掌握用保留值定性和归一化定量方法。

二、实验原理

邻苯二甲酸二壬酯是一种常用的具有中等极性的固定液，采用邻苯二甲酸二壬酯和有机皂土混合固定相制备的色谱柱在一定的色谱条件下可对一些苯系物进行分离。利用纯物质的保留值进行定性，通过组分的峰面积进行定量。

三、仪器与试剂

1. 仪器

(1) 气相色谱仪（氢焰检测器）

(2) 1μL 微量注射器；

(3) 秒表。

仪器操作条件：柱温 90℃；汽化室 150℃；检测器 150℃；载气 N_2，流速 40mL/min；氢气流速 40mL/min；空气流速 400mL/min；进样量 0.1μL。

2. 试剂

(1) 邻苯二甲酸二壬酯；

(2) 有机皂土；

(3) 101 白色载体（60～80 目）；

（4）苯、甲苯、乙苯、对二甲苯、间二甲苯、邻二甲苯等。

3. 色谱柱的制备

称取 0.5g 有机皂土于磨口烧瓶中，加入 60mL 苯，接上磨口回流冷凝管，在 90℃水浴上回流 2h。回流期间要摇动烧瓶 3～4 次，使有机皂土分散为淡黄色半透明乳浊液。冷却，再将 0.8g 邻苯二甲酸二壬酯倒入烧瓶中，并以 5mL 苯冲洗烧瓶内壁，继续回流 1h。趁热加入 17g 101 白色载体，充分摇匀后倒入蒸发皿中，在红外灯下烘烤，直至无苯气味为止。然后装入内径 3～4mm 长 3m 的不锈钢柱管中（柱管预先处理好）。将柱子接入仪器，在 100℃温度下通载气老化，直至基线稳定。

四、实验步骤

1. 初试

启动仪器，按规定的操作条件调试、点火。待基线稳定后，用微量注射器进试样 0.1μL。记下各色谱峰的保留时间。根据色谱峰的大小选定氢焰检测器的灵敏度和衰减倍数。

2. 定性

根据试样来源，估计出峰组分。在相同的操作条件下，依次进入有关组分纯品 0.05μL，记录保留时间，与试样中各组分的保留时间一一对照定性。

3. 定量

在稳定的仪器操作条件下，重复进样 0.1μL，手工测量各组分的峰面积，并计算分析结果。或者根据初试情况列出归一化法的峰鉴定表，开启色谱数据处理机，按操作程序输入定量方法及有关参数。在稳定的操作条件下，进样并使用数据处理机打印分析结果。重复操作三次。

五、数据处理

试样中各组分的质量分数按下式计算：

$$w_i = \frac{f'_i A_i}{\sum f'_i A_i} \times 100\%$$

式中 A——各组分的峰面积；

f'——各组分在氢焰检测器上的相对质量校正因子。

六、注意事项

1. 如果峰信号超出量程以外，样品量可适当减少或者增加衰减倍数；

2. 若峰形过窄，不易测量半峰宽，可适当加快纸速。

七、思考题

1. 说明气相色谱仪使用氢焰检测器的启动、调试步骤。

2. 本实验若进样量不准确，会不会影响测定结果的准确度？为什么？

3. 本实验用混合固定相的色谱柱分离苯、甲苯、乙苯、对二甲苯、间二甲苯和邻二甲苯时，出峰顺序如何？

附　录

附录一　常用指示剂

一、酸碱指示剂

指示剂名称	pH 变色范围	颜色变化	溶液配制方法
甲基紫(第一变色范围)	0.13～0.5	黄～绿	1g/L 或 0.5g/L 水溶液
甲酚红(第一变色范围)	0.2～1.8	红～黄	0.04g 指示剂溶于 100mL 50%乙醇中
甲基紫(第二变色范围)	1.0～1.5	绿～蓝	1g/L 水溶液
百里酚蓝(麝香草酚蓝)(第一变色范围)	1.2～2.8	红～黄	0.1g 指示剂溶于 100mL 20%乙醇中
甲基紫(第三变色范围)	2.0～3.0	蓝～紫	1g/L 水溶液
二甲基黄	2.9～4.0	红～黄	0.1g 或 0.01g 指示剂溶于 100mL 90%乙醇中
甲基橙	3.1～4.4	红～黄	1g/L 水溶液
溴酚蓝	3.0～4.6	黄～蓝	0.1g 指示剂溶于 100mL 20%乙醇中
刚果红	3.0～5.2	蓝紫～红	1g/L 水溶液
溴甲酚绿	3.8～5.4	黄～蓝	0.1g 指示剂溶于 100mL 20%乙醇中
甲基红	4.4～6.2	红～黄	0.1g 或 0.2g 指示剂溶于 100mL 20%乙醇中
溴酚红	5.0～6.8	黄～红	0.1g 或 0.04g 指示剂溶于 100mL 20%乙醇中
溴甲酚紫	5.2～6.8	黄～紫红	0.1g 指示剂溶于 100mL 20%乙醇中
溴百里酚蓝	6.0～7.6	黄～蓝	0.05g 指示剂溶于 100mL 20%乙醇中
中性红	6.8～8.0	红～亮黄	0.1g 指示剂溶于 100mL 20%乙醇中
酚红	6.8～8.0	黄～红	0.1g 指示剂溶于 100mL 20%乙醇中
甲酚红	7.2～8.8	亮黄～紫红	0.1g 指示剂溶于 100mL 50%乙醇中
百里酚蓝(麝香草酚蓝)(第二变色范围)	8.0～9.6	黄～蓝	0.1g 指示剂溶于 100mL 20%乙醇中
酚酞	8.2～10	无色～淡红	0.1g 或 1g 指示剂溶于 90mL 乙醇中，加水至 100mL
百里酚酞	9.4～10.6	无色～蓝	0.1g 指示剂溶于 90mL 乙醇，加水至 100mL

二、酸碱混合指示剂

指示剂名称	变色点 pH	颜色		指示剂溶液组成
		酸式色	碱式色	
溴甲酚绿-甲基红	5.1	酒红	绿	三份 1g/L 的溴甲酚绿乙醇溶液 两份 2g/L 的甲基红乙醇溶液
甲基红-亚甲基蓝	5.4	红紫	绿	一份 2g/L 的甲基红乙醇溶液 一份 1g/L 的亚甲基蓝乙醇溶液
甲基橙-靛蓝(二磺酸)	4.1	紫	黄绿	一份 1g/L 的甲基橙溶液 一份 2.5g/L 的靛蓝(二磺酸)水溶液
溴百里酚绿-甲基橙	4.3	黄	蓝绿	一份 1g/L 的溴百里酚绿钠盐水溶液 一份 2g/L 的甲基橙水溶液
溴甲酚紫-溴百里酚蓝	6.7	黄	蓝紫	一份 1g/L 的溴甲酚紫钠盐水溶液 一份 1g/L 的溴百里酚蓝钠盐水溶液
中性红-亚甲基蓝	7.0	紫蓝	绿	一份 1g/L 的中性红乙醇溶液 一份 1g/L 的亚甲基蓝乙醇溶液
溴百里酚蓝-酚红	7.5	黄	绿	一份 1g/L 的溴百里酚蓝钠盐水溶液 一份 1g/L 的酚红钠盐水溶液
甲酚红-百里酚蓝	8.3	黄	紫	一份 1g/L 的甲酚红钠盐水溶液 三份 1g/L 的百里酚蓝钠盐水溶液

三、金属离子指示剂

指示剂名称	颜色		配制方法
	游离态	化合物	
铬黑 T(EBT)	蓝	红	1. 将0.2g 铬黑 T 溶于 15mL 三乙醇胺及 5mL 甲醇中 2. 将 2g 铬黑 T 与 100g NaCl 研细混匀
钙指示剂(N. N)	蓝	酒红	0.5g 钙指示剂与 100g NaCl 研细混匀
二甲酚橙(XO)	黄	红	0.2g 二甲酚橙溶于 100mL 去离子水中
K-B 指示剂	蓝	红	0.5g 酸性铬蓝 K 加 1.25g 萘酚绿 B 再加 25g K_2SO_4 研细混匀
磺基水杨酸	无	红	100g/L 的水溶液
PAN 指示剂	黄	红	0.1g 或 0.2g PAN 溶于 100mL 乙醇中
Cu-PAN (CuY + PAN 溶液)	CuY+PAN 浅绿	CuY-PAN 红	0.05mol/L 的 Cu^{2+} 溶液 10mL 加 pH 为5～6 的 HAc 5mL，1 滴 PAN 指示剂加热至 60℃ 左右，用 EDTA 滴至绿色，得到约 0.025mol/L 的 CuY 溶液，使用时取 2～3mL 于试液中，再加数滴 PAN 溶液

四、氧化还原指示剂

指示剂名称	变色电位 φ/V	颜色		配制方法
		氧化态	还原态	
二苯胺	0.76	紫	无色	将1g二苯胺在搅拌下溶于100mL浓硫酸和100mL浓磷酸中，贮于棕色瓶中
二苯胺磺酸钠	0.85	紫	无色	将0.5g二苯胺磺酸钠溶于100mL水中，必要时过滤
邻菲罗啉-Fe(Ⅱ)	1.06	淡蓝	红	将0.5g $FeSO_4 \cdot 7H_2O$ 溶于100mL水中，加2滴硫酸，加0.5g邻菲罗啉
邻苯氨基苯甲酸	1.08	紫红	无色	将0.2g邻苯氨基苯甲酸加热溶解在100mL 0.2%的 Na_2CO_3 溶液中(必要时过滤)
淀粉[5g/L(或10g/L)]				0.5g(或1g)可溶性淀粉加水10mL调成浆状，在搅拌下注入90mL沸水中，微沸2min，放置，取上层清液使用(若要保持稳定，可在研磨淀粉时加入1mg HgI_2)

五、沉淀及吸附指示剂

指示剂名称	颜色		配制方法
铬酸钾	黄	砖红	5g铬酸钾溶于100mL水中
硫酸铁铵(40%饱和溶液)	无色	血红	40g $NH_4Fe(SO_4)_2 \cdot 12H_2O$ 溶于100mL水中，加数滴浓硝酸
荧光黄	绿色荧光	玫瑰红	0.5g荧光黄溶于乙醇并用乙醇稀释至100mL
二氯荧光黄	绿色荧光	玫瑰红	0.1g二氯荧光黄溶于100mL水中
曙红	橙	深红	0.5g曙红溶于100mL水中

附录二　常用酸碱的相对密度和浓度

试剂名称	相对密度	质量分数 w/%	浓度/(mol/L)
盐酸	1.18～1.19	36～38	11.6～12.4
硝酸	1.39～1.40	65.0～68.0	14.4～15.2
硫酸	1.83～1.84	95～98	17.8～18.4
磷酸	1.69	85	14.6
高氯酸	1.68	70.0～72.0	11.7～12.0
冰醋酸	1.05	99.8(优级纯)	17.4
	1.05	99.0(分析纯、化学纯)	17.4
氢氟酸	1.13	40	22.5
氢溴酸	1.49	47.0	8.6
氨水	0.88～0.90	25.0～28.0	13.3～14.8

附录三　常用基准物质的干燥条件和应用

基准物质		干燥后组成	干燥条件/℃	标定对象
名　称	分子式			
碳酸氢钠	$NaHCO_3$	Na_2CO_3	270～300	酸
碳酸钠	$Na_2CO_3 \cdot 10H_2O$	Na_2CO_3	270～300	酸
硼砂	$Na_2B_4O_7 \cdot 10H_2O$	$Na_2B_4O_7 \cdot 10H_2O$	放在含 NaCl 的蔗糖饱和液的干燥器中	酸
碳酸氢钾	$KHCO_3$	K_2CO_3	270～300	酸
草酸	$H_2C_2O_4 \cdot 2H_2O$	$H_2C_2O_4 \cdot 2H_2O$	室温空气干燥	碱或 $KMnO_4$
邻苯二甲酸氢钾	$KHC_8H_4O_4$	$KHC_8H_4O_4$	110～120	碱
重铬酸钾	$K_2Cr_2O_7$	$K_2Cr_2O_7$	140～150	还原剂
溴酸钾	$KBrO_3$	$KBrO_3$	130	还原剂
碘酸钾	KIO_3	KIO_3	130	还原剂
铜	Cu	Cu	室温干燥器中保存	还原剂
三氧化二砷	As_2O_3	As_2O_3	室温干燥器中保存	氧化剂
草酸钠	$Na_2C_2O_4$	$Na_2C_2O_4$	130	氧化剂
碳酸钙	$CaCO_3$	$CaCO_3$	110	EDTA
锌	Zn	Zn	室温干燥器中保存	EDTA
氧化锌	ZnO	ZnO	900～1000	EDTA
氯化钠	NaCl	NaCl	500～600	$AgNO_3$
氯化钾	KCl	KCl	500～600	$AgNO_3$
硝酸银	$AgNO_3$	$AgNO_3$	280～290	氯化物

附录四　常用缓冲溶液的配制

pH	配　制　方　法
0	1mol/L 的 HCl 溶液①
1	0.1mol/L 的 HCl 溶液
2	0.01mol/L 的 HCl 溶液
3.0	将 3.2g 无水醋酸钠溶于 100mL 水中，加入 120mL 冰醋酸，用水稀释至 1L，摇匀。
3.6	8g $NaAc \cdot 3H_2O$ 溶于适量水中，加 6mol/L 的 HAc 溶液 134mL，稀释至 500mL
4.0	将 60mL 冰醋酸和 16g 无水醋酸钠溶于 100mL 水中，稀释至 500mL
4.3	将 42.3g 无水醋酸钠溶于 100mL 水中，加入 80mL 冰醋酸，用水稀释至 1L，摇匀。
4.5	将 30mL 冰醋酸和 30g 无水醋酸钠溶于 100mL 水中，稀释至 500mL
5.0	将 30mL 冰醋酸和 60g 无水醋酸钠溶于 100mL 水中，稀释至 500mL
5.4	将 40g 六亚甲基四胺溶于 90mL 水中，加入 20mL 6mol/L 的 HCl 溶液
5.7	100g $NaAc \cdot 3H_2O$ 溶于适量水中，加 6mol/L 的 HAc 的溶液 13mL，稀释至 500mL
7	77g NH_4Ac 溶于适量水中，稀释至 500mL

续表

pH	配制方法
7.5	66g NH_4Cl 溶于适量水中，加浓氨水 1.4mL，稀释至 500mL
8.0	50g NH_4Cl 溶于适量水中，加浓氨水 3.5mL，稀释至 500mL
8.5	40g NH_4Cl 溶于适量水中，加浓氨水 8.8mL，稀释至 500mL
9.0	35g NH_4Cl 溶于适量水中，加浓氨水 24mL，稀释至 500mL
9.5	30g NH_4Cl 溶于适量水中，加浓氨水 65mL，稀释至 500mL
10	27g NH_4Cl 溶于适量水中，加浓氨水 175mL，稀释至 500mL
11	3g NH_4Cl 溶于适量水中，加浓氨水 207mL，稀释至 500mL
12	0.01mol/L 的 NaOH 溶液②
13	0.1mol/L 的 NaOH 溶液

① 不能有 Cl^- 存在时，可用硝酸。

② 不能有 Na^+ 存在时，可用 KOH 溶液。

附录五　元素的原子量

元素	符号	原子量	元素	符号	原子量
锕	Ac	[227]	钬	Ho	164.93032
银	Ag	107.8682	碘	I	126.90447
铝	Al	26.981539	铟	In	114.82
镅	Am	[243]	铱	Ir	192.22
氩	Ar	39.948	钾	K	39.0983
砷	As	74.92159	氪	Kr	83.80
砹	At	[210]	镧	La	138.9055
金	Au	196.96654	铹	Lr	[257]
硼	B	10.811	锂	Li	6.941
钡	Ba	137.327	镥	Lu	174.967
铍	Be	9.012182	钔	Md	[256]
铋	Bi	208.98037	镁	Mg	24.3050
锫	Bk	[247]	锰	Mn	54.93805
溴	Br	79.904	钼	Mo	95.94
碳	C	12.011	氮	N	14.00674
钙	Ca	40.078	钠	Na	22.989768
镉	Cd	112.411	铈	Ce	140.115
钆	Gd	157.25	锎	Cf	[251]
锗	Ge	72.61	氯	Cl	35.4527
氢	H	1.00794	锔	Cm	[247]
氦	He	4.002602	钴	Co	58.93320
铪	Hf	178.49	铬	Cr	51.9961
汞	Hg	200.59	铯	Cs	132.90543

续表

元素	符号	原子量	元素	符号	原子量
铜	Cu	63.546	锡	Sn	118.710
镝	Dy	162.50	锶	Sr	87.62
铒	Er	167.26	钽	Ta	180.9479
锿	Es	[254]	铌	Nb	92.90638
铕	Eu	151.965	钕	Nd	144.24
氟	F	18.9984032	氖	Ne	20.1797
铁	Fe	55.847	镍	Ni	58.6934
镄	Fm	[257]	锘	No	[254]
钫	Fr	[223]	镎	Np	237.0482
镓	Ga	69.723	氧	O	15.9994
铅	Pb	207.2	锇	Os	190.2
钯	Pd	106.42	磷	P	30.973762
钷	Pm	[145]	镤	Pa	231.03588
钋	Po	[210]	氙	Xe	131.29
镨	Pr	140.90765	钇	Y	88.90585
铂	Pt	195.08	镱	Yb	173.04
钚	Pu	[244]	铽	Tb	158.92534
镭	Ra	226.0254	锝	Tc	98.9062
铷	Rb	85.4678	碲	Te	127.60
铼	Re	186.207	钍	Th	232.0381
铑	Rh	102.90550	钛	Ti	47.88
氡	Rn	[222]	铊	Tl	204.3833
钌	Ru	101.07	铥	Tm	168.93421
硫	S	32.066	铀	U	238.0289
锑	Sb	121.75	钒	V	50.9415
钪	Sc	44.955910	钨	W	183.85
硒	Se	78.96	锌	Zn	65.39
硅	Si	28.0855	锆	Zr	91.224
钐	Sm	150.36			

附录六　常见化合物的摩尔质量

化　合　物	M/(g/mol)	化　合　物	M/(g/mol)
$AgBr$	187.77	$Al(NO_3)_3$	213.00
$AgCl$	143.32	$Al(NO_3)_3 \cdot 9H_2O$	375.13
$AgCN$	133.89	Al_2O_3	101.96
$AgSCN$	165.95	$Al(OH)_3$	78.00
Ag_2CrO_4	331.73	$Al_2(SO_4)_3$	342.14
AgI	234.77	As_2O_3	197.84
$AgNO_3$	169.87	As_2O_5	229.84
$AlCl_3$	133.34	As_2S_3	246.02
$AlCl_3 \cdot 6H_2O$	241.43	$BaCO_3$	197.34

续表

化合物	M/(g/mol)	化合物	M/(g/mol)
$BaCl_2$	208.24	$CuCl_2$	134.45
$BaCl_2 \cdot 2H_2O$	244.27	$CuCl_2 \cdot 2H_2O$	170.48
BaC_2O_4	225.35	CuSCN	121.62
$BaCrO_4$	253.32	CuI	190.45
BaO	153.33	$Cu(NO_3)_2$	187.56
$Ba(OH)_2$	171.34	$Cu(NO_3)_2 \cdot 3H_2O$	241.60
$BaSO_4$	233.39	CuO	79.545
$BiCl_3$	315.34	Cu_2O	143.09
BiOCl	260.43	CuS	95.61
CO_2	44.01	$CuSO_4$	159.60
CaO	56.08	$CuSO_4 \cdot 5H_2O$	249.68
$CaCO_3$	100.09	$FeCl_2$	126.75
CaC_2O_4	128.10	$FeCl_2 \cdot 4H_2O$	198.81
$CaCl_2$	110.99	$FeCl_3$	162.21
$CaCl_2 \cdot 6H_2O$	219.08	$FeCl_3 \cdot 6H_2O$	270.30
$Ca(NO_3)_2 \cdot 4H_2O$	236.15	$FeNH_4(SO_4)_2 \cdot 12H_2O$	482.18
$Ca(OH)_2$	74.09	$Fe(NO_3)_3$	241.86
$Ca_3(PO_4)_2$	310.18	$Fe(NO_3)_3 \cdot 9H_2O$	404.00
$CaSO_4$	136.14	FeO	71.846
$CdCO_3$	172.42	Fe_2O_3	159.69
$CdCl_2$	183.32	Fe_3O_4	231.54
CdS	144.47	FeS	87.91
$Ce(SO_4)_2$	332.24	Fe_2S_3	207.87
$Ce(SO_4)_2 \cdot 4H_2O$	404.30	$FeSO_4$	151.90
$C_6H_8O_6$(维生素 C)	176.13	$FeSO_4 \cdot 7H_2O$	278.01
$CoCl_2$	129.84	$Fe(NH_4)_2(SO_4)_2 \cdot 12H_2O$	392.13
$CoCl_2 \cdot 6H_2O$	237.93	H_3AsO_3	125.94
$Co(NO_3)_2$	132.94	H_3AsO_4	141.94
$Co(NO_3)_2 \cdot 6H_2O$	291.03	H_3BO_3	61.83
CoS	90.99	HBr	80.912
$CoSO_4$	154.99	HCN	27.026
$CO(NH_2)_2$	60.06	HCOOH	46.026
$CrCl_3$	158.35	CH_3COOH	60.052
$CrCl_3 \cdot 6H_2O$	266.45	H_2CO_3	62.025
$Cr(NO_3)_3$	238.01	$H_2C_2O_4$	90.035
Cr_2O_3	151.99	$H_2C_2O_4 \cdot 2H_2O$	126.07
CuCl	98.999	HCl	36.461

续表

化 合 物	M/(g/mol)	化 合 物	M/(g/mol)
$HClO_4$	100.46	$K_4Fe(CN)_6$	368.35
HF	20.006	$K_4Fe(CN)_6 \cdot 3H_2O$	422.41
HI	127.91	$KFe(SO_4)_2 \cdot 12H_2O$	503.24
HIO_3	175.91	$KHC_2O_4 \cdot H_2O$	146.14
HNO_3	63.013	$KHC_2O_4 \cdot H_2C_2O_4 \cdot 2H_2O$	254.19
HNO_2	47.013	$KHC_4H_4O_6$	188.18
H_2O	18.015	$KHSO_4$	136.16
H_2O_2	34.015	KI	166.00
H_3PO_4	97.995	KIO_3	214.00
H_2S	34.08	$KMnO_4$	158.03
H_2SO_3	82.07	$KNaC_4H_4O_6 \cdot 4H_2O$	282.22
H_2SO_4	98.07	KNO_3	101.10
$Hg(CN)_2$	252.63	KNO_2	85.104
$HgCl_2$	271.50	K_2O	94.196
Hg_2Cl_2	472.09	KOH	56.106
HgI_2	454.40	K_2SO_4	174.25
$Hg(NO_3)_2$	324.60	LiBr	86.84
$Hg_2(NO_3)_2$	525.19	LiI	133.85
$Hg_2(NO_3)_2 \cdot 2H_2O$	561.22	$MgCO_3$	84.314
HgO	216.59	$MgCl_2$	95.211
HgS	232.65	$MgCl_2 \cdot 6H_2O$	203.30
$HgSO_4$	296.65	$Mg(NO_3)_2$	148.31
Hg_2SO_4	497.24	$Mg(NO_3)_2 \cdot 6H_2O$	256.41
I_2	253.81	$MgNH_4PO_4$	137.32
$KAl(SO_4)_2 \cdot 12H_2O$	474.38	MgO	40.304
KBr	119.00	$Mg(OH)_2$	58.32
$KBrO_3$	167.00	$Mg_2P_2O_7$	222.55
KCl	74.551	$MgSO_4$	120.36
$KClO_3$	122.55	$MgSO_4 \cdot 7H_2O$	246.47
$KClO_4$	138.55	$MnCO_3$	114.95
KCN	65.116	MnO	70.937
KSCN	97.18	MnO_2	86.937
K_2CO_3	138.21	MnS	87.00
K_2CrO_4	194.19	$MnSO_4$	151.00
$K_2Cr_2O_7$	294.18	$MnSO_4 \cdot 4H_2O$	223.06
$KHC_8H_4O_4$(KHP)	204.22	NO	30.006
$K_3Fe(CN)_6$	329.25	NO_2	46.006

续表

化合物	M/(g/mol)	化合物	M/(g/mol)
NH_3	17.03	Na_2SO_3	126.04
CH_3COONH_4	77.083	Na_2SO_4	142.04
CH_3COONa	82.034	$Na_2S_2O_3$	158.10
NH_4Cl	53.491	$Na_2S_2O_3 \cdot 5H_2O$	248.17
$(NH_4)_2CO_3$	96.086	$NiCl_2 \cdot 6H_2O$	237.69
$(NH_4)_2C_2O_4$	124.10	NiO	74.69
NH_4SCN	76.12	$Ni(NO_3)_2 \cdot 6H_2O$	290.79
NH_4HCO_3	79.055	NiS	90.75
$(NH_4)_2MoO_4$	196.01	$NiSO_4 \cdot 7H_2O$	280.85
NH_4NO_3	80.043	$NiC_8H_{14}O_4N_4$(丁二酮肟镍)	288.91
$(NH_4)_2HPO_4$	132.06	P_2O_5	141.94
$(NH_4)_2S$	68.14	$PbCO_3$	267.20
$(NH_4)_2SO_4$	132.13	PbC_2O_4	295.22
NH_4VO_3	116.98	$PbCl_2$	278.10
Na_3AsO_3	191.89	$Pb(NO_3)_2$	331.20
$Na_2B_4O_7$	201.22	$PbCrO_4$	323.20
$Na_2B_4O_7 \cdot 10H_2O$	381.37	$Pb(CH_3COO)_2$	325.30
$NaBiO_3$	279.97	PbI_2	461.00
$NaCN$	49.007	PbO	223.20
$NaSCN$	81.07	PbO_2	239.20
Na_2CO_3	105.99	$Pb_3(PO_4)_2$	811.54
$Na_2CO_3 \cdot 10H_2O$	286.14	PbS	239.30
$Na_2C_2O_4$	134.00	$PbSO_4$	303.30
$NaCl$	58.443	SO_3	80.06
$NaClO$	74.442	SO_2	64.06
$NaClO_4$	122.44	$SbCl_3$	228.11
$NaHCO_3$	84.007	$SbCl_5$	299.02
$Na_2HPO_4 \cdot 12H_2O$	358.14	Sb_2O_3	291.50
$Na_2H_2Y \cdot 2H_2O$	372.24	Sb_2S_3	339.68
$NaNO_2$	68.995	SiF_4	104.08
$NaNO_3$	84.995	SiO_2	60.084
Na_2O	61.979	$SnCl_2$	189.62
Na_2O_2	77.978	$SnCl_2 \cdot 2H_2O$	225.65
$NaOH$	39.997	$SnCl_4$	260.52
Na_3PO_4	163.94	$SnCl_4 \cdot 5H_2O$	350.596
Na_2S	78.04	SnO_2	150.71
$Na_2S \cdot 9H_2O$	240.18	SnS	150.776

续表

化 合 物	M/(g/mol)	化 合 物	M/(g/mol)
$SrCO_3$	147.63	ZnC_2O_4	153.40
SrC_2O_4	175.64	$ZnCl_2$	136.29
$SrCrO_4$	203.61	$Zn(CH_3COO)_2$	183.47
$Sr(NO_3)_2$	211.63	$Zn(NO_3)_2$	189.39
$SrSO_4$	183.68	$Zn(NO_3)_2 \cdot 6H_2O$	297.48
TiO_2	79.90	ZnO	81.38
V_2O_5	181.88	ZnS	97.44
WO_3	231.85	$ZnSO_4$	161.44
$ZnCO_3$	125.39	$ZnSO_4 \cdot 7H_2O$	287.54

参 考 文 献

[1] 姜洪文. 分析化学. 第4版. 北京：化学工业出版社，2017.

[2] 武汉大学. 分析化学. 第5版. 北京：高等教育出版社，2006.

[3] 武汉大学. 分析化学实验. 第5版. 北京：高等教育出版社，2011.

[4] 黄一石，乔子荣. 定量化学分析. 第3版. 北京：化学工业出版社，2014.

[5] 胡卫光，张文英. 定量化学分析实验. 第3版. 北京：化学工业出版社，2015.

[6] 夏玉宇. 化验员实用手册. 第3版. 北京：化学工业出版社，2012.

[7] 周其镇，方国女，樊行雪. 大学基础化学实验（Ⅰ）. 北京：化学工业出版社，2000.

[8] 刘约权，李贵深. 实验化学. 北京：高等教育出版社，1999.

[9] 苗凤琴，于世林. 分析化学实验. 第3版. 北京：化学工业出版社，2010.

[10] 高职高专化学教材编写组. 分析化学实验. 第2版. 北京：高等教育出版社，2004.

[11] [美] 加里 D. 克里斯琴著. 分析化学. 王令今，张振宇译. 北京：化学工业出版社，1988.

[12] 张振宇. 化工产品检验技术. 北京：化学工业出版社，2005.

[13] 张振宇. 化工分析. 第3版. 北京：化学工业出版社，2008.

[14] 张振宇. 化学实验技术基础（Ⅲ）. 北京：化学工业出版社，1998.

[15] 黄一石. 仪器分析. 第2版. 北京：化学工业出版社，2009.

[16] GB/T 601—2016 化学试剂 标准滴定溶液的制备.

[17] JJG 196—2006 中华人民共和国国家计量检定规程 常用玻璃量器.